AF266728

MÉMOIRES

GÉOLOGIQUES

ET

PALÉONTOLOGIQUES.

MÉMOIRES GÉOLOGIQUES

ET

PALÉONTOLOGIQUES,

PUBLIÉS

PAR A. BOUÉ,

SECRÉTAIRE POUR L'ÉTRANGER DE LA SOCIÉTÉ GÉOLOGIQUE
DE FRANCE.

TOME PREMIER.

AVEC QUATRE PLANCHES.

PARIS,

Chez { L'AUTEUR, RUE DE TOURNON, N° 17,
F.-G. LEVRAULT, LIBRAIRE, RUE DE LA HARPE, N° 81;
ET A STRASBOURG, RUE DES JUIFS, N° 33.

BRUXELLES,
A LA LIBRAIRIE PARISIENNE,
rue de la Madeleine, n° 438.

1832.

IMPRIMERIE DE LACHEVARDIERE,

RUE DU COLOMBIER, N° 30.

AVANT-PROPOS.

Nous avons commencé en 1829, MM. Jobert, Rozet et moi, un *Journal de Géologie ;* après l'expiration d'une année, notre association s'étant dissoute, cette publication a cessé. Délivrés de ce travail mensuel, qui était peu dans nos goûts, nous nous proposons de publier un Recueil de mémoires géologiques et paléontologiques, soit originaux, soit extraits de publications en langues étrangères. Ce Recueil paraîtra à des époques irrégulières, en volumes de vingt à vingt-cinq feuilles, ou bien en demi-volumes de dix à douze feuilles, avec un nombre illimité de planches pour des cartes, des coupes et des figures de fossiles.

Les gens routiniers ou à idées rétrécies vont dire que ce Recueil n'aura pas de débit, ou se trouvera en opposition avec quelques unes des sept excellentes publications de la capitale, qui enregistrent plus spécialement les travaux géologiques ; or, il n'en est point ainsi, et nous sommes persuadés que si nous réussissons à composer convenablement notre Recueil, il remplira une véritable lacune dans la science. Le champ est si vaste qu'on est encore loin de l'avoir épuisé.

Nous croyons pouvoir comparer les moyens de publication offerts au public, à ceux de communication qu'on lui facilite incessamment. Plus il y a de voitures publiques, plus le prix en est modique et plus il y a de voyageurs ; de même plus il y aura de Recueils s'occupant de spécialités scientifiques, et à un *prix modique*, plus il y aura d'acheteurs et de gens cultivant ses sciences spéciales, et plus sera grande la masse des documens à imprimer.

Les observations se multiplient chaque jour tellement, que le besoin actuel de la société pensante est d'avoir des moyens prompts et économiques de publication ; or, il n'y a que des entreprises faites par des sociétés ou des individus qui puissent offrir de semblables avantages.

Il est vrai que ce mode de publication ne s'accommode guère des impressions de luxe, et qu'il produit souvent dans le public des idées peu neuves. Ce dernier inconvénient est bien contrebalancé par les connaissances et l'émulation scientifique que la presse périodique répand dans le monde, témoin l'état des esprits aux États-Unis et en Angleterre.

D'un autre côté, les ouvrages de luxe, étant faits presque uniquement pour les bibliothèques, et ne devant le plus souvent en France leur existence qu'à la générosité du gouvernement, outre que ce genre de publication porte en lui (au moins sur le continent européen) le germe d'une mort plus ou moins prochaine, nous osons contester beaucoup son utilité, vu

le petit nombre d'individus auxquels il s'adresse. Autrefois, lorsque les sciences n'avaient leurs adeptes
que dans quelques capitales, de semblables publications remplissaient leur but ; maintenant les connaissances scientifiques entrant dans l'éducation de
tout homme bien élevé, le nombre des penseurs et
des écrivains a augmenté beaucoup plus rapidement
que le bien-être général ; ainsi des grands in-folios, des
impressions sur papier vélin, et d'autres curiosités typographiques fort chères, ne s'adressent qu'à un public qui dans le fond ne l'est plus.

Pour se convaincre de cette vérité, il n'y a qu'à
comparer la diminution successive du luxe d'impression qu'ont éprouvé les livres de tout genre, depuis les
temps anciens. Plus l'on remonte en arrière dans les
siècles, plus la partie typographique, ou plutôt orna-
mentale des livres ou manuscrits était soignée; parce
que, à ces époques, ils ne s'adressaient qu'à un très
petit nombre d'individus, et qu'ils se vendaient très
cher. Pour satisfaire à l'augmentation des lecteurs,
il a fallu baisser les prix, et par conséquent réduire le
luxe typographique au strict nécessaire. On n'a plus
attaché d'importance qu'à la netteté et la bonne disposition des caractères typographiques, ainsi qu'à la
bonté du papier.

Néanmoins, l'on comprend encore, pour certaines
sciences ou pour certains cas rares, l'utilité des impressions de luxe, et il est possible même qu'elles don-

nent quelquefois des bénéfices aux libraires, au lieu de les ruiner, comme c'est l'ordinaire. D'un autre côté, toutes les autres entreprises de ce genre deviennent inutiles à notre époque, et ne servent qu'à alimenter la vanité des auteurs, tout glorieux de voir leurs observations limitées, occuper plusieurs volumes in-folio ou in-4°, tandis qu'elles n'auraient pas rempli quelquefois un modeste volume in-8° avec ou sans planches. Cela se réduit donc alors à faire gagner le fabricant de papier, à vendre au public fort cher du beau papier bien imprimé; par conséquent à placer infiniment moins d'exemplaires d'un ouvrage, et à répandre très peu les connaissances utiles.

Chaque science doit avoir ses journaux et ses recueils spéciaux; cet amalgame de matières si diverses doit être banni des publications scientifiques, et être réservé aux journaux quotidiens et littéraires.

Dans l'état actuel des choses, et surtout depuis que l'étude des langues étrangères entre dans toute éducation soignée, on ne peut plus se tenir au courant de la science qu'on cultive sans le secours de vastes cabinets de lecture qui n'existent guère, et chaque spécialité ainsi éparpillée inspire moins d'intérêt, et produit moins de cultivateurs dans chaque branche. Un amateur ou un commençant est dégoûté dès qu'il entrevoit cette immensité de productions littéraires qu'il sera obligé de parcourir avant d'avoir une idée de l'ensemble de la science. Les publications spéciales sont donc une nécessité de notre époque. Or, tout besoin social, lorsqu'il est fondé, rien, si ce n'est le temps, ne peut arrêter son accomplissement. Comme la géologie, la physique et la chimie doivent avoir leurs recueils, de même la botanique, la zoologie, la malacalogie, l'entomologie, etc., auront bientôt partout leurs journaux. Plus tard, les sciences s'agrandissant toujours plus, les sciences naturelles se diviseront probablement en un plus grand nombre de branches.

Il ne me reste plus qu'à dire que la société entière, comme les éditeurs, n'a qu'à gagner à des publications telles que celles dont nous parlons; si toutefois elles sont combinées, d'un côté, avec la cessation dans tous les pays des droits du fisc sur les productions de l'esprit comme sur les livres étrangers (1), et de l'autre,

(1) Le produit du droit mis sur les livres importés en France ne monte annuellement qu'à une très petite somme, dont la moindre partie provient des livres en langues étrangères. Imposer les livres imprimés en français à l'étranger, cela peut favoriser l'industrie nationale; mais mettre des droits sur des livres en langues étrangères, c'est arrêter la diffusion des découvertes, des connaissances utiles et des idées, pour obtenir un profit pécuniaire bien petit relativement au revenu de la France. Cette disposition cadrait avec le système impérial, et peut tout au plus convenir à des gouvernemens différens de celui qui régit la France.

Une autre bizarrerie de la législation de la librairie a survécu aussi à plusieurs régimes, nous voulons parler de cette espèce de censure que subit encore, comme du temps de l'empire, tout livre venant de l'étranger. Ces livres arrivés à la douane de Paris, rue d'Enghien, il faut aller signer le reçu d'envoi, puis se transporter à certains jours fixes au ministère des travaux publics, rue de Varennes, pour faire examiner les livres, et acquitter les droits de douane, de police

avec des communications plus fréquentes, plus régulières, et mieux entendues entre la librairie des capitales, des provinces et de l'étranger. Plus les esprits seront portés vers les connaissances positives, plus il y en aura qui s'en occuperont, moins les fausses idées pourront se répandre, et plus la véritable civilisation avancera d'un pas assuré.

Examinons maintenant le rapport qu'on voudrait supposer entre notre recueil et ceux qui se publient déjà à Paris.

Le *Bulletin universel des sciences*, à la rédaction duquel nous avons l'honneur de coopérer, rend compte sommairement de tous les faits, et doit être consulté par toutes les personnes s'occupant de géologie, puis-

---

et de transport *ex officio* dans Paris. Enfin il faut une seconde fois aller à la douane pour prendre l'acquit des droits. Or, à part l'inutilité de ces promenades, si l'on croit cette censure nécessaire dans certains cas, quel est son but pour des livres venant de pays où la liberté de la presse n'existe pas, ou pour des ouvrages purement scientifiques ou en langues mortes? D'ailleurs nous avons pu nous assurer par nous-mêmes que cet examen devenait illusoire, car les employés ne sont pas des érudits, et ne sont initiés à presque aucune langue étrangère, de manière que, comme des enfans, si les livres sont sans images, ils ne peuvent y voir que du papier imprimé; heureux s'ils tournent bien le livre, ou saisissent le côté par lequel il faut lire l'écriture. Ils sont donc obligés de faire semblant de savoir toutes les langues; tout commis de douane en pourrait faire tout autant, comme cela se pratique en Angleterre. Cette modification au règlement épargnerait non seulement un temps précieux à ceux qui reçoivent des livres étrangers, mais elle rendrait possible l'entrée de ces derniers par tous les bureaux des douanes à la frontière, facilité qui n'existe pas non plus en France.

qu'on ne trouve nulle part ailleurs tous ces renseignemens réunis. Mais à côté de cette publication il devient
indispensable d'avoir un ou deux recueils où l'on puisse
lire d'un bout à l'autre les travaux géologiques les plus
importans, parce que l'analyse la plus étendue et la
mieux faite ne peut jamais suppléer à la lecture d'un
ouvrage entier.

La partie géologique des *Annales des Mines* est con-
sacrée presque exclusivement et avec raison aux travaux des ingénieurs des mines, et les *Annales du Mu-
séum et des sciences naturelles* ainsi que les *Mémoires de
la Société d'Histoire naturelle* embrassant un cadre trop
vaste, n'offrent que quelquefois des documens géologiques. Il semblerait même dans l'intérêt bien entendu
des éditeurs et du public qu'on pût acquérir séparé-
ment les mémoires, ou du moins les collections de
mémoires sur chaque science naturelle.

Le *Bulletin* et les *Mémoires de la Société géologique
de France* ne contiennent en général que les travaux
de ses membres, et la première publication ne se ven-
dant pas au public, n'est faite que pour donner la vie
à cette utile association.

L'on voit donc qu'on pouvait encore désirer un
*ouvrage périodique ou non périodique qui fût d'un
prix modique, et qui renfermât, à côté de documens
originaux, les mémoires géologiques les plus importans répandus dans une foule de journaux trop chers pour un
seul individu.*

En conséquence nous nous attacherons à offrir dans notre nouveau recueil la *traduction des mémoires ou ouvrages en langue étrangère qui traitent des points généraux de la science,* et nous y joindrons *quelques descriptions locales ou indications utiles qui seraient peu connues.* Ainsi nous reproduirons surtout les observations marquantes des géologues russes, suédois, danois et hollandais, et de temps à autre nous y joindrons des notices fournies par les savans des autres pays de l'Europe.

En outre, nous accompagnerons ces mémoires de *notes explicatives ou critiques,* et nous consacrerons une bonne partie de notre recueil aux mémoires originaux à cartes et coupes, dont nos nombreux amis, répandus sur toute la surface de l'Europe, sont instamment invités à nous favoriser.

Nous nous chargerons de la *traduction des mémoires écrits en langue étrangère européenne, quelle que soit cette langue,* à l'exception cependant du hongrois.

Nous mettrons *toute la célérité possible dans la publication correcte des documens* qu'on voudra bien nous confier. Néanmoins l'intérêt bien entendu de notre entreprise pourra quelquefois rendre impossible l'insertion simultanée de certains mémoires semblables ou sur les mêmes sujets ; dans ce cas nous tâcherons, autant que possible, d'en donner avis aux auteurs, afin de savoir s'ils veulent se soumettre à ce retard dans la publication de leurs travaux.

Dans l'envoi des manuscrits, on ne doit point *omet-tre ceux qui sont volumineux ou accompagnés d'un grand nombre de dessins, pourvu que les faits soient importans et bien observés;* car si leur publication sortait du cadre de notre recueil, ils pourraient être bien reçus de la Société géologique de France, dont le but essentiel est d'encourager la science et d'augmenter le nombre de ses membres. Ainsi notre recueil, au lieu de nuire aux Mémoires de cette société, ne pourra que leur être favorable.

Un patriotisme bien entendu engagera les Français à communiquer toutes leurs observations à cette société naissante; cependant si, contre notre attente, des nationaux nous confiaient de leurs travaux inédits, nous ne les recevrions que sous la condition expresse que les auteurs ne feraient imprimer leurs mémoires dans aucun autre recueil; *ceux qui ne se conformeraient pas à ce désir ne pourraient dans aucun cas jouir de nouveau de ce mode de publication, et leurs envois ne seraient plus reçus.*

N'ayant en vue que les progrès des sciences et non l'établissement de tel ou tel système, nous nous empresserons d'*admettre dans notre recueil toutes les opinions scientifiques, même celles contraires aux nôtres,* pourvu qu'elles soient présentées avec mesure, et qu'elles n'aient rien de trop paradoxal.

Désirant donner ce recueil à un *prix aussi bas que*

possible, nous proposons d'y souscrire d'avance. Le prix sera toujours marqué sur la couverture de chaque volume.

—————

On souscrit chez l'AUTEUR, rue de Tournon, n° 17; ou chez M. LEVRAULT, libraire, rue de La Harpe, n° 61; à Strasbourg, rue des Juifs, n° 33; et à Bruxelles, à la Librairie parisienne, rue de la Madeleine, n° 438.

N. B. On est prié d'adresser tous les envois de manuscrits, de brochures ou d'ouvrages, à l'auteur, rue de Tournon, n° 17. Si les objets envoyés sont expédiés sous bandes, il est essentiel de répéter l'adresse sur la couverture, pour obvier aux pertes, en cas que les bandes vinssent à se rompre.

TABLE DES MATIÈRES

CONTENUES

DANS LE TOME PREMIER.

MÉMOIRES GÉOLOGIQUES.

CONSIDÉRATIONS GÉNÉRALES

SUR LA DISTRIBUTION GÉOGRAPHIQUE, LA NATURE ET L'ORIGINE DES TERRAINS DE L'EUROPE (1).

Les plus hautes cîmes de l'Europe sont occupées par des roches cristallines, en grande partie schisteuses, ou des dépôts intermédiaires; et le niveau relatif des formations décroît en général des terrains anciens aux modernes. Si l'on pouvait croire encore que l'eau seule eût déposé chimiquement toutes ces masses, et qu'elles n'eussent pas été dérangées après leur formation, on aurait ainsi des indications certaines de la hauteur du fluide aqueux à diverses époques. Le pro-

(1) Traduit du *Zeitschrift für Mineralogie*, juillet 1827. Pour saisir les détails de ce mémoire, une carte géologique de l'Europe y avait été jointe; nous ne la reproduisons pas, parce qu'elle a été republiée en 1830 par M. de Caumont, et qu'on peut l'acheter chez M. Lance, rue Croix-des-Petits-Champs, n° 50.

Pour bien entendre la coloration de cette carte, il faut savoir que je comprends dans le sol primaire, outre les roches dites primitives, certaines masses semblables appartenant au sol secondaire, comme par exemple dans les Alpes maritimes et la Ligurie. Les serpentines sont comprises dans les roches phorphyriques.

Il aurait fallu donner au moins une dizaine de cartes géologiques de l'Europe pour pouvoir montrer distinctement l'état des continens et des mers européennes aux différentes époques géologiques principales, mais outre l'excessive dépense d'une telle publication, une pareille entreprise n'aurait réussi qu'en partie, vu le cadre restreint de nos connaissances en géographie géognostique.

blème change tout-à-fait, quand on songe que la croûte terrestre a subi des soulèvemens, et par conséquent aussi des affaissemens, de manière que ce qui est fort haut aujourd'hui, a pu être une fois très bas, *et vice versâ*. Certaines contrées ont pu être soulevées et abaissées successivement, et même toute l'Europe a pu sortir de l'Océan actuel.

Les grandes inclinaisons, les bouleversemens et les déchiremens des chaînes primitives, et en général des hautes chaînes de l'Europe, ne laissent guère de doute sur leur formation violente plus ou moins subite, et accompagnée de beaucoup de fendillemens, d'abaissemens et de glissemens. Leur soulèvement paraît avoir décidé la place des grandes cavités que nous voyons au pied des grandes chaînes. Telle serait l'origine des bassins tertiaires sur les deux versans des Alpes, de la cavité bohémienne, des bassins secondaires français, de ceux de la mer du Nord et de la mer Baltique, etc. De plus, les enfoncemens primitifs de la croûte du globe pourraient bien avoir décidé la place de certaines mers, telles que celle de la mer Méditerranée, de la mer Baltique, etc. Depuis long-temps, on a comparé la cavité circulaire de la Bohême à ces immenses cratères de la lune; placée au milieu de l'Europe, elle paraît du moins avoir existé très anciennement.

D'un autre côté, il devient fort difficile de distinguer les cavités ou les vallées dues à des abaissemens, de celles provenant d'un fendillement ou simplement du soulèvement du terrain environnant. Il en faut cependant excepter les cas les plus simples; ainsi il y a eu évidemment fendillement, lorsqu'on voit, comme dans les Alpes vénitiennes et à Martigny, des fentes traverser des montagnes, ou bien des vallées profondes entourées d'immenses murailles, dont les couches se correspondent, tandis que le fond des vallées n'est occupé que par un torrent ou des cailloux roulés. Néanmoins ce fendillement peut encore être postérieur au soulèvement de ces montagnes, ou n'en être qu'une suite naturelle, ce qu'aucun caractère précis ne nous fera connaître, à moins que la fente ou vallée ne vienne à couper un dépôt, formé évidemment postérieurement au soulèvement en question, c'est-à-dire, en couches presque horizontales au pied de la chaîne. Cependant une vallée creusée par les eaux dans un terrain pareillement placé à l'égard d'un autre plus ancien, peut encore quelquefois induire en erreur. Si un dépôt récent horizontal ne fait que recouvrir les tranches des couches d'une montagne, cela ne prouve que deux époques de formation, et non pas qu'un soulèvement a précédé le dépôt récent.

Lorsque les vallées ne sont dues qu'à des soulèvemens, les dépôts environnans devront avoir été repoussés sur les côtés et offriront donc des inclinaisons opposées, tandis que dans le fond des vallées ils seront en couches arquées ou diversement redressées. Ce cas encore simple a été trouvé être celui de quelques vallées circulaires décrites en Angleterre par M. Buckland, et en Westphalie par M. Hoffmann (1).

Le plus souvent, la formation des vallées est compliquée par des érosions ou des fendillemens postérieurs, et surtout par les abaissemens, les soulèvemens et les glissemens qui ont affecté un des côtés ou une partie de la vallée, postérieurement à sa formation primitive. Ces effets peuvent même être supposés tels que l'inclinaison des couches, d'abord différentes sur les deux pentes, est redevenue correspondante ou même qu'au lieu des inclinaisons de la vallée vers l'extérieur, les couches plongent des deux côtés vers le fond du Thalweg.

Lorsqu'une vallée s'est formée par le fendillement ou l'abaissement partiel d'une contrée, les couches voisines de cette faille ou de ces failles, pourront n'avoir pas été dérangées, ou avoir suivi inégalement ou même dans des sens différens ce mouvement d'écartement ou de descente, tandis qu'ailleurs ces accidens leur auront pu faire subir des mouvemens de bascule de dedans en dehors, ou *vice versâ*.

Avant d'aller plus loin, nous allons faire l'application de ces réflexions, à un cas particulier, savoir à la formation de la vallée du Rhin entre Basle et Bingen. Cette cavité bordée de dépôts secondaires plongeant des deux côtés vers le Thalweg, peut aussi bien être le produit d'un affaissement

(1) Voyez *Trans. geol.*, N. S., vol. II, p. 1; et *Annal. der Physik* de Poggendorf, n° 8, 1829.

postérieur au terrain secondaire moyen, qu'antérieur à cette formation, et due au redressement ou au soulèvement des couches primaires de la Forêt-Noire et des Vosges. Il peut même être arrivé que le milieu de la vallée se soit formé par une fente faite et remplie pendant la période alluviale ancienne. Bref, il y a une foule de suppositions à faire, et les seules données positives se déduisent des niveaux des divers dépôts, de leurs inclinaisons et des failles. Les alluvions anciennes n'atteignant pas plus les cimes des montagnes voisines, que ne le font les dépôts secondaires, il est probable que la vallée a préexisté même à ces derniers ; mais les changemens postérieurs qu'elle a pu éprouver, c'est une question que je laisse à d'autres à débattre.

En adoptant des soulèvemens partiels, si l'on admet que la mer a eu une fois un niveau plus élevé qu'aujourd'hui, l'on trouve par la hauteur moyenne du sol tertiaire, secondaire et intermédiaire en Europe, que la mer devait dépasser environ son niveau actuel de quelques centaines à un millier de pieds dans la plupart des bassins tertiaires à l'exception du bassin bavarois et suisse, tandis que lors des dépôts secondaires et intermédiaires, 4000 pieds auraient été environ le maximum d'élévation de la mer pour les uns et 6 à 8,000 pieds pour les autres (1). D'un autre côté, si l'on trouve trop

(1) La hauteur relative des formations européennes, s'établit par les tables des hauteurs mesurées. Parmi celles où l'on a eu surtout en vue la géologie, on peut citer pour l'Écosse mon essai sur ce pays ; pour l'Angleterre, les élemens de géologie de M. Bakewell et quelques mémoires dans les *Ann. de philos.*, de décembre 1826 et en 1829 ; pour la Scandinavie les mesures de Wahlenberg (*Bericht uber Messungen und Beobachtungen in den laplandischen Alpen*, 1812), et de Hisinger (*Profiler och Tabeller ofver de fornamsta bergskodjder, etc.* 1827.) ; pour la France, les mesures de M. Ramond, en Auvergne et aux Pyrénées, la description des environs de Paris par M. Brongniart, les données contenues dans la statistique de la Haute-Loire par Deribier de Cheissac ; la carte physique de la France de Berghaus ; les mesures d'André de Gy (*Journal des mines*, n° 107), et celles de M. de Oeynhausen ; pour la Suisse, le mémoire de M. Berger (*Journal de physique* de 1807); les travaux de MM. de Saussure, de Buch (ses *Voyages et Mém. de*

bizarre de supposer la mer à cette hauteur, l'on peut expliquer les niveaux différens des formations par le soulèvement de continens entiers.

Les faits géologiques montrent que *ces grands abaissemens de la mer, ou ces soulèvemens des montagnes, ont eu lieu, surtout à la fin de l'époque alluviale ancienne, après la formation du sol tertiaire, après le dépôt crayeux, vers le commencement des dépôts secondaires, avant la formation des roches intermédiaires récentes, et peut-être encore antérieurement à celle de certaines roches de transition anciennes.*

Il est intéressant de rapprocher ces conclusions tirées de faits géologiques, de celles assez semblables que M. de Beaumont a déduites fort ingénieusement des directions diverses observées dans la stratification des chaînes du globe. Tout en voyant que nos travaux communs ne manqueront pas de recevoir des corrections et des additions, cette première correspondance n'en reste pas moins remarquable.

l'Acad. de Berlin, 1815); de Muller, de Leschevin, de Welchen (*Monogr. du Mont Rose*, etc.); pour les Alpes allemandes, des mémoires dans les *neue Jahrbucher* de M. Moll, vol. IV et V, les mesures de Schultes, la carte du *Salzkammergut* de Steiner, etc.; pour les bords du Rhin, les ouvrages de Steininger et d'Oeynhausen (*Geogn. Umrisse der Rheinlander*); pour le Harz, les travaux de Lasius, Heron de Villefosse, etc.; pour la Saxe et la Prusse, des mémoires dans la Hertha et de Hoffmann; pour le Wurtemberg, les travaux de Benzenberg, de Schubler, les *Jahrbucher* de Memminger; pour la Bavière, l'ouvrage de Weiss (*Sud Bayerns Oberflache*); pour la Bohême, les mesures de Hallaschka (*Hohenbestimmungen in der Herrsch. Tetschen*, 1824); celles du même physicien, pour les domaines de Reichenau et de Czernikowitz, 1822, etc.; pour l'Autriche, celles réunies par Baumgartner; pour la Silésie, celles de Toussaint Charpentier (*monatlich. Correspondenz*, septembre 1813); pour les Carpathes, les résultats de Wahlenberg, et des ingénieurs autrichiens; pour l'Espagne, le nivellement de M. de Humboldt (*Hertha*, vol. IV, cah. 1); enfin, les ouvrages généraux sur les élévations de l'Europe, telles que les cartes de hauteurs de Wiedland, de Perrot, de Bruguière, etc.; et les ouvrages de Miltenberg (*Hohenmessungen der Erde*); de Bruguière (*Relief des montagnes de l'Europe*, 1828); d'Olfsen et de Bredsdorf.

Dans la théorie des soulèvemens, il faut bien distinguer deux opinions ; l'une attribue les chaînes de montagnes à des soulèvemens arrivés depuis les temps les plus anciens jusque après la formation de la craie ou même du sol tertiaire ; l'autre fait au contraire sortir toutes ces proéminences après le dépôt crayeux ou pendant l'époque alluviale. Cette dernière idée paraît sujette à bien plus d'objections que la première, quoiqu'elle s'appuie comme l'autre sur la position géognostique individuelle et respective des terrains primordiaux, secondaires et tertiaires, sur la forme des vallées et des cimes, etc.

Si ces soulèvemens ont eu lieu si récemment, pourquoi les hautes montagnes n'offrent-elles pas des dépôts tertiaires ou d'alluvion ? Comment certains bassins tertiaires auraient-ils pu seuls se combler, s'ils n'étaient pas encore dessinés lors de leur remplissage ? D'où vient donc que des bassins tertiaires très voisins n'offrent pas les mêmes accidens de composition et de structure ? Si mes objections n'étaient pas insurmontables, les terrains tertiaires des deux versans des Alpes, qui n'ont d'analogie que par quelques fossiles, se retrouveraient au moins dans quelques points de cette chaîne, et en Franche-Comté, en-delà du Jura. D'un autre côté les dépôts tertiaires de Bohême ne paraîtraient pas si différens de ceux de l'Autriche, et ceux de la vallée du Rhin de ceux de la Westphalie, etc.

Il est fort important d'observer que dans les Alpes, la plus haute chaîne de l'Europe, les dépôts tertiaires n'entrent dans aucune vallée transversale (1). L'examen de ces canaux donnant issue aux eaux de la chaîne centrale ou des vallées longitudinales, montre évidemment qu'on ne peut les attribuer au creusement d'eaux courantes. Le lit des rivières s'est approfondi çà et là, et leurs sinuosités anguleuses se sont émoussées ; mais aucunes traces n'indiquent sur le flanc des montagnes un abaissement graduel des eaux courantes.

(1) Quelques auteurs, comme M. Keferstein, la carte d'Allemagne de M. Schropp, etc., en ont cité à tort dans les Alpes autrichiennes ; MM. Studer et Partsch ont réclamé comme moi contre cette erreur.

Des terrasses parallèles de débris ou de petits plateaux d'agglomérats n'existent que dans les vallées qui étaient occupées par des lacs ou qui faisaient partie d'un grand lac. Les Alpes de l'Autriche et les environs de plusieurs lacs suisses nous offrent de nombreux exemples de ce genre.

Néanmoins, ce manque du terrain tertiaire dans les vallées des Alpes n'a lieu que dans les Hautes-Alpes, car à l'extrémité orientale de la chaîne, les derniers rameaux renferment les bassins tertiaires de la Mur, de la Leitha, etc. En outre, ces dépôts récens remontent fort avant dans les vallées longitudinales de la Drave et de la Save, et se montrent même dans la vallée longitudinale de l'Inn, au point où elle devient transversale. Ces faits montrent donc que, même dans les Alpes, il y avait déjà lors des dépôts tertiaires un certain nombre des vallées actuelles.

D'un autre côté, ces roches se retrouvent dans beaucoup de vallées du Jura, des Apennins, des Carpathes et des chaînes de l'Allemagne, lorsqu'elles n'étaient pas barrées ou situées trop haut. Le même fait se représente dans les grandes vallées autour du groupe central des montagnes de la France, et la plaine du Roussillon en est encore un exemple dans les Pyrénées. Comme les dépôts tertiaires ne se voient nulle part sur les cimes environnantes de ces vallées, il est clair que ces dernières ont dû exister avant le commencement de cette formation, et le plus souvent ces roches sont tellement liées à celles des grands bassins tertiaires, qu'on ne peut pas supposer que les montagnes contenant ces vallées ainsi remplies aient été soulevées après ce remplissage. D'ailleurs, l'absurdité de cette supposition est déjà démontrée par le manque de dépôts tertiaires dans les montagnes au-delà d'une certaine hauteur.

L'on voit que ces faits rentrent tout-à-fait dans la distinction établie par M. de Beaumont entre son système pyrénéoapennin et ses systèmes des Alpes occidentales, et de la chaîne principale des Alpes. D'après sa théorie, le premier a été soulevé avant les deux autres et avant le dépôt tertiaire, tandis que les autres n'ont été élevés que dans la période alluviale; mais les Alpes orientales appartiennent seules au système pyrénéo-apennin ; donc elles doivent offrir seules des dépôts tertiaires.

De plus, il a dû y avoir des soulèvemens bien plus anciens, puisque nous ne voyons pas les roches secondaires recouvrir les chaînes. S'il y a çà et là des masses secondaires soulevées à une assez grande hauteur, en général ces dépôts se tiennent toujours au pied des chaînes, et n'y dépassent pas une certaine hauteur dans les vallées. Il faut donc que lors de la formation de ces roches, le reste des montagnes ait été hors de l'eau ou que les vallées aient été barrées ou que des courans d'eau douce aient mis obstacle à la formation de ces dépôts. Dans quelques chaînes, les amas secondaires ont ainsi pu empêcher le sol tertiaire de s'étendre dans les vallées barrées ; ce cas a pu avoir lieu, par exemple, dans les Pyrénées et sur plusieurs points des Alpes. Si au contraire on voulait supposer, dans les montagnes dépassant de quelques milliers de pieds le niveau ordinaire des dépôts secondaires, que ces derniers ont été soulevés après leur formation, on devrait au moins retrouver ces roches en lambeaux sur ces proéminences. Quelques points des Alpes et des Pyrénées pourraient seuls être cités à l'appui de cette hypothèse, qui peut être vraie pour ces exceptions, mais qui est évidemment fausse pour la généralité des montagnes de l'Europe. La hauteur peu considérable de quelques unes, telles que celles de l'Allemagne, du nord de la France et de l'Angleterre, montre même que le liquide qui a déposé les roches secondaires, ne devait pas s'élever fort haut, ou que ces pays ont été moins soulevés que le centre de l'Europe ou qu'un affaissement a suivi leur soulèvement.

Il est vrai qu'il ne faut pas oublier que les destructions éprouvées ont pu varier beaucoup dans différentes contrées ; néanmoins, rien ne nous prouve la possibilité de destructions si considérables, qu'il ne reste pas de traces d'un dépôt dans toute une grande chaîne. D'ailleurs, plus on étudie comparativement les formations de divers pays et leur gisement respectif, et plus nos cartes géologiques exactes comprennent d'espace, plus aussi l'on voit que la surface terrestre a été d'autant plus irrégulière que l'on s'approche des temps

modernes; les mers se sont divisées, leurs bords sont devenus plus ondulés, et les dépôts se faisant plus localement
s'en sont d'autant plus diversifiés, et leurs couches se sont
accommodées aux irrégularités de la surface recouverte. Enfin, des glissemens, des fendillemens, des soulèvemens, des
renversemens et des destructions partielles ont achevé la
structure actuelle des terrains.

Cet arrangement par bassins, golfes et détroits, et par dépôts en arcs de cercle renversés, se laisserait-il expliquer aussi
par le soulèvement subit et fort récent des montagnes anciennes, et de tous les continens? Je crois et j'ai toujours cru
cette explication peu soutenable; en supposant ces chaînes
sortant d'immenses crevasses, l'on se trouverait le plus sou-
vant fort embarrassé pour s'expliquer le gisement et l'origine
des agglomérats, la différence des roches sur deux versans
opposés d'une chaîne, la liaison des roches secondaires ou
tertiaires des vallées avec celles des grands bassins, et l'origine des végétaux fossiles anciens. En restreignant même ces
soulèvemens subits aux roches schisteuses cristallines, et en
appliquant cette idée surtout aux Alpes, l'on est arrêté par
les mêmes difficultés, qui n'existent plus quand on admet
qu'il y a eu là de tout temps un sol découvert qui a varié
de place et d'étendue, et qui a pu subir lui-même des soulèvemens, des abaissemens et des fendillemens tout aussi
bien que le fond de la mer.

Prenant acte de faits cités en faveur des soulèvemens des
chaînes, nous croyons donc pouvoir conclure que *les soulèvemens ne doivent pas plus que les autres phénomènes volcaniques être restreints à une époque; mais qu'ils ont eu
lieu de tout temps.* De plus, comme nous n'avons pas d'exemples authentiques de l'abaissement de la mer, tandis que nous
en avons de soulèvemens, la théorie doit se baser préférable-
ment sur ce dernier fait que sur la simple conjecture.

En exposant ces idées en 1827, ou les couchant sur le papier
en 1822, je n'ai cru reproduire que celles de plusieurs géologues de notre époque et de divers pays, qui les partageaient sans les avoir explicitement publiées. Les faits géologiques étaient devenus assez nombreux pour conduire

naturellement à ce développement des idées sur les soulèvemens de montagnes émises par les Saussure, Dolomieu, de Luc, Ramond, Heim, de Humboldt, de Buch, etc., etc. C'est sur ces déductions géologiques que M. Elie de Beaumont a basé son beau travail sur l'origine des chaînes, ce qui est d'autant plus flatteur pour nous, que l'autorité imposante de MM. Heim et de Buch (1) nous était contraire ; car ces derniers savans paraissaient disposés à faire sortir de terre toutes les chaînes actuelles à la fois, et à la suite d'éruptions basaltiques ou pyroxéniques. Néanmoins, M. Heim, dans son ouvrage si plein d'aperçus lumineux (*Geologische Beschreibung des Thuringerwaldes* ; vol. III, pag. 158, en 1812), suppose qu'avant ce grand évènement, il y a eu d'autres soulèvemens produits par des gaz ; mais que leurs effets ont donné naissance plutôt à des bassins ou des vallées circulaires, entourées d'escarpemens, comme dans la lune, qu'à des chaînes et des vallées telles qu'elles existent actuellement.

Avant d'aller plus loin, il convient encore de nous arrêter un moment sur les apparences singulières et trompeuses qui peuvent dériver quelquefois des soulèvemens, question qui n'a pas été envisagée sous toutes ses faces, et à laquelle MM. Cordier et Voltz paraissent avoir seuls mûrement réfléchi. Il est en effet possible que des dépôts soient soulevés et renversés de telle sorte, que les plus anciens viennent à recouvrir les plus récens, ou même ce fait a pu n'avoir lieu que postérieurement au redressement, par suite d'un glissement plus ou moins local. Ensuite, le redressement très récent des assises à surface fort bosselée d'un ancien sol, recouvert en stratification conforme ou très peu contrastante par un dépôt plus moderne, peut donner lieu dans des escarpemens et des coupes, à des équivoques très importantes à éviter et très difficiles à apercevoir. Les mêmes erreurs peuvent résulter de l'examen superficiel des couches, se prolongeant sur un plan incliné ou horizontal dans les cavernes d'anciennes falaises formées par des dépôts antérieurs et

____

(1) Voyez *Geologische Beschreib. des Thuringerwaldes de Heim*, vol. III, § 21, pag. 278 à 301 ; et les *Mémoires sur le Tyrol mérid.*

aussi horizontaux, ou bien de la vue de crevasses d'une roche non stratifiée, remplie d'un sédiment beaucoup plus récent que cette dernière. Si l'on vient à supposer des redressemens dans de pareilles localités, l'on comprend qu'il faut toute l'expérience d'un géologue consommé pour ne pas s'y laisser tromper. Enfin, les contournemens, les plissemens et les compressions que les soulèvemens ont fait éprouver aux dépôts, et surtout à ceux qui n'étaient pas encore bien consolidés, peuvent donner lieu à des apparences géologiques plus ou moins contraires à la succession véritable de ces dépôts, avant ces bouleversemens.

Les soulèvemens qui ont lieu encore actuellement sur le globe, sont tous des phénomènes volcaniques; n'en pourrait-il pas être de même pour ceux que nous soupçonnons avoir eu lieu lors de la formation de la croûte terrestre? Le fait est qu'il y a eu des *éruptions ignées à toutes les époques, où l'élévation moyenne relative des différens terrains au-dessus de l'Océan, nous indique un abaissement de la mer ou un soulèvement des continens.*

Avant et vers la fin des dépôts intermédiaires, la terre a vomi de grands amas des roches granitoïdes et siénitiques; plus tard, pendant et après la formation de roches récentes, de transition, des masses ignées semblables et des roches diallagiques, serpentineuses, porphyriques et trapéennes, se sont fait jour. Lors du commencement des dépôts secondaires, des porphyres, des traps et quelques masses granitoïdes ou serpentineuses ont apparu. Sur la fin de l'époque secondaire, ou pendant la formation crayeuse des traps, des sélagites, des diorites et des roches diallagiques, et serpentineuses paraissent s'être fait jour çà et là. Enfin, après un repos assez long et peu interrompu, la formation trachytique et basaltique a signalé le commencement des dépôts tertiaires, et un grand nombre de volcans ont épanché leurs laves pendant l'époque alluviale. *La masse même des matières ignées vomies paraît être toujours en un certain rapport avec l'abaissement présumé de la mer ou le soulèvement présumé des continens;* ainsi, quoiqu'en général, notre tableau synoptique des formations montre que le domaine igné décroît en sens inverse du domaine neptunien des temps anciens aux temps modernes, l'activité plutonique a été la plus grande lors des éruptions trachytiques, et lors de l'époque des derniers dépôts intermédiaires, et la mer a aussi éprouvé à ces deux momens les plus grands abaissemens, ou le continent les plus grands soulèvemens.

Plus les soulèvemens ont été récens, plus les éruptions ignées ont dû avoir de peine à se faire jour à travers la croûte terrestre devenue toujours plus épaisse à mesure que nous approchons des temps modernes ; c'est aussi la raison simple pourquoi certaines éruptions modernes ont pu seules, dans quelques localités favorablement placées, former de grands amas sans avoir l'air d'avoir occasioné de très grands soulè-vemens dans les terrains traversés, tandis qu'ailleurs des chaî-nes ont été portées à de grandes hauteurs et ne laissent aper-cevoir que très peu ou point de traces des matières ignées qui ont tâché vainement de se faire jour. Cette manière de voir, partagée par M. d'Omalius d'Halloy, rentre tout à fait dans les généralisations de M. de Beaumont, qui semble ar-river au résultat que plus les chaînes sont élevées et en-tières, moins elles sont anciennes, *et vice versâ*.

S'il était donc permis de regarder avec MM. Heim, de Buch, Sartorius, Keferstein et de Beaumont les matières vomies comme de faibles indices d'une grande fermentation intérieure, qui se serait fait de la place par des ébranlemens, des fendillemens, des soulèvemens, des renversemens et des éruptions, l'on aurait toutes les données nécessaires pour la solution du problème. Or, nous pouvons soupçonner ces effets par analogie avec ce qui a lieu dans les éruptions volcaniques actuelles, et nous trouvons au moins que l'apparition des masses ignées a été accompagnée anciennement de fendillemens nomb-breux, et encore actuellement existans ; telles sont des fentes vides ou remplies, et des filons stériles ou métallifères. De plus, des défilés étroits et beaucoup de vallées telles que celles du Tyrol méridional, nous offent tous les caractères de leur origine violente, et ne se laissent nullement expliquer par un creusement de l'eau ; on peut bien les considérer comme des effets secondaires plutoniques. Enfin, les amas ignés nous présentent des masses neptuniennes soulevées, des montagnes écartées, dérangées et bouleversées (1); il n'y a donc plus qu'à supposer une augmentation de force pour arriver aux résultats à expliquer.

Si, au contraire, on ne croyait pas devoir accorder la probabilité de ces phénomènes volcaniques, on ne pourrait pas expliquer l'abaissement de la mer ou le soulèvement des continens sans moyens surnaturels, et l'on se trouverait surtout fort embarrassé dans l'explication de l'origine de certains terrains houillers, comme ceux du Palatinat, du Rhin, de l'Écosse, de l'Angletérre et de tout le nord de l'Allemagne.

Si les montagnes ont toujours eu entre elles leur hauteur relative, et si, lors du dépôt du calcaire jurassique, l'eau de la mer formait encore, au-dessus d'une grande partie de l'Europe, une épaisseur d'au moins quatre mille pieds, on ne pourrait que s'étonner de voir des amas énormes de végétaux enfouis si loin des montagnes des Alpes, des hauts Apennins, des Pyrénées et de la Scandinavie, puisque ces dernières chaînes devraient, d'après ces idées, avoir été presque les seules îles des mers de ce temps-là, et par conséquent les seuls points où de pareils végétaux auraient pu croître. D'ailleurs, comment se serait-il fait que des parties végétales aussi délicates que des fougères ou des graminées auraient pu se conserver dans des masses arénacées et argileuses, qui seraient venues de si loin, et pourquoi n'auraient-elles pas enveloppé, dans ce cas, sur leur route, des débris de corps marins? Enfin, pourquoi ces amas se trouveraient-ils placés justement dans des détroits ou des sinuosités de montagnes fort éloignées de celles dont ils seraient venus?

Il est vrai qu'on peut avoir recours, dans ce cas, à la supposition très probable que certaines chaînes ont été plus detruites que d'autres. Ainsi, par exemple, les chaînes de l'Angleterre, qui avaient nourri les végétaux tropiques des houillères de ce pays, et la chaîne schisteuse du Rhin, sur laquelle avaient crû ceux des terrains charbonneux du Pala-

____

(1) Voyez mon Mémoire sur le sud-ouest de la France (*Annales des Sciences naturelles*, 1824).

tinat et de la Belgique, auraient eu alors une hauteur assez considérable pour former aussi des îles. Néanmoins il ne me semble pas qu'on soit en droit d'attribuer à cette dernière cause seule un effet si prodigieux et si disproportionné d'une chaîne à une autre, et d'ailleurs des abaissemens de certaines parties de la surface terrestre ou de certaines chaînes sont rendus probables par les faits généraux cités précédemment, et même par les relations historiques.

Cette idée lève du moins toutes les difficultés ; et comme des abaissemens supposent aussi des soulèvemens, l'on s'explique pourquoi les dépôts secondaires s'élèvent, dans certains cas, plus haut dans un continent que dans un autre, comme, par exemple, certaines formations des Andes comparées à celles de l'Europe.

En essayant ainsi d'apprécier la hauteur du niveau de la mer ou les soulèvemens des continens, à différentes époques, au moyen des hauteurs relatives actuelles des formations, il ne faut pas oublier qu'il y a des terrains, comme celui de la houille, qui peuvent quelquefois se trouver à de grandes élévations, sans indiquer pour cela que la mer occupait, à l'époque de ces dépôts, ces niveaux, ou qu'un soulèvement les a portés à cette hauteur. Comme nous montrerons plus bas la probabilité que de grandes débâcles réitérées de lacs d'eau douce ont eu une grande part dans la formation des houillères, et surtout des lignites, ces dépôts peuvent s'être arrêtés à un niveau fort au-dessus de celui de l'Océan de ces temps reculés. Ce n'est que lorsque ces lacs se trouvaient très près des côtés, ou qu'ils étaient situés dans de très petites îles, que les alluvions, résultant de leur écoulement, ont pu se déposer sur le rivage de la mer. Il en serait de même si on voulait préférer à notre explication de la formation de la houille, la supposition qu'elle n'est qu'une dégénération de la tourbe. Quant aux houillères ou lignites formés évidemment sur des rivages par des matières végétales rejetées par la mer ou amenées par des courans, et offrant toujours des débris marins, comme, par exemple, la houille du grès du lias de Westphalie, ou des marnes alumineuses du Yorkshire, le lignite du grès vert, etc., il n'en peut pas être question ici.

Comme les houillères de la Colombie s'élèvent, à Chipo, à 8,160 pieds, et dans les Cordillières de Canta peut-être à 13,800 pieds d'élévation sur l'Océan, la connaissance exacte de leurs fossiles nous apprendra si elles doivent leur hauteur à un soulèvement de terrain ou à la manière dont elles ont été formées. Les mêmes observations pourraient trouver aussi, dans quelques cas, leur application dans la position des lignites de la molasse ou même du grès vert; mais jusqu'à présent nous n'en avons pas d'exemples bien évidens, à l'exception, peut-être, de quelques gisemens fort élevés dans les montagnes du Dauphiné (Villars de Lans, etc.); et de l'Autriche (Hinter-Laussa).

Enfin, il est bon aussi de répéter que la hauteur de chacun des dépôts secondaires et tertiaires marins ne doit pas toujours indiquer précisément le niveau général de la mer, ou donner la mesure du soulèvement, puisqu'ils ont pu éprouver des soulèvemens postérieurs, comme cela a peut-être été le cas pour certains points des Alpes et des Andes. De plus, à mesure que les formations s'accumulaient les unes sur les autres, la mer se divisait toujours plus en bassins distincts; et quelques uns de ces derniers pouvaient même, à une époque reculée, être assez bien séparés des autres mers pour avoir un niveau un peu plus élevé que celles-ci. Ce dernier soupçon, que je n'avance ici que comme une possibilité, se trouve au moins un fait incontestable pour les terrains tertiaires, puisqu'il est évident que l'eau des bassins tertiaires de la France, du nord de l'Allemagne et de la Suisse devait occuper trois niveaux fort différens. Certains bassins de grès vert ont pu se trouver aussi dans ce cas.

Nous avons déjà dit qu'on a voulu expliquer ces différences de niveau des dépôts tertiaires par des soulèvemens et des relèvemens de couches; nous n'ajouterons rien à nos objections précédentes, si ce n'est que cette hypothèse ne rend nullement compte des différences géologiques des bassins tertiaires; en un mot, nous n'entrevoyons pas les faits qui supportent des effets si prodigieux, et surtout d'une date si récente, quoique nous admettions que de semblables phénomènes ont eu lieu à toutes les époques; mais leur intensité et leur étendue nous semblent avoir diminué depuis les temps géologiques les plus anciens jusqu'aux plus modernes, parce que leurs causes premières suivent cette progression décroissante.

Partant de ces suppositions plus ou moins probables, on n'aurait plus besoin de s'imaginer que la mer a été une fois à la plus grande hauteur qu'atteignent les *schistes intermédiaires* et *cristallins*, puisque des portions de chaînes pareilles ont pu être soulevées postérieurement à leur formation. Nous n'avons guère les moyens d'estimer la hauteur du niveau des mers, au sein desquelles se sont formés les dépôts intermédiaires; nous en pouvons seulement déduire *l'existence d'une mer semblable à l'Océan actuel, et occupant les parties les plus basses du globe ou les cavités de sa surface.*

Les impressions des végétaux terrestres et même la plupart des lits d'anthracite des masses schisteuses intermédiaires, nous indiquent clairement que *certaines parties de ces roches formaient déjà au milieu des mers des îles, qui nourrissaient des plantes peut-être infiniment moins variées que celles qui couvrent maintenant la surface terrestre : ce qui semble mener à l'idée d'une température plus uniforme sur toute la terre, que celle qui existe maintenant.* De plus, *les végétaux monocotylédons fossiles de cette époque, et la rareté des dicotylédons, nous montrent que la première classe de plantes existait alors presque seule sur la terre, ou prédominait du moins sur les autres, et la ressemblance ou l'analogie de ces plantes avec les végétaux tropiques nous porte à croire que la température générale de l'atmosphère était égale ou même supérieure à celle de la zone équatoriale.*

D'un autre côté, *la mer était déjà peuplée de toutes les classes d'êtres qu'elle renferme à présent, à l'exception des cétacées, mais les espèces de ces êtres paraissent avoir été moins variées que maintenant, et semblent indiquer un fluide aqueux beaucoup plus analogue à la mer actuelle entre les tropiques qu'à celles des zones tempérées ou glaciales.* Telles sont les données que nous suggère l'étude des fossiles marins de ces anciennes formations, dont *plusieurs genres, et la plupart des espèces, si ce n'est pas toutes, ne se retrouvent plus dans nos mers.*

La conservation des êtres marins, et surtout l'enfouissement des végétaux et des animaux terrestres dans les dépôts, dépendant de mille circonstances très variées, les pétrifications d'une formation ne doivent nous donner qu'une bien faible idée du nombre des êtres et des végétaux d'une époque, et même cet aperçu doit être d'autant plus imparfait, que nous examinons un terrain plus ancien, c'est-à-dire d'une époque où il y avait probablement moins d'animaux et de plantes, et où leur conservation était peut-être moins facile. Quant aux végétaux et aux animaux terrestres, on ne peut trop se tenir en garde de croire connaître la flore ou la faune d'une époque, puisque les pétrifications de ce genre sont loin d'être comme les êtres marins, un accident assez commun, mais des effets d'accidens locaux, en un mot, des raretés. Ainsi, si les terrains intermédiaires ne nous ont pas offert jusqu'ici d'amphibies, si même le sol secondaire ancien ne nous a pas présenté jusqu'à présent des os de mammifères, nous n'en pouvons pas conclure que l'existence de ces deux classes d'êtres à ces diverses époques est impossible. Néanmoins, la comparaison de la distribution géognostique des fossiles connus jusqu'ici rend probable que l'existence des êtres les plus parfaits dans les temps anciens devient d'autant moins probable qu'on approche du sol intermédiaire inférieur, et qu'on remonte dans l'échelle des animaux vers les classes supérieures.

Pendant et après le dépôt de toutes les roches intermédiaires, ont apparu de nombreuses masses non stratifiées (granite, siénite, serpentine, porphyre et trap), qui ont été accompagnées de fendillemens, de relèvemens et de quelques soulèvemens et abaissemens de terrain. Ces derniers effets ont dû contribuer à la formation de quelques grandes vallées et de quelques groupes de montagnes ou à celle de certaines îles, et ils ont pu se succéder alternativement dans un même lieu ou dans différens lieux d'une éruption à l'autre. *Ces changemens de position de quelques masses minérales ont dû occasioner, nécessairement, pendant la formation intermédiaire, des oscillations dans le niveau ou l'étendue des mers, et après ce dépôt, un rehaussement considérable des continens,* ou, si l'on veut, *un abaissement sensible de la masse entière du fluide aqueux,* si du moins nos principes fondamentaux sont bien basés.

Enfin, non contens d'avoir introduit des masses ignées au milieu des dépôts neptuniens intermédiaires, les agens plutoniques ont continué sourdement leur travail, et ne l'ont cessé tout-à-fait qu'après un long espace de temps. C'est dans ces espèces de solfatares ou ces émanations de différens gaz acides ou métallifères, qu'il faut probablement chercher la première origine des amas de gypse et de sel intermédiaire, l'altération variée de roches calcaires ou argileuses, la formation de tant de filons, et de la plus grande partie des matières qui les remplissent.

Dans ce temps-là l'*Europe présentait une immense mer, parsemée d'un assez grand nombre d'îles et de petites chaînes de montagnes sous-marines.* Au nord se trouvaient les deux groupes des *îles scandinaviennes* et des îles *écossaises, anglaises* et *irlandaises,* composées des parties les plus élevées des chaînes de schistes crystallins et intermédiaires de ces différens pays. A l'est, *les chaînes entre la Russie et l'Asie* formaient d'autres îles ; au sud, la plus grande partie des *Alpes centrales,* depuis la Ligurie et la Provence jusqu'en Hongrie, constituaient un long continent qui était lié au Bohmerwaldgebirge, et au-devant duquel s'élevaient probablement au nord l'*île française* ou les parties les plus élevées du centre de la France, l'*île westphalienne* ou le grand plateau schisteux des bords du Rhin ; l'*île de l'Erzgebirge* et *du Riesengebirge,* comprenant aussi le Fichtelgebirge et le Thuringerwald, l'île ou les *îles des Carpathes,* c'est-à-dire le centre des Carpathes septentrionales et la partie orientale de cette chaîne, ou celle qui entoure la Transylvanie, l'*île slavonienne ou de Petervaradin.* Au sud des Alpes apparaissaient peut-être, sous la forme d'*îles* ou de *montagnes sous-marines,* la chaîne de l'Hemus et le sol primaire de la Macédoine, une partie de la Grèce, de la Calabre et de la Sicile, de la Corse et de la Sardaigne, tandis que dans l'ouest de l'Europe, la mer environnait les

îles des Pyrénées, du centre de l'Espagne et *du Portugal,*
l'île de la Bretagne, unie alors au Cornouailles, et peut-
être même au pays de Galles. Enfin, dans le centre de l'Europe, les Vosges, la Forêt-Noire, le Hartz, formaient trois
autres îles. Il est naturellement sous-entendu que nous ne
faisons qu'indiquer ici la place probable de ces îles, sans préjuger les changemens et les soulèvemens postérieurs qu'elles
ont pu éprouver. Parmi les *chaînes sous-marines* on peut placer encore des portions basses des chaînes de la Péninsule
espagnole et de l'île de la France centrale, la base des Apennins, l'Odenwald, le prolongement des Alpes orientales en
Hongrie, la chaîne de Sandomir en Pologne, le plateau intermédiaire et granitoïde de la Podolie et de l'Ukraine méridionale, celui des environs de Bachmout sur le Donetz,
les éminences intermédiaires de l'Ingrie et de l'Esthonie, les
îles de Gothland et d'Oland, les îles Shetland, les Hébrides
extérieures et même peut-être le petit groupe d'Alvesleben
auprès de Magdebourg. *La plupart de ces montagnes présu-
mées sous-marines sont composées de roches de transition
les plus récentes.*

Des *bas - fonds* ou des *détroits* séparaient ces îles. Le
Fichtelgebirge était peut-être séparé du Bohmerwaldgebirge par une cavité du premier genre, tandis que nous
pouvons placer dans l'autre classe les espaces qui se trouvaient entre les îles anglaises et écossaises qui étaient au
moins au nombre de cinq ou six; ceux qui existent entre le
Hartz et l'Erzgebirge, entre le prolongement oriental de
cette dernière île ou l'Eulengebirge et l'île Carpathique septentrionale, entre les Sudetes et l'Eulengebirge et le Bohmerwaldgebirge, entre l'île de Podolie et de Krimée, entre
les îles alpines et turques, entre l'île pyrénéenne et l'île du centre de la France, et entre celle-ci et les Alpes d'un côté, et
la Vendée unie à la Bretagne de l'autre. Au centre de l'Europe, il y avait entre l'île westphalienne et celles des Alpes,
de la Bohème et de la France, une espèce de mer intérieure
avec les îles de la Forêt-Noire et des Vosges, dernières îles
que des détroits peu larges séparaient entre elles ainsi que de
celle de Westphalie. De plus vastes mers existaient en Russie

entre l'Oural, le Caucase et la Podolie, et s'étendaient au loin dans les steppes actuels de l'Asie. Je laisse à d'autres à décider si la Méditerranée pénétrait alors aussi bien par la Croatie en Hongrie que par l'Hellespont dans la mer Noire, ou si ce dernier passage est d'une date plus récente.

Cette manière de se faire une idée de l'aspect de la mer à cette époque conduit à observer d'abord que la position respective de ces îles, préparait déjà la distribution géographique des mers européennes actuelles. Ainsi, l'île africaine nord-ouest ou l'Atlas, et l'île africaine nord-est ou Nubique, l'île caucasienne, y compris la chaîne primaire de la Crimée, et les Alpes avec ces îles adjacentes environnaient déjà une mer analogue à la mer Méditerranée, et l'isolaient en partie du reste de l'Océan, tandis que les îles du nord-ouest de l'Europe marquoient la place de la mer du nord actuel, et la vaste profondeur entre les îles scandinaviennes, russes et de l'Erzbirge et du Riesengebirge, celle de la mer Baltique. Nous allons voir comment les dépôts plus récens sont parvenus, grâce à l'abaissement du niveau de l'Océan ou au soulèvement des continens, à compléter l'isolement de ces mers. Secondement, on ne peut pas s'empêcher d'observer que *les îles* qui ont le moins souffert ou qui ont été le plus soulevées sont les Alpes ou celle qui est située au centre de toutes les îles européennes et africaines, de manière qu'il ne paraît pas hors de toute vraisemblance, qu'elle doit une partie de sa conservation à cette espèce de digue qui l'a protégée contre la force des vagues et des courans, soit de l'Océan, soit de la mer Glaciale, et qu'elle a été de plus soulevée encore postérieurement à beaucoup d'autres chaînes de l'Europe.

D'un autre côté, il est évident que *les îles qui ont le plus été démantelées ou le moins soulevées sont celles de l'ouest et du centre de l'Europe;* car les montagnes qui les représentent maintenant, ont toutes une hauteur si peu considérable, qu'elles semblent même avoir éprouvé de grands abaissemens, comme la chaîne schisteuse westphalienne, celle de Bretagne, etc. Ce phénomène a pu même être accompagné de la disparition de quelques îles situées à l'ouest de l'Europe. Les propositions précédentes montrent que *l'époque de cette* grande catastrophe, ou plutôt de cette série de catastrophes, tombe nécessairement après la formation du grès houiller ou même du grès bigarré qui environnent ces îles. Mais nous n'avons pas les moyens de la fixer plus décidément.

Enfin, il résulte de ces considérations que *l'Océan et les mers occupaient déjà à cette époque, à peu près la place qu'elles ont à présent. Les îles avaient, comme aujourd'hui, leurs montagnes, leurs vallées, leurs rivières et leurs lacs ; leur surface était couverte surtout de plantes monocotylédons assez analogues à celle de la zone équatoriale actuelle.* Des graminées, de grandes fougères arborescentes, différens arbres et arbustes curieux et quelques dicotylédons, dont une partie nous est conservée dans les houillères, embellissaient seuls ces terres. *Quelques mollusques et quelques poissons vivaient dans les fleuves et les lacs ; quelques reptiles se plaisaient près de l'embouchure des rivières dans la mer, et il y avait déjà probablement quelques insectes.*

La *température chaude* était encore entretenue dans les îles européennes par différentes causes physiques en partie inconnues, mais parmi lesquelles figuraient probablement surtout *le refroidissement lent des masses granitoïdes ignées et des schistes qui avaient été liquéfiés ou rendus cristallins par les agens plutoniques* (1), *l'étendue des eaux de la mer, la forte évaporation, considérée sous le point de vus de son influence sur la pression de la colonne aérienne, et sur la chaleur des rayons solaires et sous celui de conducteur du calorique.* Naturellement la température a dû baisser en même temps que les causes physiques qui l'entretenaient cessaient petit à petit d'agir.

De même que la mer et ses courans, aidés par les rivières, avaient su élever les terrains arénacés intermédiaires, au moyen de débris de roches plus anciennes, et de même qu'elle avait formé les amas et les mélanges calcaires au moyen de la destruction du travail d'une infinité d'êtres ma-

____

(1) Voyez mon Mémoire sur les Pyrénées (*Annales des Sciences naturelles*, août 1824): et le Mémoire sur les roches primaires de M. Macculloch (*Journal de 'Institut royal de Londres*, 1825).

rins, et en s'aidant peut-être des matériaux fournis par les sources minérales, jadis plus abondantes; dans les âges suivans, les mêmes causes ont continué et continuent encore en partie ou entièrement à produire des effets analogues.

Les rivières des îles européennes étaient occupées, comme aujourd'hui, *à transporter sans cesse au sein des mers peu étendues ou sur le bord des grands océans, des cailloux et des sables et des parties végétales.* Ce travail était rendu plus considérable qu'à présent, surtout par deux causes. D'abord, la masse des eaux courantes était plus grande qu'aujourd'hui, parce que la température plus élevée d'une grande partie du globe occasionait une évaporation beaucoup plus forte, et par conséquent des météores atmosphériques électriques, et des pluies si considérables que nous ne pouvons guère en avoir une idée, même par les ouragans et les pluies qui ont lieu sous l'équateur. Ensuite, les nuages se tenant surtout autour des montagnes, et l'étendue des terres étant moins considérable, il devait tomber sur un même espace de terrain plus de pluies qu'à présent, lorsque les autres circonstances étaient égales. Enfin, la pente du lit des rivières était naturellement plus forte qu'à présent, ce qui devait aussi accélérer le transport des matières d'alluvion.

A mesure que la température a baissé, que l'évaporation a diminué, que le sol découvert s'est augmenté, et que le plan incliné du cours des rivières s'est approché de plus en plus de l'horizontalité, ces effets prodigieux des rivières ont dû diminuer petit à petit. Cette diminution graduelle des dépôts arénacés explique en grande partie pourquoi la suite des terrains secondaires et tertiaires nous présente dans les masses des deux séries des formations arénacées et calcaires, deux progressions décroissantes, chacune dans un sens différent; savoir : les masses arénacées des terrains anciens aux formations modernes et les dépôts calcaires de ces dernières aux premiers.

Pendant que les rivières étaient ainsi occupées à charrier des alluvions dans la mer, *cette dernière rongeait de son côté les continens par ses mouvemens périodiques et ses courans, et ai-*

dait en même temps à arranger les débris des continens et du travail des êtres marins en couches et en lits réguliers. Puisque la mer produit encore ces effets, il ont donc dû avoir lieu de tout temps (1). Lorsque les masses d'alluvion étaient trop considérables, la mer n'avait pas la force de les étendre au loin ou de les arranger en strates; elle n'attaquait alors que leur surface, et produisait ainsi des alternations de roches grossières et fines par l'irrégularité de ses mouvemens. D'un autre côté, dans les instans où des causes physiques lui donnaient plus de force, elle pouvait produire à peu près, dans un même espace de temps, des couches beaucoup plus épaisses que dans d'autres momens.

Les rivières et les torrens devaient naturellement enlever, comme aujourd'hui et comme lors de la formation du dépôt intermédiaire *des végétaux qui croissaient sur leurs bords,* et ils devaient les ensevelir ensuite dans différens états de conservation dans leurs alluvions (2). Dans les grandes crues d'eau ou le temps des pluies, des débordemens prodigieux devaient causer encore de plus grands ravages, et enfin *lorsque des lacs de ce temps-là trouvaient le moyen de rompre leurs digues et de s'écouler,* ces masses d'eau devaient, d'après la pente forte des canaux d'écoulemens, produire des effets dont nous ne pouvons que nous faire une très faible idée, par les débâcles des lacs de notre âge (3).

Ce sont ces différentes causes qui me paraissent avoir donné naissance aux terrains houillers, et c'est ainsi que je m'explique, non seulement la quantité de végétaux et les coquillages d'eau douce qu'ils contiennent, mais encore leur manque presque complet de corps marins, leur position et leur distribution géographique irrégulière.

Plus l'on étudie les effets et les produits des débâcles des

(1) Voyez à cet égard les recherches de M. Stevenson sur la mer d'Allemagne, et celle de M. Nemmo, sur le canal d'Irlande et la Manche (*Journal philosophique de Dublin,* n° 1, 1825).

(2) Voyez les détails sur les alluvions énormes de cailloux, de sables et de bois du Mississipi, dans les journaux américains (*Journal of Sciences* de Silliman, etc., etc.).

(3) Voyez les détails de la débâcle du lac de Mauvoisin dans la vallée de Bagnes.

lacs modernes et la structure de certaines grandes alluvions anciennes, plus l'on trouve que le gisement et les accidens de ces dépôts ressemblent à ceux des amas de lignite dans le terrain tertiaire. Comme ces derniers ont souvent la plus grande analogie de structure et de nature, soit avec les lignites secondaires, soit avec les terrains houillers, il semble donc que tous ces dépôts ont été formés à peu près de même, et que leurs différences ne proviennent que de l'époque différente à laquelle ils ont eu lieu et de leur mode de formation.

Il y a des amas de végétaux qui ont été enfouis subitement, et convertis en houille, tandis que d'autres ont été long-temps ballottés dans l'eau, et ne se sont déposés que pourris, en débris ou même en matière végétale fort altérée. C'est ainsi que s'explique la nature variée des roches charbonneuses, et les lignites pulvérulens paraissent surtout avoir été formés de la dernière manière décrite. Un petit nombre de roches bitumineuses et surtout calcaires, et même peut-être quelques houilles seraient seules provenues de matières animales; telles sont surtout certaines roches des Alpes calcaires.

On observe que la place de tous ces combustibles, sans distinction, est dans des cavités, des vallées, des sinuosités, c'est-à-dire dans d'anciennes baies ou de grands détroits de mer ou bien sur des plages. On remarque dans tous, les mêmes singulières alternations de couches, souvent irrégulières, les mêmes glissemens de certaines parties, et les mêmes accidens et fendillemens, qui sont une suite nécessaire de ces mouvemens des masses. En général, plus le terrain ainsi formé est ancien, plus tous ces accidens sont considérables et fréquens, et indiquent par conséquent des causes puissantes. Il est clair que lorsque les plages marines étaient très vastes et régulières, les dépôts charbonneux ont dû s'étendre plus uniformément, et ont été moins sujets à des glissemens et fendillemens, c'est ce qui est arrivé pour certaines séries de couches secondaires à lignite. (Lignite du grès du lias de Westphalie et lignite du calcaire jurassique supérieur d'Istric.)

Si le rapprochement de ces différens dépôts est véritablement fondé sur l'identité ou sur l'analogie de leur origine, il s'ensuivrait un fait géognostique important. Puisque les bois des alluvions et les lignites en général ne forment que des accidens dans le sol alluvial tertiaire ou secondaire, il devrait en être de même pour le terrain houiller, par rapport à la grauwacke et au grès rouge, et ce dépôt ne remplirait dans un grand bassin qu'une très petite portion, au lieu de couvrir, comme d'autres terrains, toute l'étendue d'une semblable cavité.

Cette considération servirait aussi à expliquer l'irrégularité de la distribution géographique du dépôt houiller, dépendant de la grandeur des îles et des causes dont il serait provenu. Elle rendrait aussi raison de sa position variée, par rapport à la grauwacke, avec laquelle il est souvent lié, et sur laquelle il repose ailleurs, en stratification transgressive et non concordante.

Les îles écossaise, anglaise, belgico-westphalienne du Hartz, du nord et sud de la Bohême et du centre de la France, ont donné naissance aux plus grandes masses houillères de l'Europe. Celles de l'Écosse ont été surtout accumulées dans un détroit de mer entre l'île écossaise principale et la chaîne, en partie sous-marine, de grauwacke au sud de ce pays. Les houillères de l'Angleterre et de l'Irlande gisent dans des sinuosités au pied des roches schisteuses de ces îles, ou bien dans le détroit que l'île anglaise formait avec l'île de la Bretagne et du Cornouailles. Les dépôts provenant de l'île westphalienne se sont fait de même en Westphalie et en Belgique, dans de petites sinuosités sous-marines de la chaîne schisteuse (1), et dans le Palatinat du Rhin, dans le fond d'un détroit de mer. Les matières charbonneuses de l'île saxo-bohémienne se sont déposées dans des petits bassins (Silésie, Hultschin, Glatz, Tharand, Plauen), ou dans les profondeurs de la grande cavité au sud de l'Erzgebirge (Bohême centrale), tandis que la partie la plus profonde du détroit entre le Bohmerwaldgebirge et les montagnes de Moravie a été comblée par un semblable dépôt.

(1) Voyez la carte des dépôts houillers de la Belgique de M. Oeynhausen dans les *Archives de l'art des mines* de Karsten, 1825.

Les eaux de l'île centrale de la France ont charrié leurs amas houillers dans des sinuosités sous-marines sur le côté occidental de cette île (Figeac), et dans des cavités sur le rivage opposé (Saint-Etienne, sud de Moulins, Autun, etc.) ou méridional (Alais).

Quelques autres dépôts houillers se sont formés en Irlande, autour de la Bretagne (Litry, Anzet, Quimper, etc.), à l'est du Hartz (Wettin) et du Thuringer-Wald (Ilmenau, Kronach, en Bavière), dans le sud de la Hongrie (Oravitza et Cinq-Eglises), en Espagne, en Portugal et peut-être même à Pestum près de Naples.

Partout ailleurs l'on n'aperçoit pas en Europe de houillères, soit qu'elles n'aient pas été produites, soit qu'elles aient été détruites ou enfouies dans des cavités, maintenant entièrement recouvertes de terrains plus récens, comme peut-être le long de la plus grande partie de l'île Alpine et de l'Oural. Cette absence presque complète du terrain houiller dans tout le sud de l'Europe, et son accumulation dans le nord-ouest et le centre de ce continent, est un fait d'autant plus curieux qu'il a son pendant dans l'Amérique du nord aussi bien que dans l'Asie orientale (Chine). De plus, ces amas de végétaux se retrouvent assez abondamment dans les régions arctiques, tandis qu'ils paraissent extrêmement rares entre les tropiques où dominent, d'après nos connaissances actuelles, des formations primaires immenses (Brésil, Guyane, Colombie, Indostan, etc.), des dépôts intermédiaires anciens (Mexique, Amérique du sud, etc.), de grands amas d'éruptions ignées de divers âges (Pérou, Mexique, Indostan), quelques terrains secondaires anciens (Colombie, Afrique) ou des calcaires assez récens (Indostan, Amérique du sud), et divers dépôts tertiaires ou d'alluvions (Colombie, Afrique, Indostan). Ce n'est que dans l'hémisphère austral, dans la Nouvelle-Hollande et le Chili, par exemple, que nous croyons retrouver cette même abondance de végétaux enfouis à l'époque dont nous nous occupons. Serait-il possible de supposer que la température était encore alors trop élevée entre les tropiques pour permettre le développement des végétaux, tandis qu'ils prospéraient déjà dans les zones tempérées ou même sur les hauts plateaux existans près de l'équateur, comme dans la partie occidentale de l'Amérique du sud, et au centre de l'Afrique et de l'Asie. Nos données géologiques sur les pays équatoriaux sont encore trop imparfaites pour répondre affirmativement à cette présomption, dont la vérification expliquerait alors assez naturellement pourquoi le lias de certaines localités du sud de l'Europe (Alpes de Savoie) recèle les mêmes végétaux que les houillères du nord. D'après les connaissances que nous avons sur la vie végétale et animale, nous savons que la première est bien plus soumise à certaines circonstances de température et d'humidité que celle des êtres vivans; donc les animaux marins ne se nourrissant que de l'eau de la mer ou les uns des autres, ont pu exister dans des pays où il n'y avait pas encore de végétation terrestre. Toutefois, on pourrait aussi supposer qu'entre les tropiques les circonstances qui ont enfoui les végétaux ne se sont pas présentées ou n'ont eu lieu que rarement. Qu'on embrasse l'une ou l'autre de ces hypothèses, il n'en reste pas moins le fait entrevu d'une différence essentielle entre les dépôts équatoriaux et des zones tempérées et arctiques.

Plusieurs de ces masses houillères sont placées si près de montagnes très peu élevées (Hartz, Thuringerwald, Bretagne), qu'il est bien difficile de décider si elles en sont dérivées, ou si elles sont venues de quelque grande chaîne voisine. En adoptant la première idée, comme la plus vraisemblable, l'on est obligé de supposer alors que ces montagnes, actuellement si petites, ont été autrefois beaucoup plus élevées, et qu'elles ont été détruites ou subitement abaissées ou bien que la mer a toujours eu un niveau très bas.

Parmi les terrains houillers, que nous venons d'énumérer, ceux qui alternent dans leur partie inférieure avec des calcaires coquilliers marins, ont été déposés dans des cavités sous-marines autour de petites îles, et ont été enfouis sur des plages marines. Il est difficile de s'assurer que tous les autres dépôts charbonneux aient eu une semblable position primitive, quoique cette dernière n'exige pas, cependant, des alternations de dépôts d'eau douce et d'eau salée, puis-

que des alluvions fluviatiles charriées dans la mer, et des dépôts marins peuvent parfaitement expliquer ces apparences.

Avant la formation des amas charbonneux, et pendant ce dépôt, des éruptions porphyriques ont fréquemment eu lieu, et la situation de ces anciennes bouches volcaniques étaient, comme aujourd'hui, sur les rivages ou près d'eux. Ces éjections de matières ignées étaient infiniment plus con-sidérables que dans les volcans actuels. Parmi les *causes de cette différence, on peut placer l'oxidation moins avancée qu'aujourd'hui des couches supérieures du noyau terrestre,* et surtout *la pression qu'avaient à surmonter des laves coulant généralement sous un liquide plus ou moins impur.* Cette dernière cause faisait que les *éruptions demandaient une beaucoup plus grande accumulation de matières élabo-rées que de nos jours,* tandis que *la proximité plus grande du laboratoire souterrain de la surface terrestre facilitait la sortie des laves. Ceci explique aussi les longs intervalles de repos qui ont permis la formation de tant de roches nep-tuniennes, entre les divers dépôts porphyriques et basalti-ques anciens* (1).

Ces éruptions ignées paraissent avoir eu une influence particulière sur la production de la masse principale des houillères, puisque tous les grands terrains charbonneux sont accompagnés de porphyres, et puisque les deux plus considé-rables amas de matières végétales se trouvent justement aux deux époques où les agens souterrains ont élevé infiniment plus de laves que dans d'autres momens.

Cette influence a été indirecte; l'apparition des montagnes de porphyre a dû interrompre çà et là le cours des eaux, et même former des lacs ou des bassins sous-marins, tandis que cette même cause ou les tremblemens de terre et les autres phénomènes qui ont accompagné ces éruptions, ont pu fa-voriser, jusqu'à un certain point, l'écoulement de grandes masses d'eau, et ont pu ainsi donner lieu à plusieurs por-tions des terrains houillers.

En outre, la structure des districts trachytiques rend pro-

______

(1) Voyez Daubeny (*Description of volcanoes*, p. 407).

bable qu'après l'élévation de ces immenses montagnes de roches crystallines, des déluges d'eau ont dégradé, comme à la suite des éruptions volcaniques modernes, une grande partie de l'ouvrage des agens souterrains, et ont accumulé ces débris avec les masses scoriacées et légères autour de la base de ces montagnes. L'apparition des porphyres secondaires paraît avoir été accompagnée à peu près des mêmes accidens, quand ils se sont trouvés assez élevés hors de la surface des eaux, et ceux qui sont restés sous-marins ont souffert aussi de grandes dégradations.

C'est-ainsi que *des agglomérats rouges* ou des dépôts de *todliegende se sont formés dans tous les lieux où il y a eu des éruptions porphyriques.* Leur mode de formation explique pourquoi ces roches sont distribuées, comme les houillères, beaucoup moins généralement que les autres terrains secondaires. Comme ils ne recèlent pas tous ces végétaux du terrain charbonneux, et que leurs fossiles ne sont principalement que de gros troncs de palmiers ou de dicotylédons (1), il est clair que leurs aggrégats grossiers ont été accumulés d'une manière encore plus violente que les grès houillers, tandis que les matériaux dont ils dérivent différaient aussi entre eux.

Tout autour de l'île de l'Erzgebirge et du Riesengebirge, les dégradations des masses porphyriques ont produit, çà et là, des amas de grès rouge secondaire (todliegende), qui ont commencé à combler le fond des grandes cavités secondaires du nord de l'Allemagne. Autour du Hartz et du Thuringerwald, sur les Vosges et la Forêt-Noire se sont formés de semblables dépôts. Il y en a aussi en Angleterre (Exeter) , mais en général dans ce pays, comme en Ecosse et en Norwège, les grandes masses porphyriques ayant apparu plus tôt, ont donné au terrain intermédiaire récent ou au grès rouge intermédiaire (Old red Sandstone) des caractères minéralogiques assez analogues au todliegende des Allemands.

(1) M. Ad. Brongniart avait nié ce fait dans son intéressant Prodrome des végétaux fossiles, et a été attaqué à ce sujet par M. Voltz, et Hoffmann (*Annales de Poggendorf*, n° 3 , 1829); il est convenu avec nous avoir eu tort.

Autour de l'île Alpine, les porphyres secondaires ne sont pas sortis sur sa pente nord, et le grès rouge secondaire n'y existe pas, ou du moins il ne s'y fait remarquer qu'autour du groupe porphyrique de la montagne de l'Estrelle en Provence. Sur le versant sud des Alpes, les porphyres en partie quarzifères se sont fait jour depuis Windish-Kappel en Carinthie, jusqu'à Arona sur le lac majeur; ils ont surtout abondé en Tyrol, entre le Cordevole et l'Adige.

Des éruptions de porphyre quarzifère ont eu encore lieu çà et là en Hongrie (Cinq-Eglises), en Bretagne (Montrelais, Quimper, etc.) (1), en Forez (La Palisse), et des agglomérats ou des grès rouges secondaires (Todtliegende) s'y sont aussi formés de leurs débris.

Dans beaucoup d'endroits *un dépôt marin calcaire* succède au grès rouge secondaire, ce qui indique que *les endroits où cette formation a eu lieu ont joui d'un repos assez long, ou plutôt ont été assez exempts de matières arénacées*, pour que la mer ait pu former des dépôts presque uniquement au moyen des débris du travail ou des demeures d'êtres marins très variés. Certains terrains houillers (Palatinat du Rhin) présentent dans leurs parties supérieures des alternations de grès avec quelques couches minces d'un calcaire assez semblable au premier calcaire secondaire, ce qui semblerait montrer que dans ces lieux la mer commençait déjà à se disposer pour la formation de semblables dépôts.

Au premier abord, l'alternation des terrains calcaires et arénacés nous indique des causes soumises à de grandes périodes irrégulières; il est cependant possible que ces apparences géologiques proviennent d'une association de causes tout-à-fait différentes.

D'abord ces dépôts calcaires ne sont pas présens partout, ils n'ont pas toujours la même épaisseur, et ils sont en quelques lieux remplacés en tout ou en partie par des masses arénacées. L'agglomérat magnésien du calcaire magnésien

____

(1) Voyez mon Mémoire sur le Sud-Ouest de la France, dans les *Annales des Sciences naturelles*, août, 1824.

secondaire (Normandie , Angleterre), les couches arénacées du Muschelkalk et du calcaire jurassique de certaines localités (Allemagne, Dalmatie), et le carbonate de magnésie et de chaux disséminé dans tout le Keuper, nous présentent des exemples de ces propositions , et nous montrent bien que des cailloux ou des sables n'ont jamais cessé d'être charriés par les rivières ou la mer. Il semblerait donc que toutes les localités n'ont pas été également favorables à la production de ces dépôts calcaires pures, comme, par exemple, les environs des Vosges et de la Forêt-Noire (1). Ensuite la progression décroissante des masses calcaires depuis les temps géologiques modernes aux temps anciens, nous apprend non seulement que les animaux marins se sont multipliés, petit à petit, d'autant plus que nous approchons de l'époque des formations récentes, mais encore que les demeures de ces êtres ont eu toujours plus de facilité à se conserver, ou que la mer a toujours plus aisément pu accumuler leurs débris en couches, sans être troublée dans son opération par les alluvions arénacées.

Le calcaire des schistes intermédiaires anciens est toujours plus ou moins entremêlé de schiste, ou ce n'est qu'un calcaire entrelacé de schiste. Dans les masses plus récentes cette roche forme déjà des couches courtes, et dans la grauwacke ces dernières deviennent encore plus distinctes, plus épaisses, plus pures et plus évidemment l'ouvrage d'êtres marins. Plus tard, à l'époque des calcaires secondaires, les dépôts calcaires sont encore plus considérables et infiniment plus prédominans ; ce qui indique donc que plus l'on approche de l'époque des terrains plus récens, plus il y a eu d'endroits favorables au dépôt du calcaire marin , ou autrement plus il y a eu de sinuosités ou de plages marines recevant assez peu d'alluvion arénacée pour pouvoir déposer des couches calcaires.

D'ailleurs on peut encore ajouter ici que les lieux où de si grandes débâcles avaient eu lieu, et où de si grands torrens avaient passé, devaient être, pendant un certain temps,

(1) Voyez la fin du même Mémoire sur le Sud-Ouest de la France.

assez dépourvus de débris, pour que les rivières ne pussent pas en charrier jusqu'à la mer. Ce n'est que lorsque ces dernières étaient de nouveau parvenues à bien garnir toute l'étendue de leurs lits de cailloux et de sables que les dépôts marins arénacés ont dû complètement rcommencer.

D'un autre côté la masse calcaire déposée devait varier infiniment, suivant le nombre des êtres marins dans différentes localités, suivant la nature et la plus ou moins forte pente du rivage des îles de cette époque, suivant la direction des courans de mer, et suivant que les plages étaient plus ou moins protégées contre les courans ou les alluvions (1). Dans les endroits où aucune de ces circonstances ne favorisait le dépôt calcaire , ou dans celles où l'une contrecarrait l'autre , il ne se formait point ou presque point de roches calcaires.

Enfin , si on est fondé de rechercher l'origine des calcaires dans le travail d'êtres aussi faibles que des zoophytes ou des mollusques (1), l'on ne doit pas perdre de vue la manière dont ces animaux parviennent à élever du fond des mers des îles et enfin d'immenses bancs calcaires (2). C'est ainsi qu'on peut essayer d'expliquer l'inégale distribution des calcaires intermédiaires récens (mountainlimestone), et des calcaires secondaires tels que le second calcaire secondaire et le calcaire jurassique. Dans le même temps qu'en Angleterre et en Allemagne, le travail des êtres marins ne produisait qu'un dépôt calcaire de quelques mille pieds d'épaisseur entremêlé de couches arénacées, ces animaux se trouvant plus protégés ou plus favorablement placés au pied des îles Alpine et Carpathique, élevaient sur leurs deux rivages une immense muraille presqu'entièrement calcaire. Ces îles étant les plus grandes, la mer devait accumuler sur leurs bases plus de débris calcaires qu'ailleurs. Ce manque de couches aréna-

(1) Voyez à cet égard le Mémoire de M. Nemmo sur le fond du canal d'Irlande, dans le *Journal philosophique de Dublin*, n° 1, 1825, p. 154.

(2) Voyez le dernier voyage de Kotzebue autour du monde , volume III , et le Mémoire de MM. Gaimard et Quoi , dans les *Annales des Sciences naturelles*, novembre 1825.

cées se fait surtout remarquer sur le revers nord des Alpes. Les rivières de cette île étant alors, les plus grandes de l'Europe, vu la grandeur relative des différentes îles, serait-il possible que la force des eaux courantes portât les cailloux et les sables si loin que le calcaire secondaire ait pu se former tranquillement sur certains points de ces grands rivages? Il est bon d'ajouter à cette occasion que les solfatares ou les émanations de vapeurs acides qui ont accompagné les éruptions porphyriques et trappéennes du revers méridional des Alpes, paraissent s'être fait principalement jour sur le versant opposé; du moins les acides volcaniques y ont surtout formé, au milieu des roches calcaires bouleversées et fendillées, des composés chimiques salins, et le sel marin y a été seul déposé.

Je sais qu'il y a des géologues qui pensent que mes présomptions sont dénuées de vraisemblance, parce qu'ils trouvent plus de probabilité à regarder les calcaires en général comme des dépôts de sources minérales. Ces dernières étant liées, dans leur esprit, aux actions volcaniques, et les phénomènes plutoniques ayant diminué des temps anciens jusqu'à l'époque actuelle, les sources ont dû suivre la même progression décroissante, et la petite quantité du tuf calcaire dont elles encroûtent maintenant la surface terrestre, n'est qu'une trace des changemens qu'elles ont opérés jadis. Tel est le raisonnement de ces savans, suivant lesquels il est aussi extraordinaire que des animaux puissent secréter tant de matières calcaires.

D'abord l'on peut objecter à cette idée que les sources minérales paraissent bien plutôt liées à des foyers volcaniques presque éteints qu'à des volcans très actifs, et que la liaison des sources incrustantes et des volcans est assez rare. (Budoshegy, États romains.)

Si cette hypothèse est fort commode pour expliquer l'origine des alternats minces de calcaire et de grès, ou celle de grands massifs calcaires à fossiles effacés ou dissous, tels que ceux des Alpes; d'un autre côté, elle ne rend nullement raison de la formation du calcaire jurassique ni de celle de la craie, car dans ces roches l'on voit évidemment d'immenses couches composées uniquement de débris d'êtres marins, et celles qu'on y compare aux pisolithes ne sont souvent que des fragmens roulés de coquilles, de coraux, d'encrines ou de polypiers. D'ailleurs M. Buch n'a-t-il pas vu se former dans les mers équatoriales, des oolites cimentées par le limon calcaire suspendu ou dissous dans les eaux chaudes des côtes? Des débris semblables, fort atténués, ont pu d'autant mieux produire la craie terreuse et certaines roches jurassiques compactes, qu'on voit passer ces dernières à de vrais aggrégats calcaires de débris organisés.

De plus, les polypes et les animaux marins produisent, et ont élevé au sein de l'Océan Pacifique des récifs immenses comme sur la côte orientale de la Nouvelle-Hollande, et leur base est établie sur des rochers primitifs ou volcaniques. Est-ce que des sources ont fourni tout ce calcaire ou ces êtres ne l'ont-ils pas secrété?

S'il y a maintenant des sources minérales, il a dû en exister de tout temps; elles ont pu faciliter la consolidation de certaines roches dans quelques localités, et même donner lieu à de petits amas calcaires, mais leur effet ne me paraît pas avoir été si gigantesque et si général que voudraient le supposer quelques personnes.

Le *premier calcaire secondaire* ne constitue que des assises de peu d'épaisseur autour des îles et des crêtes sous-marines du Hartz, et des hauteurs d'Alvensleben, et çà et là au pied de la partie orientale de la chaîne schisteuse, de la Hesse, de l'Odenwald (Biber), du Thuringerwald et de l'Erzgebirge. La mer profonde de ces localités ayant un fond peu incliné, le dépôt calcaire a pu s'étendre uniformément et régulièrement. Cette formation, peu épaisse, se relève contre tous les rivages des îles de ce temps-là ou contre toutes les pentes des chaînes, de manière que ces couches forment plusieurs grands arcs de cercles très ouverts à convexités, tournées vers le fond des cavités. De grandes irrégularités de structure, et des glissemens ne s'y observent que dans quelques points (Thuringerwald), où le calcaire a recouvert des surfaces inégales ou a subi les accidens du terrain arénacé inférieur, qui a été fracturé, soulevé ou abaissé. De plus, ce dépôt comprend, çà et là, des massifs de rochers presque entièrement l'ouvrage d'êtres marins, qui ont été garantis contre la destruction par leur position particulière dans des anses (Liebenstein dans le Thuringerwald).

Le long de la côte est et nord-est de l'île anglaise, le rivage plus incliné, et l'action des courans ont fait que le dépôt calcaire y est un peu plus considérable qu'en Allemagne, malgré qu'il semble que ce n'est qu'un côté d'une série de couches en forme d'arc de cercle concave par en bas, dont l'autre extrémité remonte contre le nord du Hartz. Des circonstances particulières, dépendantes peut-être des actions volcaniques antérieures à cette époque, ont fait que ce calcaire contient en général beaucoup plus de magnésie que celui d'Allemagne. Ainsi, nous trouvons que les calcaires magnésiens sont très souvent dans le voisinage de roches ignéennes assez magnésifères, le zechstein magnésien est dans un pays où il y a beaucoup de roches pyroxéniques secondaires, les dolomies jurassiques de la Bavière sont voisines des serpentines du Bohmerwaldgebirge occidental, celles du Tyrol et des Apennins ne sont pas loin des grands amas serpentineux des Alpes et des Apennins, ou bien il y a beaucoup de porphyre pyroxénique tertiaire dans leur voisinage ; enfin, les calcaires intermédiaires magnésifères, sont souvent associés avec des roches trappéennes ou serpentineuses. Néanmoins, il est bon d'observer que cette terre existe dans les calcaires de toutes les époques (1) ; mais elle abonde surtout dans les parties spathisées des calcaires, qui ne sont le plus souvent que des restes organisés plus ou moins méconnaissables. Comme la chimie n'appuie guère jusqu'à présent l'origine ignée primitive de cette terre, au milieu des eaux de la mer, attendons qu'elle nous fournisse de nouveaux faits pour adopter une explication probable de la distribution assez irrégulière de la magnésie au milieu des calcaires.

(1) Voyez le Mémoire sur la magnésie de M. Daubeny, dans le *Journal philosophique d'Édimbourg*, pour 1822, et Gmelin (*Abhandlungen eines gelehrten Vereins*, Tubingen, 1826, vol. I).

Ce dépôt magnésifère s'est prolongé de l'Angleterre sur les côtes de France, dans la Manche et le Calvados; mais ailleurs, dans ce dernier royaume, on ne retrouve le premier calcaire secondaire qu'au pied nord-est et peut-être sud-ouest de l'île centrale de la France, comme en Bourgogne près d'Autun et dans le département de l'Aveyron (Figeac). Ne seraient-ce pas les matières charriées par les rivières, qui auraient empêché sa formation au sud-est et au nord de l'île du centre de la France, autour des Vosges, le long de la Forêt-Noire, en Bohême, en Moravie, en Hongrie et dans toute la chaîne des Apennins? On se rendrait ainsi compte des accumulations énormes arénacées en partie de grès rouge secondaire (Todtliegende), en partie d'agglomérat magnésien (Calvados) ou de grès semblable à la Grauwacke (Apennins, Alpes), car ces masses couvrent plusieurs de ces contrées où l'on cherche vainement le premier calcaire secondaire, comme les Vosges, la Forêt-Noire, les Apennins et les Alpes.

Si le revers nord de cette dernière chaîne ne présente pas des équivalens de ce dépôt, soit qu'il n'y ait pas été formé, soit qu'il ait été rendu méconnaissable par des altérations postérieures, il n'en est pas ainsi dans les Alpes italiennes, car on retrouve exactement le dépôt allemand dans le Vicentin et le Tyrol méridional, c'est-à-dire fort avant de la chaîne intermédiaire ancienne, ou dans des endroits où elle ne recouvre pas les schistes cristallins. Il est intéressant de remarquer, à cette occasion, que dans tous les pays où le premier calcaire secondaire est semblable à celui d'Allemagne, il y a dans son voisinage de grands amas porphyriques. Les observations futures feront peut-être connaître la cause de cette liaison.

Dans tout l'ouest de la France, à l'exception du Calvados et de la Manche, on ne voit pas de traces de cette formation; on peut supposer qu'elle est cachée sous des dépôts plus récens, parce que ce côté de la cavité est très profond, ou qu'elle n'y a pas été déposée, vu le voisinage d'un océan peu tranquille, ou de cours d'eau, ou bien, si l'on veut, à cause du manque des sources minérales nécessaires.

Les éruptions porphyriques secondaires avaient été suivies d'exhalaisons de gaz acides et métallifères, et quelques fentes dans les roches non stratifiées, et même les grès (Forêt-Noire), avaient été ainsi remplies en partie de minerais (oxide de manganèse, fer, cuivre, etc.), sublimés, et en partie de minéraux infiltrés. Certaines roches stratifiées s'étant trouvées dans le voisinage de ces espèces de solfatares ont pu recevoir quelques minerais par sublimation, tandis que l'eau de la mer chargée de carbonate de cuivre pourrait avoir produit la richesse minérale de certaines parties du premier calcaire secondaire. Nous émettons ce soupçon avec d'autant plus de réserve que nous connaissons la diversité des opinions à ce sujet, et que ce sel peut être un produit secondaire formé long-temps après le dépôt primitif.

De plus on a cherché à montrer que les minerais du premier calcaire secondaire n'étaient que dans des localités voisines des roches primaires ou ignées, et même MM. Heim et de Buch ont cru voir une origine plutonique dans les bancs poreux (rauchwacke) de ce dépôt. Des émanations de gaz se retrouvent aussi dans des formations neptuniennes d'eau douce; il ne resterait donc qu'à décider si la forme des porosités et le gisement de ces masses est plus favorable à l'idée plutonique qu'à la théorie neptunienne. D'un autre côté, on peut comprendre dans la *rauchwacke* des roches rendues poreuses par les deux voies; ainsi, comme pour les calcaires magnésiens et même les dolomies, il se peut que des alternats bien réguliers de calcaire ordinaire et de rauchwacke à petites porosités alongées ou à tubulures (Gera) n'aient nullement été l'effet de gaz plutoniques, et qu'ils ne soient au contraire que des dépôts uniquement neptuniens. Néanmoins ailleurs, près ou au-dessus de masses de gypse ou de sel produit par une sublimation acide ou par suite d'une fente volcanique, on comprend que le plutonisme peut avoir été en jeu dans la production des rauchwackes cariées, à grosses cellules vides ou remplies de matière pulvérulente, et le plus souvent magnésienne. Si le zechstein (Hartz), le muschelkalk (Westphalie, Wurtemberg), en présentent des exemples, ils ne manquent pas dans le calcaire jurassique des Alpes, où émanation de gaz acides a été d'autant plus grande que le soulèvement ou l'action volcanique l'était plus que dans les chaînes de l'Allemagne. Le fait est que les gypses et les sels vraiment neptuniens, c'est-à-dire alternant en bancs très réguliers, et même avec des marnes ou des argiles ou des grès, comme à Montmartre, à Wieliczka, etc., n'offrent ni de ces *rauch-wackes* ou roches cariées, ni même ces espèces de brèches composées de fragmens anguleux d'argile ou de marne, et cimentées par du gypse ou du sel et à fragmens de roches étrangères. Ce dernier caractère est le seul qui puisse empêcher de confondre ces dernières roches, produites par un brisement et un soulèvement violent, d'avec les masses argileuses dont les fentes ont été remplies par de l'eau imprégnée de sulfate de chaux ou de muriate de soude. En Salzbourg et en Bavière nous avons bien pu observer ces brèches, dans une partie du Hasselgebirge, et y voir des fragmens du grès rouge, et d'autres roches supportant le calcaire alpin.

La *formation du grès bigarré* suit partout le calcaire précédent, ou bien le grès rouge ou le grès houiller, ce qui semble indiquer partout une activité nouvelle dans le charriage des alluvions dans la mer et dans les mouvemens de cette dernière. Partout où il y a des porphyres ou de grandes masses granitoïdes, ferrugineuses, ce dépôt prend une couleur rouge ; mais dans les endroits où ces roches ne se montrent pas, il n'existe pas, et, au moins en Europe, il n'y paraît pas remplacé par quelque équivalent.

Les *grès bigarrés rouges* remplissent de leurs couches peu inclinées et souvent contournées toutes les cavités ou les détroits entre les îles ou les rochers sous-marins de l'Allemagne ; le seul bassin de la Bohême en est exempt par une particularité qui dépend très probablement de la ceinture de montagnes anciennes qui l'environnent. A cette époque le bassin bohémien formait donc déjà une mer intérieure assez bien séparée du grand océan européen pour ne pas participer à tous les dépôts de ce dernier (1). Néanmoins les géo-

____

(1) Voyez les cartes géologiques de l'Allemagne de MM. Keferstein et Berghaus, etc.

logues qui ont coloré la carte d'Allemagne de Schropp, etc.,
y ont marqué du grès bigarré, le grès rouge y alterne avec
le grès houiller, et il le recouvre par couches assez peu grossières ; mais comme il n'y a pas de *zechstein*, il n'y a aucun
caractère (gypse, calcaire globulaire), qui en fasse plutôt du
grès bigarré que du grès rouge.

La vallée du Rhin a été remplie de grès bigarré, et le
fond de la grande cavité de la mer du nord paraît en avoir
été garni, puisque ce terrain ressort avec des inclinaisons
opposées en Allemagne et en Angleterre. En France il a
comblé une partie des profondeurs entre les Vosges et l'île
centrale de la France, les Pyrénées et la Bretagne ; mais il ne
s'y montre maintenant que sur le côté est (Lorraine), sud-
ouest (département des Landes), et nord-ouest (Normandie,
Calvados), de ce grand bassin. Entre les Alpes et le centre
de la France, les porphyres de l'Estrelle ont probablement
favorisé sa formation en Provence (entre Fréjus et Brignolles),
comme le voisinage des granites celle des grès semblables de
l'Aveyron. Enfin ce dépôt s'est aussi formé dans la grande
vallée de l'Aragon, au centre de l'Espagne dans les Castilles
et la Manche, et on le connaît dans la Russie.

Il est impossible de le retrouver sur le pied du revers nord
des Alpes, tandis que sur le côté opposé le voisinage des
porphyres lui a permis de prendre totalement la couleur rouge
et les caractères qu'il a en Allemagne (entre le lac de Côme
et la Carinthie). Ces derniers grès recouvrent le premier calcaire secondaire, ou des roches secondaires plus anciennes
ou des roches intermédiaires et cristallines.

Pendant la formation de ce dépôt, la mer montre qu'elle
n'avait pas cessé ses efforts pour produire des masses calcaires, puisque nous observons dans ce terrain non seulement
un nombre prodigieux de couches marneuses, mais encore
de véritables couches calcaires, qui abondent principalement
dans les assises inférieures et supérieures. Une espèce de
cristallisation étoilée et globulaire caractérise plusieurs de ces
dernières, et les distingue bien des oolithes et pisolithes pour
les rapprocher des calcaires semblables du zechstein (Angleterre).

A cette époque *l'action des agens souterrains s'était affaiblie* considérablement par l'immense quantité de matières dont les entrailles de la terre s'étaient débarrassées dans les périodes précédentes, et même encore presqu'au commencement du dépôt du premier calcaire secondaire. Néanmoins comme dans les volcans modernes leurs centres d'action avaient encore des matières qui produisaient certains effets, telles que l'émanation de vapeurs acides sulfureuses, muriatiques, boraciques; etc. (1), ces espèces de solfatares sousmarines, ou ayant brûlé à l'air, sont probablement la première cause que le grès bigarré recèle de si grandes masses de *gypse et de sel*. Ce qui confirme ce soupçon, c'est que les plus grands dépôts salins de cette espèce se trouvent justement dans des terrains qui ont été formés quelque temps après les plus grandes éruptions granitoïdes, porphyriques, trachytiques ou basaltiques. Dans ce cas sont les bancs salifères du calcaire intermédiaire récent des États-Unis et du Canada, ceux du grès bigarré supérieur ou du muschelkalk inférieur du Wurtemberg, ceux du Keuper de Lorraine, et de l'argile subapennine en Sicile, en Transylvanie, en Gallicie, etc.

La structure de la plupart de ces grands amas gypseux et salifères est trop particulière pour pouvoir douter que l'eau n'ait pas déposé ces sels; du moins si l'on voulait prétendre que ces matières salines sont des produits immédiats des volcans, les accidens des amas salins forceraient d'admettre que leurs roches argileuses et marneuses, leurs couches si régulières et leurs fossiles intactes (Wieliczka), ont aussi la même bizarre origine; il faudrait donc croire à des altérations inouïes ou à l'existence ancienne de salses volcaniques très considérables. Quoique cette dernière idée ne soit guère en harmonie avec nos données géologiques actuelles, il paraît cependant difficile d'expliquer l'origine aqueuse de l'anhy-

(1) Lisez à cet égard l'histoire des lagunes ou émanations chaudes et aqueuses d'acide boracique, par exemple, celles du Monte Cerboli dans le Volterranais, etc., etc. Lisez aussi les détails sur les solfatares noyées, et les rivières acides de l'île de Java et de la Colombie.

drite des dépôts salins et certains accidens de ces masses (1).
Nous pensons qu'on viendra à distinguer, quelquefois même
dans les mêmes lieux, deux espèces de dépôts salins, les uns
entièrement neptuniens et les produits secondaires des solfatares, et les autres en tout ou en partie des formations im-
médiates des volcans.

M. de Buch a fait observer que les gypses et le sel comme
les porphyres se trouvent souvent au pied des chaînes, ou
au fond des grandes vallées, nous pouvons ajouter la même
remarque sur le gîte de beaucoup de rauchwackes, et même
de dolomies ou de calcaires fendillés. Mais cette idée appli-
cable au Hartz, au Thuringerwald, aux Alpes, aux Carpathes,
aux Apennins, et aux Pyrénées, ne contredit pas notre supposition, de trouver que, dans quelques lieux des trois premières chaînes, mais surtout dans les Alpes, les émanations
acides ont pu former tout de suite du gypse et du sel, en
altérant certaines roches, tandis qu'ailleurs ces acides ont
été charriés dans la mer, ou sont sortis sous les eaux, et
ont été déposés par elles, lorsque la saturation était trop
forte, ou par suite de l'application de la chaleur, de la va-
porisation, ou de quelque cause chimique encore inconnue.
Pourrait-on en déduire que dans les Alpes, les émanations
acides ont eu lieu le plus souvent à l'air libre, tandis qu'ailleurs elles sortaient sur des rivages; l'élévation considérable
et subite que les Alpes ont dû acquérir, même à plusieurs
reprises, paraîtrait assez favorable à cette idée.

Les agens souterrains ne donnaient déjà plus naissance à
des réseaux de filons métallifères. Nous avons déjà vu que
ces dépôts étaient très rares dans le grès rouge secondaire
(Wolfach dans la Forêt-Noire), et dans le calcaire secondaire précédent; dans le grès bigarré on n'en connaît point,
si ce n'est dans certains grès de Bleiberg en Belgique, où
la galène se trouve associée avec des carbonates de cuivre, etc.; dans celui de Chessy, du Spessart, etc. Certains

____

(1) Voyez la lettre de M. de Charpentier sur un filon d'anhydrite
muriatifère à Bex, dans les *Annales de chimie* de Poggendorf, janvier, 1825.

bancs de fer oligiste micacé, et de petits nids de ce minerai au milieu des marnes bigarrées, ne laissent pas que d'être des apparences anomales et bizarres. Serait-on donc en droit d'avoir recours pour leur explication à des sublimations, et de faire remarquer la superposition de ces grès bigarrés métallifères, sur des terrains primaires ou schisteux anciens?

A la fin de la formation du grès bigarré, le fond de la mer se trouvait déjà divisé assez bien dans les bassins que nous présente aujourd'hui l'Europe. C'est peut-être ces cavités mal séparées qui ont favorisé la formation du *muschelkalk ou du second calcaire secondaire;* car nous l'observons dans tous les endroits de l'Europe qui devaient former des bassins assez bien protégés contre les courans et la fureur du grand Océan, et nous ne le trouvons pas dans les localités qui étaient exposées aux vagues de l'Atlantique (ouest de la France, Angleterre). Ce dépôt calcaire occupe, avec ses couches fort contournées, le fond des bassins de la Saxe royale et ducale, de la Hesse et de la Franconie; il comble le détroit entre l'Odenwald et la Forêt-Noire; il s'étend dans les cavités du grès bigarré de la Westphalie, du Hanovre, et entre le Hartz et les hauteurs d'Alvensleben; et de petites masses calcaires isolées (Rudersdorf) au milieu des plaines de l'Allemagne, attestent que ce terrain s'est prolongé au loin et se mettait en liaison avec celui de la Silésie supérieure et de la Pologne occidentale. S'appuyant contre la Forêt-Noire et l'Odenwald, il remonte de l'autre côté de la vallée du Rhin, contre les Vosges, et il s'adosse sur le revers opposé de cette dernière chaîne et sur le pied sud-ouest de l'Eifel et des montagnes du Palatinat du Rhin. Il ne se montre ni en Angleterre ni dans l'ouest de la France, et l'on ne peut pas dire que ce soit à cause du recouvrement transgressif du calcaire jurassique. Il reparaît très faiblement au pied des Pyrénées, et peut-être dans l'Aveyron; mais dans tout le reste de l'Europe, à l'exception du Vicentin et du Tyrol, il est inconnu, comme en Bohême et en Hongrie, où les chaînes environnantes dessinaient déjà des bassins bien circonscrits. Dans les Alpes, les Apennins et les Carpathes, il n'est pas possible de le découvrir au milieu de cette masse arénacée et marneuse et calcaire qui sépare seule le terrain schisteux ancien du calcaire jurassique, et qui passe cependant insensiblement à ces deux terrains.

Les *phénomènes volcaniques* avaient presque cessé pendant la formation de ce calcaire ; un long repos avait succédé aux éruptions volcaniques et aux solfatares, comme c'est encore le cas dans les volcans actuels ; néanmoins il paraît que le muschelkalk recèle aussi rarement quelques amas gypseux et des nids de minerais (Westphalie) (1). M. Hoffmann a cru trouver dans les gypses et leurs rauchwackes des transformations ignées ; et, dans le Vicentin, les minéraux (silicate de manganèse) et minerais de ce calcaire sont près des roches ignées et tertiaires.

A cette époque il s'était déjà fait quelques changemens notables dans la nature et la variété des plantes et des êtres vivans. La mer nourrissait beaucoup de grands reptiles de genres maintenant éteints (plésiosaures, etc.) ; il y avait déjà des cétacées, et les poissons étaient devenus plus nombreux en espèces ; enfin, la terre était couverte d'un très grand nombre de plantes dicotylédons, et le rapport du nombre des végétaux monocotylédons et dicotylédons commençait à se rapprocher de celui qui existe maintenant sur la terre, s'il nous est permis de tirer des conclusions du petit nombre d'espèces que recèlent les deux formations qui ont précédé celle dont nous nous occupons.

L'on sait que M. Adolphe Brongniart a cru pouvoir diviser la végétation ancienne en diverses périodes séparées par des cataclysmes universels, qui n'auraient rendu possible, pendant ces époques intermédiaires, que la formation des dépôts marins. C'est une pure hypothèse qui peut satisfaire le botaniste, mais non point le géologue ; aussi l'auteur, mieux avisé, est-il déjà obligé de modifier ses idées. Nous avons dit qu'il admettait à présent des bois dans le grès rouge secondaire, maintenant il avoue que le schiste marno-bitumineux du zechstein contient des fougères du terrain houiller, outre des

____

(1) Voyez la description des bords du Weser, par Hoffmann, dans les *Archives* de Karsten, 1825.

plantes marines; mais les petits morceaux de bois, dans le calcaire du zechstein, proviendraient, suivant lui, de la destruction d'anciens dépôts. Or, cette supposition admise, il ne prouve pas encore l'impossibilité d'une végétation terrestre à l'époque de la formation de cette assise calcaire peu puissante, ou bien toutes les masses calcaires à coquilles marines ou à poissons, et sans végétaux alternant si souvent avec le terrain houiller inférieur (Écosse) ou supérieur (Palatinat du **R**hin) devraient être autant d'indices de cataclysmes. Si les terres émergées n'ont pas cessé d'être couvertes plus ou moins de végétaux, entre l'époque du grès rouge secondaire et du grès bigarré, il en a été de même entre celle de ce dernier et du keuper, puisque le muschelkalk offre, dans certains bancs marneux, des impressions de plantes terrestres (Recoaro, dans le Vicentin), et même, dans sa partie supérieure, des lits de combustibles et beaucoup de traces de semblables plantes (Saxe-Gotha, Weimar et Wurtemberg). Les dépôts de calcaire marin sont des formations qui ont eu lieu au fond de la mer; c'est ce qui est évident pour tous ceux qui connaissent la distribution étendue du muschelkalk d'Allemagne ou du calcaire jurassique de France; donc il n'est pas singulier qu'elles ne renferment pas des végétaux terrestres, et s'il y en a quelques uns, ce n'est qu'accidentellement ou par localités. L'origine du calcaire n'y fait rien, puisque personne ne conteste que cette matière a été fournie à la mer par les sources ou les animaux. Le cas des grès est un accident tout opposé, puisque, résultant des débris des continens, ils doivent nécessairement enfouir plus ou moins de restes de végétaux, suivant la grosseur de leurs parties constituantes et le genre de mouvement subi par ces dernières. D'ailleurs, les alluvions de nos rivières et les dépôts calcaires au fond de quelques petits lacs nous offrent encore la même différence et viennent appuyer nos idées.

Tout concourt donc, comme M. de Ferussac l'a dit si souvent, à rendre les cataclysmes une explication vicieuse et fausse, et à faire entrevoir dans la nature un enchaînement de circonstances qui n'ont fait que modifier les diverses créations, sans que pour cela leurs espèces, ou même leurs genres actuellement existans, soient simplement des dégénérations des espèces ou des genres du monde primitif.

Le dépôt du muschelkalk a cessé plus ou moins brusquement dans différentes contrées par des causes jusqu'à présent impossibles à assigner, à moins qu'on ne puisse y comprendre la cessation de la sortie d'eaux minérales calcarifères, des changemens de courans marins, des débâcles de lacs et le renouvellement d'un charriage considérable des rivières. Un *troisième dépôt arénacé* s'est formé au sein des mers, et il a enveloppé, çà et là, des coquillages marins et des bois charriés par les rivières. Ces corps fossiles y ont pu laisser leur empreinte peut-être plus facilement que dans le grès bigarré, parce que, lors de ce dernier dépôt, les alluvions étaient plus considérables et les mouvemens de l'eau plus grands ; d'un autre côté, il paraît que les eaux ont charrié à cette époque plus de bois et de matières végétales que pendant les deux époques précédentes, car nous trouvons dans ce grès des couches de lignite (Westphalie) dont il n'y a que peu de traces dans le muschelkalk. Dans les contrées où le muschelkalk ne s'est pas formé, ce dépôt est inséparable du grès bigarré.

Ces matières arénacées se sont déposées surtout autour du Hartz, en Westphalie, en Bavière, dans une grande cavité de grès bigarré et de muschelkalk ; dans le Luxembourg, dans la Lorraine, dans la Bourgogne (Avallon, etc.), à Royat près de Clermont et dans l'ouest (Melle, Confolens, etc.), et le sud-ouest de la France (au pied des Pyrénées). C'est donc en général un terrain qui se trouve près des formations intermédiaires, des roches granitiques et des grès bigarrés. Suivant sa position, à l'égard de ces dernières roches, il prend des caractères particuliers ; ainsi, il est en général quartzeux ou marneux en Allemagne, et souvent granitoïde en Bourgogne et en Auvergne. De plus, dans ces dernières localités, il empâte près du granite beaucoup de baryte sulfatée, de chaux fluatée, de galène, de cuivre carbonaté , de fer hydraté, etc. (1).

(1) Voyez M. de Bonnard, Mémoires sur les arkoses de Bourgogne (*Annales des mines* , 1825, et *Annales des sciences natur.* , novembre 1827.

De nouvelles observations paraissent nécessaires pour décider l'origine de ces bizarres mélanges, auxquels les nids de plomb carbonaté et phosphaté du grès de Bavière ne peuvent guère être comparés.

Les dernières éruptions granitoïdes de l'époque intermédiaire récente conservaient peut-être encore assez de chaleur intérieure, ou ces anciens foyers volcaniques étaient même dans un état voisin des solfatares, de manière que des fentes laissaient échapper des matières sublimées, qui se déposaient dans les roches supérieures arénacées ou calcaires, ou servaient à les consolider et à les lier, çà et là, intimement aux granites.

Notre grès ne se montre pas dans le reste de l'Europe, à l'exception de quelques points des Alpes calcaires du Tyrol méridional, où une masse mince, arénacée et rougeâtre paraît le remplacer.

Dans tous les endroits où il n'existe pas, la formation jurassique est fort épaisse, comme en Angleterre, etc., ou bien ce calcaire se lie aux roches quarzo-talqueuses intermédiaires, au moyen d'une masse arénacée, calcaire, marneuse et quelquefois gypseuse, qui remplace dans tout le sud-est de l'Europe tous les autres terrains secondaires (Apennins, Carpathes), comme aussi sur le revers nord des Alpes.

Peut-être qu'un jour on arrivera à soupçonner ou connaître les causes du manque de certains dépôts dans quelques localités, et de leur fréquence plus grande dans un lieu que dans un autre. Dans l'état actuel de la science, le géologue ne peut expliquer ces anomalies qu'en supposant des cavités plus profondes ou plus isolées, des recouvremens postérieurs, des destructions de certaines roches, ou le manque total d'un dépôt ou bien des altérations ignées étonnantes. Le plus souvent, ces suppositions sont tout-à-fait gratuites, et on perd de vue la nature et le genre de formation des roches anciennes, qui supportent les dépôts secondaires.

Les Mémoires fort intéressans de M. de Bonnard sur les *arkoses*, ont ouvert la voie pour la classification des dépôts anomaux secondaires du sud-est de l'Europe et des Alpes. Il nous a montré le lias séparé du granite par des roches avec lesquelles il était lié, et qui contenait, comme le keuper, des fossiles, du lias et des minerais ; la conclusion naturelle a donc été de mettre ces arkoses en parallèle avec le keuper. Maintenant, dans les Carpathes septentrionales, le calcaire jurassique alpin se lie sans l'intermédiaire du lias avec un grès à bélemnites, à térébratules, etc., qui repose sur des roches quarzo-talqueuses ; il paraissait donc naturel d'y rechercher ou le grès des oolites inférieures ou même le keuper, puisque le lias manque dans tout le sud-est de l'Europe. Sur le revers nord des Alpes, la même liaison se représente sur une plus grande échelle ; le grès est plus varié, il offre des couches très grossières (Tyrol) ; il alterne avec des bancs de calcaire compacte foncé, et même il contient des amas de gypse (Werfen). Il y a cependant quelques fossiles, savoir des bivalves, comme dans les parties de ce grès qui reparaissent au nord de la première chaîne du calcaire jurassique des Alpes septentrionales (Abtenau, Saint-Agatha sur le lac de Hallstadt). Ce cas se complique encore de ce passage singulier qu'on aperçoit entre ce terrain anomal et les assises supérieures du sol talqueux primaire, et de l'absence complète du sol intermédiaire coquiller dans toute la chaîne des Alpes, à l'exception d'un point de la Carinthie (Bleyberg). Si, d'un côté, on serait tenté de placer les poudingues de Valorsine avec ceux du grès pourpré intermédiaire de l'Ecosse septentrionale (Loch Ness) ; si l'on voudrait en faire autant pour le grès rouge de la Carniolie (entra Idria et Lack), l'on est poussé d'un autre côté à placer dans le keuper ces grès et ces marnes du Capellengebrige en Croatie, ces schistes arénacés de Saint-Johann en Autriche, ces grès de Neuhaus et de Eisenerz en Styrie, et ces agglomérats du Tyrol de Saint-Johann, de Rattenberg, de Rodana, etc. D'un autre côté, ces poudingues quarzeux, grossiers, intercalés entre des calcaires compactes en partie ferrifères, sembleraient se rapprocher du grès du lias si l'on n'apercevait pas la liaison de ces calcaires avec ceux à amas de fer spathique et enfin avec les roches quarzo-talqueuses. Enfin quelle obscurité ne règne pas encore sur ces agglomérats rouges si puissans des bords du lac de Wallenstadt, quoiqu'on ne puisse guère les séparer de cette bande continue que nous venons de tracer au-dessous des Alpes septentrionales depuis la Hongrie.

Il est possible que tous ces dépôts divers appartiennent au keuper ou au moins au lias ; mais il est beaucoup moins probable, malgré les caractères minéralogiques, qu'ils soient du moins tous de l'âge intermédiaire, puisqu'ils contiennent des fossiles jurassiques et qu'ils sont liés intimement au calcaire des Alpes que tout nous dit être récent. D'autre part, il n'est guère possible de croire que ce passage des grès aux schistes quarzo-talqueux, n'est qu'une apparence trompeuse et que ces derniers ne sont couverts que par un dépôt beaucoup plus récent ; au contraire, lorsqu'on est sur place, l'on ne peut s'empêcher de donner jeu à son imagination, et de se demander si une partie de ces schistes, de ces roches semicristallines et semiarénacées, ne pourraient pas avec leurs calcaires provenir de dépôts secondaires anciens et altérés. Entre beaucoup d'objections chimiques, on se rappelle tout de suite que sous le grès pourpré intermédiaire il y a, çà et là, comme en Ecosse, des roches quarzo-talqueuses assez semblables, qui auraient donc aussi eu la même origine bizarre ; et l'on n'ose guère se prononcer. Ainsi l'on voit qu'ayant le premier proposé de regarder le sol primaire comme un terrain neptunien retravaillé par les actions ignées, lorsque j'en viens aux détails, j'ose à peine m'aventurer dans des conjectures pour lesquelles j'ai été grandement dépassé par MM. Backwell, Keferstein, de Beaumont et de la Beche.

Le *calcaire jurassique* remplit les trois grandes cavités de la France, et forme ainsi les trois bassins séparés dans lesquels se sont déposés ensuite le grès vert et la craie. Le même calcaire s'étend du nord de la France dans tout l'est de l'Angleterre ; il reparaît en lambeaux en Irlande et sur les deux côtes de l'Ecosse septentrionale ; il comble une partie du bord de la cavité, dont ce pays fait partie, et il prépare de même avec le dépôt jurassique de Westphalie et du nord de la France un bassin pour la craie. Dans le nord de l'Allemagne, le calcaire jurassique supérieur n'a guère pu se former, ou du moins on n'en trouve des amas qu'en Westphalie et au nord du Hartz, dans une cavité du second calcaire secondaire. Dans le centre de l'Allemagne, au sud du Hartz, il manque entièrement, et dans ce bassin on ne le retrouve plus qu'en Pologne et en Russie, où il est abondamment associé avec la craie.

Entre le bassin secondaire nord et sud-est de la France, la chaîne calcaire s'étend à travers la Suisse jusqu'en Bavière et dans le Cobourg. Elle forme ainsi, entre les Alpes, les Vosges, la Forêt-Noire et le Böhmerwaldgebirge, un plateau continu, qui longe d'abord le côté nord de la cavité pour passer ensuite sur le côté est. Cette espèce de digue sépare déjà le bassin de la Suisse et de la Bavière de ceux du Rhin et de la France. Elle rappelle involontairement ces bancs de coraux, de polypiers et de mollusques, et ces récifs, qui bordent une grande étendue des côtés de la Nouvelle-Hollande ; et ce rapprochement est d'autant plus vrai qu'on aperçoit encore dans plusieurs points de cette chaîne le travail intact des zoophytes. Ce sont, en un mot, des accumulations de récifs successivement détruits et reconstruits.

Vis-à-vis de cette chaîne, placée sur un plateau primaire, s'élevait dans le même temps sur tout le pied des Alpes septentrionales un autre massif semblable dont les détails sont un peu différens, à cause de la base différente et des accidens que cette dernière a subis. Cette chaîne alpine, éminemment jurassique, n'offrirait du lias qu'en Savoie et en Dauphiné, et s'y lie au prolongement de la chaîne du Jura, tandis qu'elle venait peut-être jadis en contact ou presque en contact avec l'Alpe bavaroise, le long du pied occidental du Böhmerwaldgebirge et dans l'Autriche supérieure.

Entre les Alpes et les Carpathes, le calcaire jurassique ne s'est déposé qu'en petits amas, soit en Moravie (près de Nicolsburg, Kurowitz, Schibischowitz, Andryschow) et en Autriche (Falkenstein, Staat, Ernstbrunn, Hollabrunn), soit au milieu de la Hongrie (des environs de Bude et de Gran au lac Balaton). Ce calcaire a ainsi contribué à séparer plus ou moins exactement en deux, soit le bassin de l'Autriche inférieure, soit celui de la Hongrie.

Au sud des Alpes, cette formation achève complètement de dessiner le contour de la mer Méditerranée actuelle par des montagnes calcaires dans le sud de l'Espagne (Gibraltar, Sierra Ronda), en Afrique, en Egypte, en Palestine, en Syrie, dans la Grèce occidentale , dans les îles Ioniennes, dans la Dalmatie, dans le nord de la Sicile, dans les Apennins (depuis le golfe de Tarente jusqu'en Toscane), et surtout le pied des Alpes italiennes (depuis le lac Majeur jusqu'à Trieste et Fiume). Partout, ces roches présentent à la mer Méditerranée des escarpemens considérables, et en général, les grandes chaînes du sud de l'Europe descendent plus rapidement et plus subitement vers cette mer, que vers la mer du nord ou l'Océan atlantique.

Le calcaire jurassique ou ses étages divers offrent en Europe quelques particularités géographiques remarquables. Le calcaire à gryphées ou le lias avec son grès et son lignite (Westphalie, Lozère, Pyrénées), est un dépôt propre à la France, l'Angleterre et l'Allemagne, et il manque dans tout le reste de l'Europe.

Les oolites, qui caractérisent si bien les parties moyennes de ce calcaire, se trouvent surtout dans les pays de plaine, tels que la France, l'Angleterre , le pied sud des Alpes; elles sont plus rares en Allemagne et sur le nord des Alpes. Cette position basse, ou leur formation sur des rivages ondulés peu profonds, explique peut-être leur structure particulière, puisqu'on sait que ce ne sont que des restes triturés d'êtres marins (coraux, encrines, etc.), ou des assemblages de concrétions testacées, qui ont pour noyau des grains de sable ou de petits fragmens de coquillages ou de polypiers : l'Océan est encore partout occupé à briser, triturer et flotter au loin de semblables restes organiques (1). Ensuite il faut remarquer que les dépôts ferrugineux inférieurs de cette formation ne se trouvent que dans le voisinage des roches anciennes et surtout des roches granitoïdes, comme en Bavière, en France , aux Pyrénées, etc. Quant aux minerais de fer supérieurs, leur origine date de l'époque suivante.

(1) Voyez de Buch (*Physikal Beschreib. der Kanarisch Inseln*. Il dit positivement avoir vu se former des oolites sous les eaux fort échauffées du rivage des Canaries.

En Angleterre (Stonesfield), en Bavière (Solenhofen),
en Suisse (Soleure et Aarau) et même çà et là en France
(Mamers), la formation jurassique renferme des amas qui se
distinguent des autres masses par une grande abondance de
fossiles singuliers (tortues, écrevisses, poissons, reptiles,
mammifères et même insectes), accident fluviatile, qui sert
à prouver la variété des créations déjà existantes à cette époque, et qui détruit la théorie de ceux qui s'imaginaient que
l'époque tertiaire a été marquée par la création de la classe
la plus parfaite des animaux.

Si le grès du lias est assez généralement répandu dans le
nord-ouest de l'Europe, et s'il existe même en Pologne, ce
n'est guère que dans les Alpes septentrionales, les Carpathes,
les Apennins, l'Istrie et la Dalmatie, que le calcaire jurassique surtout supérieur renferme de grandes assises arénacées
et même des dépôts houillers (Ipsitz et Gresten en Autriche, Carpona, Veglia en Istrie, etc.). En Angleterre et en
France, les marnes et les argiles y sont infiniment plus fréquentes que les grès, à l'exception peut-être du pied des
Pyrénées ; mais nulle part comme dans les Alpes septentrionales, on ne voit associés à ces dépôts aggrégés et coquilliers
des amas salifères et gypsifères, et dans le calcaire des réseaux
de minerais, de galène et de calamine. Ces accidens dépendent évidemment de la place du Jura alpin, à côté d'une
chaîne qui a subi les plus grandes révolutions, et qui est
l'épine dorsale de l'Europe.

L'on sait qu'on a déjà pu faire correspondre assez bien
ensemble toutes les différentes divisions du Jura anglais et
français, et l'on n'a pas cru trouver dans le Jura allemand
des dépôts supérieurs au Cornbrash, et dans le Jura suisse,
des assises postérieures au Coralrag. Dans les Alpes au contraire, on n'a encore pu reconnaître que çà et là, quelques
subdivisions, néanmoins le temps n'est pas loin où ce travail
sera fait. En attendant il ne paraîtra peut-être pas trop hardi
de comparer la chaîne du calcaire alpin inférieur de la
Hongrie, jusqu'à Glaris, avec la grande masse oolitique d'Angleterre ; le grès alpin à fucoïdes et à fossiles avec l'argile
d'Oxford ; le calcaire à polypiers ou à orthocères, vrais ré-

cifs, au Coralrag; le grès viennois à houilles et à fucoïdes, à l'argile de Kimmeridge, et son calcaire ammonitifère au calcaire de Portland.

Il faut cependant observer que l'argile salifère et surtout le calcaire alpin supérieur placé entre le grès viennois et cette argile resteraient pour le moment sans équivalens probables. Quant au lias, rien ne l'indique dans l'Allemagne ni dans une grande partie de la Suisse; son existence dans les Alpes du Dauphiné et de la Savoie repose uniquement sur l'autorité de M. de Beaumont : certes, nous ne voulons pas lui contester ses observations pour des localités que nous ne connaissons pas, mais nous ferons seulement observer que lorsqu'il n'existe pas de gryphées arquées, on peut facilement prendre pour le lias le grès alpin à fucoïdes, çà et là, au-dessous du sel, puisqu'il est caractérisé comme lui par des bélemnites et des ammonites. Nous ne croyons pas apercevoir en Suisse dans le calcaire alpin un dépôt secondaire plus ancien que la masse inférieure du calcaire jurassique, et c'est cette dernière, ou le grès alpin, qui a été classé par quelques personnes dans le lias sans qu'on ait voulu ou pu en donner les espèces fossiles caractéristiques.

Dans le sud-est de l'Europe, il y a des contrées très étendues occupées par des calcaires à nummulites; ils se présentent surtout en Espagne, en Istrie, en Dalmatie, au milieu de la Hongrie, au pied des Pyrénées et des Alpes maritimes. Les géologues sont partagés sur leur classement; les uns croient que les nummulites ne commencent à paraître que dans le grès vert, tandis que les autres ne voient pas encore les preuves de cette impossibilité de trouver des nummulites dans le calcaire jurassique, d'autant plus que la présence de ces fossiles est quelquefois très difficile à apercevoir, et que les corps ronds trouvés par M. d'Alberti dans le muschelkalk, ont bien la forme extérieure de ces curieux fossiles. Ne serait-ce pas un cas semblable à celui des bélemnites qu'on ne veut pas reconnaître dans aucun terrain inférieur au lias, quoiqu'on en cite dans le muschelkalk, et que je crois en avoir moi-même vu dans ce calcaire de la Thuringe? Le classement des terrains par les fossiles est si commode, qu'on n'a que trop de penchant à tirer des conclusions générales de faits négatifs encore trop peu nombreux ; espèces de preuves qui ne peuvent pas contrebalancer un seul fait positif.

De toutes les contrées citées, l'Istrie et la Dalmatie m'ont paru le plus défavorables à l'idée que tous ces dépôts arénacés à fucoïdes et à calcaires plus ou moins compactes, à nummulites, fussent de l'époque du grès vert ; il m'a semblé qu'ils avaient les caractères de dépôts jurassiques tout-à-fait supérieurs, puisqu'ils se liaient aux assises inférieures de la même période. Quant aux autres pays, j'avoue que l'opinion de mes adversaires est rendue probable par la position du calcaire à nummulites sous la craie à silex au pied des Pyrénées (Donzat), sous une espèce de craie verte en Hongrie (Bude), sur les grès viennois à fucoïdes dans les Alpes maritimes, et sous le sol subapennin près de Baza en Espagne.

Après le dépôt jurassique, des matières d'alluvion ont de nouveau été accumulées çà et là, mais leur distribution a continué fort irrégulièrement, puisqu'on les trouve amoncelées dans certains pays (Bohême), ou sur certains côtés des bassins (côté ouest du bassin du nord de la France). Ce sont ces roches arénacées qu'on a réunies sous le nom de *grès ferrugineux et vert*, parce qu'elles contiennent souvent assez de particules de fer hydraté dérivées de la décomposition des roches anciennes, ou même, suivant d'autres, de sources minérales.

Ces grès se sont déposés contre la chaîne jurassique d'Angleterre ; ils y sont quelquefois fort marneux, et ils passent ainsi à la craie. Dans le bassin nord de la France, ils sont très quartzeux sur le côté ouest ; mais ils ont souffert de grandes destructions sur le pied des Pyrénées, et ne s'y montrent que dans les Landes. Il y en a aussi des lambeaux dans la Charente-Inférieure, dans le Périgord, le Lot-et-Garonne, le Languedoc, la Provence et le Jura (Ghartreuse, perte du Rhône, Moré, etc.).

En Belgique il y a des grès verts près d'Aix-la-Chapelle, d'où ce terrain se joint aux marnes crayeuses chloritées de la Westphalie, qui ressortent tout autour de la grande sinuosité ou baie, au fond de laquelle est situé Paderborn. On en revoit dans le Hanovre et surtout sur le pied nord du Hartz ; il y en a en Scanie, près de Dresde, en Lusace, en Silésie, en Bohême, en Moravie, au milieu de la Hongrie (Bude), en Transylvanie (Baba, Gradistye, Scccsor, Aranyos), dans le royaume de Pologne, en Gallicie (Zlota Lipa), en Russie, en Grèce, dans l'Espagne méridionale (Cadix), et, çà et là, dans les grandes chaînes des Pyrénées, des Alpes et des Carpathes. Dans ces chaînes et surtout dans les deux dernières, ce dépôt a été beaucoup plus considérable qu'ailleurs, probablement à cause de la grandeur des îles déjà existantes, ou des nombreuses baies ou cavités entourées de rochers sous-marins qui se trouvaient autour de ces continens. C'est là qu'on trouve à la base du terrain ces grands récifs, en place ou démantelés, d'hippurites ou de sphérulites (Lecco en Italie, Untersberg, Hieflau en Styrie) dont les débris existent jusque dans la craie marneuse. C'est encore dans ces grès verts inférieurs qu'on rencontre ces couches de calcaire à nummulites, ou ces agglomérats si connus au Mont-Perdu, en Savoie (entre Cluses et le Buet, Thones, Entrevernes), en Suisse (Diablerets, lac de Thun, Unterwald, Schwytz et Glaris), aussi bien que sur le pied des Alpes bavaroises (Sonthofen, Heilbrunn, Teisendorf) et autrichiennes (Vorarlberg, Hausruck, Traunstein, Wand, Motnig), ainsi que dans les Carpathes (Orlowa, Tirhova, Koscielisko, Baba). De plus, dans ces chaînes le grès vert inférieur se trouve tantôt isolé sur le calcaire jurassique alpin, comme dans le Jura, tantôt lié au grès viennois, ou dépôt jurassique supérieur. Ce dernier fait se voit bien dans les Carpathes secondaires, composées entièrement de ces deux grès avec leurs calcaires. Les îlots de grès vert alpin sont d'autant plus intéressans qu'ils offrent, comme dans les Carpathes et le revers nord des Alpes, des roches assez différentes du grès vert des plaines, et qu'ils contiennent quelquefois beaucoup de fossiles dont les genres et même les espèces ont, pour la plupart, des analogies frappantes avec les fossiles tertiaires, tandis qu'ils se trouvent mêlés avec d'autres dont les genres n'ont été vus jusqu'ici que dans le sol secondaire, et dont les espèces ont leurs identiques ou analogues dans le grès vert et la craie. De même que les fossiles de la houille de Boltigen, placée au passage du grès viennois au grès vert du canton de Berne, ont conduit M. Brongniart à classer faussement ce dépôt dans le sol tertiaire ; dans ce cas, on peut tomber dans de graves erreurs en ne considérant que les fossiles d'après un certain système imparfaitement établi. Ces îlots existent en Tyrol, en Salzbourg (Berchtolsgaden, Untersberg, Abtenau), en Autriche (Gosau, Gams, Windisch-Gersten, Hinter-Laussa, Lünz, au pied du Wand), en Styrie (Hieflau, Landl, Sauthal), en Carinthie (entre Althofen et Gutharing, Motnig), et en Transylvanie.

Les masses principales du grès vert dérivent de roches schisteuses et quartzeuses intermédiaires, comme celles de la France, du Hartz et de la Bohême. Dans ce dernier pays ces grès remplissent, sur les confins de la Saxe, une grande fente qui a dû se former peu de temps avant ce dépôt, puisque nous n'observons presque point de terrains secondaires en Bohême, ce qui montre que ce bassin a dû être isolé de l'Océan depuis la fin du dépôt houiller, et qu'il a dû être complètement fermé.

La formation du calcaire reprit bientôt le dessus après cette interruption locale produite par le dépôt du grès vert; il commença à se déposer partout des roches plus ou moins crétacées, qui ne sont au fond que des détritus plus ou moins fins des demeures des êtres marins, et des mélanges de ces débris avec le limon calcaire dérivé des continens, des rochers sous-marins de ce temps-là et des sources minérales. L'agglutination de ces fragmens, leur grosseur et la compacité des roches ont été très variables suivant les localités.

La craie a achevé de dessiner en Angleterre et en France le contour des deux bassins tertiaires anglais, et celui des grands bassins du nord et sud-ouest de la France ; elle a formé une bande presque continue le long de tous les anciens terrains de Belgique, de Westphalie et du Hartz ; elle a comblé le fond de la cavité entre ces montagnes et celles de Scandinavie, puisqu'on en voit des lambeaux au milieu des plaines du Lunébourg, du Holstein, du Jutland, du Mecklembourg, de la marche de Brandebourg, dans les îles du Danemarck et de la Poméranie, et en Scanie ; elle a couvert de ses couches marneuses tout le bassin de la Bohême, et les sinuosités du rivage de la mer qui baignait les montagnes de la Silésie et de la Gallicie; elle s'est prolongée de là en Pologne et en Russie, et jusqu'aux parties les plus méridionales de ce dernier empire. On en retrouve des amas au milieu de la Hongrie, à Bude, et sur le pied des Alpes de la Bavière (Teisendorf, Sonthofen), et dans les sommités des montagnes de la Suisse et de la Savoie. Le long du revers sud des Alpes (depuis le lac de Côme à Udine) ce dépôt se présente sous la forme d'un calcaire à coraux et à nummulites et d'un calcaire fort compacte (scaglia), ce qui le rapproche de la craie des Alpes septentrionales et du pied nord-ouest des Pyrénées. Il repose dans le Vicentin sur une faible assise arénacée de grès vert. Dans les Apennins de la Toscane et des états romains, on trouve aussi de la *scaglia* qui a l'air d'être sur le passage du grès viennois au grès vert, tandis que le calcaire jurassique ne paraît que plus au sud.

Quant aux calcaires compactes à silex calcédoniens des îles ioniennes et des Madonies en Sicile, ils paraissent se lier au terrain jurassique comme certaines scaglia du Tyrol méridional et des Sept-Communes dans le Vicentin. On cite encore une craie terreuse et compacte à Hippurites en Sicile : ce que j'en ai vu m'a rappelé les craies grossières, et il y en a aussi, d'après M. Haussmann, dans l'Espagne méridionale.

D'après cet exposé de la distribution générale des formations secondaires en Europe, l'on peut donc conclure qu'elles présentent dans ce grand continent deux grands types généraux, savoir un type pour les terrains du nord-ouest de l'Europe et un autre pour tous ceux du sud-est. Ainsi nous trouvons, dans la première région géologique, beaucoup de dépôts houillers, la série complète des formations arénacées et calcaires secondaires, le calcaire à gryphées ou le lias, et beaucoup d'oolites, de grès vert et de craie terreuse; tandis que l'autre région ne nous offre que très peu de houille, un grand dépôt marin arénacé gris à la place du grès vert, et des dépôts jurassiques supérieurs, peu d'oolites, et de la craie très compacte, et de plus il n'y a point de lias. Cette différence doit dépendre essentiellement de la nature différente des terrains anciens dans ces deux régions, de la grandeur relative des îles européennes anciennes, des propriétés et des habitans de la mer qui les baignaient. Lors du commencement des dépôts secondaires, l'océan européen devait déjà être mal divisé en deux grandes masses, qui avaient peut-être bien encore les mêmes êtres, mais qui sont devenues, petit à petit, plus favorables l'une que l'autre à l'existence de certains animaux. Le second calcaire secondaire s'étant surtout formé entre nos deux régions ou au milieu de l'Europe, n'est-il pas tout simple d'en déduire qu'à cette époque cette partie seule de l'océan européen était assez tranquille et assez protégée contre les courans par les îles, pour que des êtres marins y aient pu élever leurs demeures et donner ainsi lieu à ce dépôt? ou bien doit-on encore avoir recours aux sources minérales qui ne sont pas sorties partout?

A cette époque la surface de la terre était loin de présenter l'aspect qu'elle avait lors de la formation houillière ou même avant le dépôt jurassique. Les eaux de la mer s'étaient déjà considérablement abaissées, la température de l'atmosphère avait diminué avec les causes de la grande chaleur; les points les plus élevés des continens avaient déjà probablement une température différente de celle des vallées, et par conséquent dans une même contrée cette seule cause devait produire deux genres de végétation. Les plantes monocotylédons et dicotylédons du fond des vallées étaient analogues à celles qui existent actuellement entre les tropiques, tandis que les endroits élevés ou les montagnes étaient couvertes de plantes monocotylédons et dicotylédons voisines de celles qui habitent maintenant l'Europe. Ce passage d'une végétation à une autre s'était fait graduellement, et il n'y avait point eu de destruction totale et subite d'une végétation.

Déjà avant une partie du dépôt jurassique, la chaleur était assez diminuée pour qu'une grande variété d'insectes, d'oiseaux et d'amphibies pussent vivre sur la terre; et lors de la formation crayeuse, ou du moins à la fin de ce dépôt, il y avait probablement déjà un certain nombre d'espèces de quadrupèdes particuliers, dont les genres sont en partie éteints comme des mastodontes, des cerfs, des castors, des ours, des hyènes, etc. Enfin, les animaux marins s'étaient insensiblement rapprochés en genres et en espèces des êtres marins actuellement vivans, et nous ne trouvons aussi dans les terrains postérieurs à la craie, que point ou peu de genres éteints.

Pendant la formation jurassique, l'activité volcanique n'avait pas été en repos, si les grands dépôts arénacés de cette époque nous y décèlent de grands mouvemens aqueux, les filons (Moravie), et les amas de diorite (Pyrénées), de serpentine, d'euphotide et de pyroxène en roche (Hébrides, Pyrénées, Tyrol), et même peut-être de porphyre siénitique métallifère (Hongrie, Transylvanie), viennent nous montrer qu'après le dépôt du grès vert, certaines contrées ont été percées par des éruptions, et en partie soulevées. Dans ce cas sont les Pyrénées, les Apennins de la Toscane et de la Ligurie, et les Carpathes occidentales. Naturellement le sol ancien a été aussi crevassé par cet évènement, et a donné jour, çà et là, à ces matières ignées (Alpes de Styrie, du Tyrol, du Valais, du Briançonnois et Silésie); ailleurs c'est le calcaire alpin jurassique (Willendorf en Autriche) le grès viennois (Ipsitz, Teschen en Moravie), ou le calcaire jurassique avec le grès vert (Pyrénées). On pourrait rapprocher cette époque d'éruption de celle du soulèvement, du système pyrénéo-apennin de M. de Beaumont, tandis que son soulèvement du système des Alpes occidentales cadrerait plutôt avec les éruptions dont nous allons parler.

C'est surtout *après le dépôt crayeux, et pendant la formation du premier calcaire tertiaire* (Sicile, Vicentin), *que les plus grandes masses trachytiques et basaltiques ont été élevées.*

Il est bien possible que la différence minéralogique des porphyres et des trachytes, la grande porosité de ces derniers, et leur petite quantité de quarz, dépendent de ce que les uns sont en général des éruptions sous-marines, tandis que les autres ont été élevés sur les continens. Cela servirait à expliquer pourquoi certains trachytes sont minéralogiquement de véritables porphyres, et pourquoi certains massifs ignés ónt des caractères intermédiaires entre ces deux genres de dépôts, comme par exemple, les porphyres quarzifères et aurifères de Transylvanie.

Lors du dépôt du terrain tertiaire supérieur, la plupart des montagnes trachytiques ont été fort dégradées; les débris de leurs roches ont été remaniés (Pest, Feldbach) et des roches basaltiques sont encore sorties, çà et là, de la terre. Enfin, après les dépôts locaux d'eau douce, des volcans ont vomi de grands courans de lave, et une partie de ces volcans existe encore comme volcans éteints (Eifel, Auvergne), ou bien d'autres cônes brûlans se sont élevés dans leur voisinage (Etna); il a pu se former même encore quelques dômes trachytiques pendant l'époque alluviale.

Les trachytes se sont souvent produits sur les lieux mêmes où les agens volcaniques avaient déjà amoncelé fort antérieurement des porphyres ou des granites, comme en Hongrie et en France. Cette position indique qu'une nouvelle activité s'était développée dans les anciens foyers volcaniques.

Les roches basaltiques et les autres masses trachytiques de l'Europe (Siebengebirge), sont sorties à différentes époques des roches schisteuses intermédiaires ou cristallines. Suivant leur position par rapport au niveau des eaux, quelques unes de ces éruptions ont été sous-marines (Hesse, Mittelgebirge, Hébrides) et ont rempli des fentes (Hébrides, Irlande), ou ont formé des rochers et des montagnes sous la mer (Hégau, Kaiserstuhl, Hébrides). Les éruptions qui ont eu lieu à l'air libre n'offrent presque que les caractères de celles des volcans brûlans (Schneegrube), ou bien des roches assez compactes ont seules comblé des fentes ou des trous (Rauhe Alpe).

Il est encore digne de remarque qu'un très petit nombre de ces masses ignées se soit accumulé au milieu des îles de ce temps-là; dans ce cas sont presque les groupes du Cantal et du Mont-d'Or : les autres sont sortis sur la pente sousmarine de ces îles ou au pied des chaînes de montagnes, dont les cîmes sortaient seules de l'eau, ou bien dans les basfonds des mers, comme en Hongrie, le long du Bosphore, en Italie, en Portugal, en Allemagne et en Écosse. La base de la grande île des Alpes ou du milieu de l'Europe a été percée par de semblables éruptions, surtout sur le côté sud-est dans le Véronais, le Vicentin, le Padouan, le Tyrol méridional, et les Alpes de la Lombardie. Dans ces derniers pays, les roches ignées présentent des masses porphyriques et granitoïdes, qui établissent complètement l'union intime entre les roches ignées, anciennes et modernes (Predazzo), mais nous nous garderons bien d'en conclure que tous les granites sont d'une époque si récente. D'un autre côté, la grande île alpine et l'île grecque réunies sont entourées d'un cercle presque complet d'amas volcaniques, qui comprendrait les trachytes et les basaltes de la Souabe, de Banow en Moravie, et d'Ober-Pullendorf en Hongrie; les groupes trachytiques et basaltiques de Feldbach en Styrie et ceux de la Hongrie et de la Transylvanie, le grand groupe trachytique de l'Asie mineure au nord de Smyrne, et les basaltes du Bosphore, les trachytes des îles d'Égine, de Santorin, de Milo et de la Sardaigne; enfin les roches ignées du nord de l'Italie. Plusieurs savans se sont déjà efforcés de faire voir que les éruptions avaient eu lieu dans certaines directions droites, obliques ou semi-circulaires (1).

Ce sont ces éruptions volcaniques formidables, accompagnées de fendillemens et de soulèvemens, et d'abaissemens de terrain, qui ont probablement porté les continens à leur hauteur actuelle, ou, si l'on veut, qui ont forcé la mer à descendre d'abord au niveau des bassins tertiaires les plus bas (Paris), et ensuite presque à son niveau actuel. C'est ainsi que les chaînes de l'Europe ont acquis insensiblement leur hauteur; et les continens, à peu près la forme qu'ils ont à présent. C'est pendant cette époque que les montagnes jurassiques du Tyrol méridional, et tant d'autres montagnes calcaires ou arénacées, ont pris leurs escarpemens effroyables et leur figure bizarre, et sont arrivées à l'élévation prodigieuse qui les caractérise. Ce retrait de la mer, et les oscillations qui ont dû en être la suite naturelle, ont probablement

____

(1) Voyez Sickler, *Ideen zu einem vulcanischen Erdglobus*, et von Hoff, *Vulkane*, 1824.

contribué à morceler si fort la craie du nord de l'Allemagne et de la Méditerranée, et d'autres formations en ont dû aussi souffrir considérablement. Un grand nombre de vallées des pays peu élevés ou des plaines ont dû leur creusement à ces causes ou du moins elles en ont été approfondies.

Après la formation de la craie, l'Europe était un grand continent, qui avait un contour fort découpé, et qui renfermait un grand nombre de mers intérieures et de lacs d'eau douce. Certaines parties méridionales de la Suède nous peuvent donner en petit une idée approximative de la surface de l'Europe à cette époque.

Dans le nord de l'Europe, il y avait une immense mer qui s'étendait du fond de la Russie ou même de l'Asie à travers le nord de l'Allemagne, presque en Angleterre, et qui communiquait avec la mer du Nord, et peut-être aussi avec la mer Glaciale.

Néanmoins, la mer qui couvrait la Gallicie et les bords de la mer Noire doit plutôt avoir été en liaison avec la précédente, qu'elle n'en a fait partie, puisque les dépôts tertiaires des premiers pays sont identiques avec ceux des bords de la Méditerranée, et un peu différens de ceux de l'Allemagne septentrionale.

Le milieu de l'Europe présentait une seconde mer intérieure qui couvrait la plaine suisse, la vallée du Rhin et le pays plat de la Souabe, de la Bavière, de l'Autriche, de la Moravie et de la Hongrie. Entre ces deux mers, se trouvait le grand bassin bohémien, qui communiquait avec la dernière. Dans le sud de l'Europe, la mer Méditerranée couvrait tous les pays peu élevés, qui forment actuellement ses bords. Elle n'avait pas encore percé les colonnes d'Hercule, et elle communiquait par des canaux, soit avec la mer Rouge, soit avec la mer Noire et le grand bassin de l'Asie occidentale. En France, il y avait encore deux grandes mers ; l'une s'étendait entre les Pyrénées, la Saintonge, le Périgord et les montagnes du Cantal et de l'Aveyron ; elle était en communication avec la mer qui couvrait le Languedoc et la Provence, et ce n'est qu'après le dépôt de la molasse que cette liaison a dû cesser ou devenir moins libre. La digue qui séparait le bassin sud-ouest de la France de l'Océan n'existe plus, et la force destructrice des vagues de l'Atlantique a pu être aidée dans ce travail par le grand courant, auquel la baie de la Gascogne doit aussi sa forme. Une seconde mer couvrait toutes les contrées peu élevées, comprises entre la Picardie, la Champagne, la Bourgogne, le Limousin, la Vendée, le Mans, la Bretagne et la Manche. Enfin, en Angleterre, les environs de Londres formaient une petite mer environnée de falaises crayeuses; et l'île de Wight, et la côte vis-à-vis, étaient occupées par un bassin particulier, ou faisaient peut-être partie de la grande mer du nord de la France.

Toutes ces mers avaient des niveaux plus élevés que l'Océan, ou depuis lors leurs anciens bassins ont été inégalement soulevés au-dessus de la mer. La séparation de ces différens bassins devient évidente par les fossiles littoraux tertiaires, qui auraient vécu à des profondeurs de plusieurs milliers de pieds, si l'on supposait que tous ces bassins avaient été réunis et n'avaient formé qu'une seule mer. Les soulèvemens que l'Europe peut avoir éprouvés, surtout vers son milieu, nous empêchent de préciser la hauteur relative des différentes mers; mais si l'on pouvait se fier aux hauteurs actuelles des bassins, on trouverait que la mer centrale de l'Europe était la plus élevée, que le bassin du nord et de l'Angleterre était le plus bas, que la mer Méditerranée approchait le plus de la hauteur de la mer centrale, et que les bassins français avaient une élévation peu considérable. Il est clair que la hauteur relative des couches de ces bassins ne peut pas donner une idée du niveau de l'eau, surtout pour la mer centrale; ainsi, si l'eau des bassins de Paris, de Vienne, de Hongrie et du nord de l'Allemagne a été à quelques centaines de pieds au-dessus de l'Océan actuel, ou que ces contrées aient été soulevées à cette hauteur, il ne s'ensuit pas que l'eau ait jamais atteint la hauteur de certaines molasses de la Suisse, qui s'élèvent entre 3 et 4,000 pieds; les soulèvemens des Alpes ont dû porter à ce niveau ces roches qui, ailleurs, ne dépassent pas 800, 1,000, 1,700 pieds, tout au plus 2,000 pieds au-dessus de l'Océan.

Ces mers communiquaient plus ou moins bien par des

canaux avec un assez bon nombre de petites mers intérieu-
res, ou bien avec des lacs d'eau douce. Ces masses d'eau
étaient situées sur les bords de nos mers, ou bien elles
étaient renfermées entre des sinuosités de montagnes, et
elles s'écoulaient dans les grandes mers. Ainsi, la mer du
nord de l'Europe recevait les eaux des bassins particuliers de
la Hesse et de la Thuringe; le bassin du Rhin et celui du
centre de l'Europe s'étendait le long du lit actuel de plusieurs
grandes rivières; la mer Méditerranée communiquait avec les
bassins plus élevés de l'Espagne, de la Toscane, et en particulier du Siennois; le bassin du Nord de la France était lié
à ceux de la Loire supérieure et de l'Allier, et celui du sud-
ouest de la France avec ceux du Tarn supérieur et de la
Dordogne; celui du sud-est de la France avec celui de la
Saône, etc. Plus tard, ces mers ou ces lacs intérieurs se
multiplièrent encore davantage par suite des séparations
produites par les dépôts, et quelquefois il arriva que les lacs
intérieurs étaient déjà complètement remplis d'eau douce,
quand la mer intérieure dont ils dépendaient était encore
tout-à-fait saumâtre.

Enfin, *ces mers renfermaient un grand nombre d'îles,*
comme en Bavière, en Hongrie, dans le nord de l'Europe, etc.;
et ces îles ont dû augmenter à mesure que l'eau s'est abais-
sée pendant l'époque tertiaire.

Le bassin du nord de l'Europe communiquant assez libre-
ment avec l'Océan, s'est comblé en grande partie de sables
et de cailloux, ou en général de débris arénacés, qui y ont
été charriés du nord et du sud. Des dépôts de lignite y ont
été produits à diverses époques par des courans ou les débâcles de quelques lacs, dont la formation et l'écoulement
étaient favorisés par l'apparition des roches ignées. Ces amas
de combustibles se sont placés dans les sinuosités (Artern,
Halle, Helmstadt, Lusace), ou sur les deux bords (bord
de la mer Baltique en Mecklenbourg et en Prusse) du bassin;
ailleurs ils remplissent certaines cavités du milieu du bassin
(Freyenwald, Conow, Brandebourg, etc.), ou ils se trouvent sur les côtés des lacs, qui communiquaient avec la mer

du nord de l'Europe (Tann, dans le Rhongebirge, Hesse-Cassel).

Au milieu de ce charriage continuel de sables, de cailloux et de matières argileuses ou marneuses, les mollusques et les autres êtres marins n'ont pu vivre tranquilles que dans quelques endroits; c'est la cause probable pour laquelle le calcaire tertiaire ne s'est formé que dans quelques anses profondes de ce bassin (Anvers en Belgique, Lemgo en Westphalie. Dickholzen en Hanovre, Helmstadt, Egeln dans le Magdebourg, Lusace), ou dans des bassins assez bien séparés du reste de la mer (Dransfeld, Cassel en Hesse). Tous ces calcaires paraîtraient avoir été formés, lors du premier dépôt calcaire tertiaire ou avec ses lignites; du moins tous les amas qui en ont été décrits portent assez bien les caractères de cette époque. Néanmoins, la plupart des argiles, des lignites et des sables paraissent contemporains du sol tertiaire supérieur.

Les alluvions dont ce bassin a été rempli sont provenues en grande partie des terrains primordiaux et intermédiaires, ce qui explique naturellement la prédominance du sable et des cailloux sur les autres matières, et les nids de fer hydraté des sables supérieurs.

Ce bassin était séparé de la mer du nord par une faible digue de roches secondaires récentes; l'écoulement de ses eaux surabondantes et la force des vagues de l'océan, ont, petit à petit, détruit cette espèce de muraille ; et des accidens volcaniques, tels que des fentes, ont pu accélérer ce travail, de manière que l'eau du bassin s'est vidée plutôt par secousses qu'insensiblement. C'est cette retraite prompte des eaux, qui peut avoir amené du nord et du nord-est, la plupart de ces blocs qui gisent sur la surface du sol tertiaire de l'Allemagne septentrionale; mais ceux qui sont moins volumineux sont venus en même temps que les sables tertiaires. Quant au bassin de la Gallicie, on n'y trouve absolument que le terrain tertiaire supérieur, et des dépôts identiques avec ceux que nous indiquerons plus bas en Autriche et en Hongrie, savoir: des marnes argileuses à soufre, gypse, sel et coquillages marins, des sables, des grès et des marnes quelquefois à fossiles et à gypse, des bancs de calcaires à cérithes, et un grand dépôt de calcaire à coraux alternant avec des sables et correspondant au *tufeau* français et peut-être même au *crag anglais*.

Dans le bassin du nord de la France, une très petite quantité de matières argileuses et sablonneuses se sont d'abord déposées ; quelques traces de lignite à végétaux monocotylédons et dicotylédons et à coquillages d'eau douce, y ont été produites par les débâcles de lacs d'eau douce ou par des rivières. Le calcaire grossier a commencé à se former dans ce bassin, qui n'était agité fortement que vers son canal d'écoulement et au débouché des rivières qui s'y rendaient. Vers la fin de ce dépôt les cours d'eau ont de nouveau charrié des matières argileuses, sablonneuses et charbonneuses qui ont formé aux environs de Paris des amas plutôt dans la partie récente du calcaire ; en même temps certaines portions du bassin exposées au courant des rivières (Seine et Marne) étaient devenues fort peu saumâtres et avaient reçu, soit des fleuves, soit des sources, des matières siliceuses ou acides. En conséquence il s'est formé, çà et là, comme aux environs de Paris, à côté du calcaire grossier supérieur un calcaire siliceux ou un dépôt marno-gypseux. L'on sait que ce dernier empâte quelques coquillages marins et d'eau douce, et des ossemens de quadrupèdes qui y ont été amenés par les rivières, comme dans le calcaire grossier. M. C. Prevost y a observé dix couches de mélanges de produits marins et d'eau douce. Si tels avaient été les dépôts dans le bassin parisien, les autres parties de notre grande mer n'y avaient pas toujours participé ; les roches gypseuses ne se sont formées que dans la portion orientale, et les côtes sud-ouest, nord-ouest et est du bassin ont reçu leurs roches particulières, ou du moins leurs calcaires offrent des différences minéralogiques et zoologiques (Faluns de la Touraine Tufeau de la Manche et des bords de la Loire). C'est un dépôt marin abondamment répandu dans le sud et le sud-est de l'Europe, et occupant en grande partie les assises supérieures de la grande formation marno-arénacée qui a suivi les dépôts parisiens énumérés, et qui a empâté des minerais de fer (Normandie) comme dans le nord de l'Europe. Ensuite le bassin s'est dessalé petit à petit et est devenu un lac d'eau douce qui a diminué insensiblement de grandeur. Ce lac a déposé d'abord dans plusieurs lieux (Paris, le Mans, etc.) des roches siliceuses, et puis des marnes et des calcaires à coquillages d'eau douce et à plantes aquatiques ou de marécage. Avant cette dernière époque, les bassins supérieurs de l'Allier et de la Loire étaient déjà bien séparés de la grande mer intérieure, et ils n'étaient déjà plus que des lacs d'eau douce, de manière qu'il ne s'y est formé que des marnes, des calcaires d'eau douce et du gypse pendant toute l'époque tertiaire postérieur au premier calcaire grossier inférieur; enfin ces grands lacs se sont vidés à la suite du creusement de leurs canaux d'écoulement (Loire, Seine); des débâcles ont morcelé les assises tertiaires supérieures, des alluvions considérables se sont formés dans les vallées, et le canal de la Manche a commencé à exister ou s'est du moins fort élargi.

Les *deux bassins tertiaires d'Angleterre* étant beaucoup plus petits offrent moins de diversité dans leur structure générale. D'un autre côté les trois formations marines y ont quelques caractères particuliers qui dépendent probablement de la nature des roches des continens environnans, et de la proximité du bassin du nord de l'Europe ou même de la liaison imparfaite de ces deux cavités. Après quelques couches d'argile plastique à lignite et fossiles marins, des matières argileuses coquillières s'y sont formées en place du premier calcaire tertiaire et de son grès, les roches gypso-marneuses n'y existent pas, et l'on ne trouve entre l'argile de Londres et les sables supérieurs que quelques mélanges accidentels de coquillages d'eau salée et d'eau douce. Comme en France, le dépôt tertiaire coquillier, tout-à-fait supérieur, s'est formé sur une grande étendue de côtes, et y porte le nom de *crag.*

Ces bassins se sont aussi dessalés; un dépôt d'eau douce a marqué la fin de l'époque tertiaire, et leurs bords crayeux ont été en partie démantelés, soit par l'écoulement de la mer intérieure du nord de l'Europe, soit par le creusement ou la formation accidentelle du canal de la Manche.

Dans *le sud-ouest de la France* le bassin s'est rempli d'abord de marne et de molasse, il s'est séparé de la mer Méditerranée, et il s'est formé vers la partie la plus profonde et la plus large une cavité assez bien séparée du reste, pour que la tranquillité de l'eau permît à différens êtres marins d'y vivre et d'y former un calcaire tertiaire. Comme le premier dépôt avait élevé une espèce de digue entre la mer et le fond du bassin, une partie de ce dernier s'est dessalée presque entièrement, et elle n'était au commencement de la formation du premier calcaire tertiaire qu'un lac d'eau douce. Un calcaire sans coquilles, et ayant les caractères d'un dépôt d'eau douce, s'y est déposé en même temps que la partie inférieure du calcaire tertiaire se formait ailleurs, et un calcaire d'eau douce coquillier y a été produit pendant la formation des faluns de la Gironde et de l'Adour, et du gypse qui se trouve à Sainte-Sabine et Beaumont. Les points où la mer communiquait avec le bassin dessalé offrent des mélanges de roches marines et d'eau douce (Saucas, Dax, Bazas, Marmande), et des molasses coquillières marines alternant avec des calcaires d'eau douce sans coquilles, et surmontés de calcaire d'eau douce, occupent les points de réunion des deux dépôts.

Le grand lac intérieur n'a cessé ces dépôts que lorsque la mer a trouvé le moyen de se remettre en communication libre avec celui-ci. La masse des eaux douces n'étant pas en rapport avec la grandeur des canaux d'écoulement, a dû accélérer cet évènement; en conséquence de cette irruption de l'eau salée dans le reste du bassin, il s'est formé avant le dépôt d'eau douce coquillier des couches marneuses à huîtres, qui ont été bientôt suivies de la continuation de la formation d'eau douce, et d'une grande alluvion sablonneuse marine.

Après ces alluvions arénacées, les mouvemens de l'eau du bassin et ceux de l'Atlantique ont, petit à petit, aminci et détruit la digue crayeuse qui séparait le bassin de celui de l'océan; l'eau du bassin s'est écoulée, et l'époque alluviale a commencé, et n'a été précédée d'aucun dépôt d'eau douce supérieur, parce que la contrée n'a pas offert de cavités isolées et propres à devenir des lacs.

Le *bassin méditerranéen*, entouré d'escarpemens calcaires, nous offre des particularités essentielles qui paraissent dépendre du type général des formations du sud-est de l'Europe ; de plus ses sinuosités nombreuses et sa grandeur y ont diversifié considérablement le même dépôt dans différentes localités. Sur le côté septentrional il s'est formé, çà et là, le long du pied des montagnes, des alluvions, comme en Provence (Nagelfluh d'Aix, etc.) ; ou bien de grandes assises argileuses, sablonneuses et marneuses, comme dans les Apennins et sur le pied sud des Alpes. Dans les endroits favorablement placés, un grand dépôt calcaire a suivi, il a empâté beaucoup d'êtres marins ; il s'est déposé dans des vallées ou des sinuosités, ou au pied des montagnes, comme en Sardaigne.

Sur le pied méridional des Alpes, les êtres marins et les polypiers ont contribué à la formation d'une bande ou d'un récif de calcaire grossier à nummulites, tandis que des deux côtés des Apennins les zoophytes n'ont guère pu exécuter leur travail, et les alluvions descendant du sol argileux des Apennins n'y ont produit que des marnes et des argiles, qui ont été remplacées par des molasses dans la partie nord du bassin du Rhône. Le long des Alpes et en Sicile, le dépôt calcaire a encore continué quelque temps, et, à l'époque de la formation du calcaire grossier supérieur de Paris, il s'y est encore déposé des calcaires à nummulites qui alternent, çà et là (Vicentin, Véronais, Noto en Sicile), avec des roches volcaniques réaggrégées, qui renferment des lignites (Bolca, Noto) comme à Paris ; mais le long des Alpes aucun dépôt ne s'y montre après ceux-là.

Sur les deux côtés des Apennins, en Sicile, en Grèce, et sur les côtes d'Alger et de l'Espagne orientale, les marnes et les argiles se sont déposées pendant une période bien plus longue ; elles ont empâté beaucoup d'êtres marins, des amas de lignite s'y sont amoncelés, çà et là (Sinigaglia), et les émanations des solfatares sous-marines ou brûlantes à l'air y ont produit de grands nids ou des bancs de soufre (Baza), de gypse (Volterre), et de sel (Sicile).

Dans ces dernières contrées, ainsi qu'en Provence (bassin du Rhône), dans le Languedoc, le Roussillon, la Sardaigne et

l'île de Malte, l'on ne retrouve que la troisième grande formation arénacée tertiaire ou le sol tertiaire supérieur, et dans tous,
à l'exception du Roussillon, un second calcaire tertiaire. En
Provence il y avait déjà, lors du dépôt de la partie supérieure du
premier calcaire tertiaire de Paris, un petit bassin assez bien
séparé de la mer Méditerranée pour que des roches particulières aient pu s'y former. Ce bassin, qui est celui d'Aix, s'est
rempli de roches marneuses, calcaires et gypseuses, qui sont
assez analogues à celles de Montmartre (1). Un peu plus tard
un bassin semblable a formé, autour de Salinelle en Languedoc, un dépôt de sable, de calcaire et de magnésite d'eau douce.

En Toscane des débâcles de lacs et des rivières ont produit, au milieu des dépôts marins supérieurs, des couches
marno-argileuses renfermant des lignites, et des mélanges
accidentels de coquillages d'eau douce et d'eau salée (Siennois). Les calcaires de cette époque prouvent que ce n'est
que tout à la fin de cet espace de temps que les êtres marins
ont pu vivre et bâtir tranquillement leurs demeures ; et le
manque de ces roches dans tout le nord et nord-ouest de
l'Europe y indique une mer agitée ou des charriages conti-
nuels d'alluvions. Après ces dépôts la mer Méditerranée
avait déjà beaucoup baissé, ou ses bords avaient été considérablement soulevés ; elle s'efforçait de se mettre toujours plus
en communication avec l'Océan, et elle avait laissé, dans l'intérieur, plusieurs lacs qui étaient devenus enfin des lacs d'eau
douce. En conséquence des calcaires d'eau douce ou du travertin se sont produits, çà et là (Sienne, Rome), et la compacité et l'étendue de ces roches varient, suivant que la matière calcaire a été déposée par des sources ou des lacs. Dans
le même temps des calcaires ou des marnes d'eau douce ont
couvert certaines parties du Languedoc, de la Provence
(Vigan, Montpellier, etc.) ; et de l'Espagne (Burgos, Freje-
nal, Teruel, Ocana, Montesa et Baza).

(1) M. Haussmann prétend avoir observé près de Vaucluse un
calcaire d'eau douce, semblable à celui d'Aix, sous le second calcaire tertiaire d'Orange (*Gottinger gelehrte Anzeige,* n° 103 et 104,
p. 1017 à 1039).

Dans *la grande mer de l'intérieur de l'Europe* les rivières ont amené de tous les côtés des sables et des cailloux, et les vagues de la mer ont entassé ces matières le long de ces bords, comme cela arrive encore aujourd'hui. Des liquides chargés de parties calcaires ou siliceuses et le poids des masses ont donné à ces roches leur consolidation actuelle. Ainsi se sont formés la bande calcaire qui longe le pied des Alpes du bassin viennois, et tous ces grands dépôts de molasse ou de grès, d'agglomérat et de marne, qui bordent le grand bassin hongrois et transylvanien, et qui couvrent tout le pays plat de Moravie, et tout le pied des Alpes allemandes et suisses. Dans le même temps, des roches semblables, mais plus argileuses, remplissaient le fond de la vallée du Rhin et du bassin bohémien.

Il est digne de remarque que les agglomérats allemands n'offrent que les débris des Alpes voisines, tandis qu'en Suisse et dans le Vorarlberg les poudingues sont remplis de roches presque inconnues dans les Alpes, et n'existant que dans la Forêt-Noire ou les Vosges, telles que des granites, des porphyres, etc.; différence provenant de ce que les derniers débris appartiennent à la base du grès vert, qui a été redressée lors d'un des soulèvemens des Alpes, et qui n'est point sur la molasse, quoique ces roches aient la même inclinaison.

Des amas de lignite se sont formés au milieu des roches précédentes par les mêmes causes qu'ailleurs, et ces masses végétales, mêlées de coquillages d'eau douce, ont été enfouies dans des cavités (nord de la Bohême), ou des sinuosités (Hering) ou des vallées longitudinales (vallées de la Save et de la Drave), ou au-devant des grands rivages de ce temps-là.

Les Alpes étant alors le plus grand continent, il est naturel que les plus grands dépôts de lignite se trouvent dans ses vallées (Carinthie) ou sur le pied de cette chaîne.

Après la formation de ce terrain tertiaire, cette grande mer s'est trouvée assez bien divisée en plusieurs bassins particuliers, qui n'avaient déjà plus tous le même niveau. Le *bassin bohémien* et le *bassin du Rhin* entre Bâle et Bingen se sont séparés de cette mer; et depuis la Savoie jusqu'en

Wallachie, il s'est formé deux grandes mers, savoir : le *bassin suisse et bavarois*, qui s'étendait des environs d'Aix en Savoie, jusque vers les montagnes du Hausruck dans le Salzbourg ; et le *bassin de l'Autriche inférieure et de la Hongrie* ; la plaine de la Haute - Autriche leur servait de canal de communication.

La cavité de la Transylvanie méridionale s'était aussi isolée de celle de Hongrie, et au milieu des Alpes il s'était formé des lacs intérieurs, dont les plus grands devaient être ceux qui couvraient les plaines de la Carinthie, le long du cours supérieur de la Drave et de la Save.

En Bohême, les dépôts tertiaires paraissent avoir presque cessé après l'époque des lignites, du moins nous n'y trouvons que rarement (Kostenblatt) de petits amas de roches siliceuses et marneuses, qui pourraient être un peu plus récentes. Ce bassin a donc dû être pendant long-temps un lac d'eau douce, qui n'a pas déposé de roches, et qui n'a donc pas dû nourrir beaucoup d'animaux.

Ce bassin est d'ailleurs un des plus curieux d'Europe ; tout-à-fait circulaire, il a l'air d'avoir formé presque toujours une caspienne, excepté pendant l'époque du grès vert. En effet, ses dépôts de grès houiller et de grès rouge ne recèlent pas de fossiles marins, et peuvent aussi bien avoir été formés dans un lac d'eau douce que sous l'eau salée ; néanmoins cette mer était salée avant cette époque, d'après les fossiles du calcaire intermédiaire récent. De plus, l'on sait que tous les autres sédimens secondaires, excepté le grès vert, manquent ; ce qui ne devient explicable que par notre hypothèse d'une caspienne. Cette mer avait peut-être son canal d'écoulement au nord, et le creusement ou fendillement violent de ce dernier l'a remise en communication avec la mer de l'Europe septentrionale, vers l'époque du grès vert. Cette supposition expliquerait pourquoi ce dernier dépôt est accumulé en si grandes masses le long de l'Elbe, et pourquoi le bassin a pu de nouveau redevenir une caspienne d'eau douce à la fin de l'époque crayeuse. En conséquence, on n'est plus étonné de trouver son sol tertiaire, réduit à des argiles à lignites sans fossiles marins et à coquilles d'eau douce. Enfin, dans l'époque alluviale, cet immense lac se serait vidé par la fente entre Leitmeritz et Pirna : fente que je ne voudrais pas attribuer au creusement de l'Elbe.

Dans le *bassin du Rhin*, il s'est formé au nord, jusque près de Mannheim, un dépôt assez épais de sables et d'un calcaire tertiaire ; il empâte surtout supérieurement beaucoup de coquillages d'eau douce qui y ont vécu avec les êtres marins ou ont été charriés par les rivières. Plus au sud et au nord ces roches paraissent avoir été surmontées par des argiles et des molasses à lignites et à fossiles, et rarement, comme à Buxweiler, des petits bassins séparés d'eau douce ont donné lieu à des masses calcaires ; et il y a, çà et là, des dépôts d'eau douce récens, comme au pied sud-ouest de la Forêt-Noire(1).

En *Suisse*, tout le sol tertiaire n'offre que des sables, des grès, des agglomérats, des marnes et des lignites ; néanmoins certaines masses gypseuses de la Suisse occidentale, des couches subordonnées de calcaires d'eau douce et de lignite à divers étages, et les masses arénacées à couches coquillières paraissent indiquer dans la plus grande partie de la molasse des dépôts correspondans au troisième terrain tertiaire, savoir : à l'argile bleue, aux marnes, aux sables et même au second calcaire tertiaire.

On n'a pas encore établi quelles étaient les roches qui y avaient été formées à l'époque du premier calcaire tertiaire ; c'est un cas analogue à celui des Apennins, et en général de tout le sud-est et sud de l'Europe, où le calcaire parisien inférieur manque.

En *Bavière*, l'on observe, le long des Alpes, à peu près les mêmes roches qu'en Suisse, tandis que le côté nord du bassin est couvert de grès plus quarzeux et plus fin, de sables, de marnes et d'agglomérats faiblement liés. Dans la partie orientale ou rétrécie du bassin, des argiles et des lignites existent aussi au pied du Bohmerwaldgebirge, et j'ai rapporté ces dépôts aux deux divisions tertiaires supérieures.

Dans l'*Autriche supérieure*, le grand terrain de molasse est

___

(1) Voyez le mémoire de M. Mérian dans le *Schweizer-Anzeiger*, de M. Meissner, 1825, et son ouvrage sur le canton de Bâle.

évidemment surmonté de marnes et de molasses coquillières, qui sont de l'époque du troisième terrain tertiaire (Wolfsegg). Des amas de bois bitumineux sans fossiles s'y rencontrent au milieu de ces nouveaux dépôts, et ils sont accompagnés de sables et d'argile plastique (Wolfsegg).

Dans *la partie sud du petit bassin de Saint-Polten*, l'on trouve à peu près la même chose, et les sables tertiaires supérieurs et coquillières y deviennent encore plus évidens (Saint-Polten). Des lignites avec quelques agglomérats, et des argiles s'y rencontrent aussi (Thalern , Obritsberg). Sa portion nord fait déjà partie du bassin suivant.

Le grand *bassin autrichien et hongrois* offre des dépôts bien plus diversifiés, et ses roches sont presque exactement celles qui ont été formées par la mer Méditerranée. Suivant les contrées et leurs montagnes, il s'est d'abord formé de la molasse ou des marnes argileuses et micacées suivies de marnes, et renfermant supérieurement beaucoup de fossiles et des amas de lignite ou du bois bitumineux, et quelquefois des nids de soufre amorphe (Radeboy en Croatie). Il y a aussi de la sélénite et beaucoup de sel en Transylvanie, dans le Marmarosh, et même en Syrmie.

Des marnes à gypse, des sables en partie coquilliers, des grès et des calcaires tertiaires, sont venus se placer sur les argiles, et ils ont achevé ainsi le terrain tertiaire, qui est exactement celui des Apennins. Des amas considérables de lignite avec des argiles (Bude) et des mélanges accidentels de coquillages d'eau douce et d'eau saumâtre (Hellas, Gaya, lac Balaton, Arapatak en Transylvanie) caractérisent les sables. Les bancs inférieurs de calcaire sont en général à cérithes , et ressemblent assez au calcaire parisien, comme ceux du milieu de la Hongrie, d'OEdenburg, etc. Il y en a des couches qui sont sablonneuses, comme celles de Grignon, et qui fournissent de nombreux fossiles (Nickolsburg, Enzersfeld). Enfin les parties supérieures du terrain sont occupées par des calcaires à coraux ou des aggrégats de débris de coraux , de grandes huîtres , etc. Ils offrent aussi des bancs supérieurs à nummulites; ils reposent, le long des montagnes calcaires, sur des agglomérats grossiers (plaine de Vienne) , et ailleurs sur des sables quelquefois pleins de polypiers (Eisenstadt) ; des marnes à sélénite les recouvrent çà et là.

Pendant la même époque il s'est aussi formé des sables et des calcaires grossiers supérieurs dans quelques points de la Transylvanie septentrionale, qui communiquaient avec le bassin hongrois, tandis que les roches semblables du sud du même pays ont probablement été déposées par un grand lac intérieur occupant le bassin de Aluta, et dépendant de la mer qui couvrait la Wallachie.

Après la fin de toutes ces formations, il est resté, çà et là, des lacs d'eau douce dans les bassins qui occupaient le lit actuel du Danube. Les plus grands ont dû être ceux qui couvraient une grande partie du milieu et de la grande plaine orientale de la Hongrie, du moins à en juger par les calcaires d'eau douce que nous y connaissons (Neszmely, Czigled, etc.). Des lacs d'eau douce moins grands et de différens âges nous sont indiqués par les calcaires, les marnes ou les roches siliceuses (ménilite) de la Syrmie, du comitat de Zemplin, du Matra, de Bude, de Wimpassing et du Eichkogel, près de Vienne. Dans l'Autriche supérieure nous ne trouvons pas de dépôt semblable, mais en Bavière et en Suisse nous en avons indiqué.

Des amas de tuf calcaire ou de dépôt calcaire de sources sont encore très fréquens en Suisse et en Bavière, mais leur âge est très postérieur à l'époque dont nous parlons maintenant.

Il faut aussi prendre garde de ne pas confondre ces dépôts locaux de calcaire tertiaire d'eau douce avec des couches de calcaire assez semblables qui accompagnent accidentellement certains amas de lignite tertiaire des Alpes (Gratz) et de la vallée du Rhin. Il paraîtrait aussi que certains petits dépôts locaux, comme celui d'Oeningen, de Nicolschitz en Moravie, de Syrmie, etc., n'ont rien de commun avec les calcaires d'eau douce dont nous parlons. Ce sont des roches qui se sont formées dans des bassins particuliers à une époque plus ancienne, et peut-être après l'argile bleue coquillière et pendant la dernière époque marine tertiaire, car on trouve une partie de leurs fossiles dans des couches subordonnées aux argiles coquillières supérieures (Radeboy), ce qui indique que ces débris ont été charriés tantôt dans une mer et tantôt dans une lagune d'eau douce de cette mer.

Après avoir achevé de détailler la nature générale des bassins au nord des Alpes, l'on ne doit pas négliger d'en tirer la conclusion que, pendant toute l'époque tertiaire, les êtres marins ont été plus abondans dans le bassin autrichien et hongrois que dans celui de la Suisse et de la Bavière, ou bien qu'ils ont mieux pu vivre, ou ont été moins détruits dans le premier que dans le dernier.

Si nous comparons ensuite les dépôts tertiaires des deux revers des Alpes, nous y apercevrons de grandes différences, tant dans leur nature que dans leur distribution. Les matières arénacées prédominent sur tout le pied nord des Alpes, et elles remontent dans quelques vallées, soit longitudinales, soit transversales, de cette chaîne; sur le revers opposé, les formations tertiaires sont calcaires, et n'entrent dans aucune vallée des Alpes. Si l'on ajoute que sur ce côté toutes les grandes vallées sont transversales et qu'elles ressemblent à des fentes faites récemment, on ne pourra pas s'empêcher de croire que beaucoup de vallées du nord et surtout de l'est des Alpes, ont été formées infiniment plus anciennement que la plupart de celles du revers sud. Avant la formation de ces dernières, la plus grande masse de leurs eaux devaient donc s'écouler du sud au nord, et les fentes qui forment leur lit actuel n'ont dû avoir été faites qu'à la fin de l'époque tertiaire, et les eaux courantes n'ont eu que le temps de combler le fond des profondes crevasses produites si récemment à la suite des éruptions et des soulèvemens ignés récens. La structure des parois à la sortie de la plupart des grandes vallées du sud des Alpes, ne permet guère d'y supposer l'existence d'anciennes digues détruites par des cours d'eau, et, à leur vue, l'on revient involontairement à l'idée inattendue que nous venons d'énoncer.

Après la fin des dépôts tertiaires a commencé l'*époque alluviale*. Les bassins de l'Europe étaient encore, en grande partie, remplis d'eau, et ils étaient divisés en un grand nombre de lacs d'eau douce, comme ceux de la Bavière, de l'Autriche, de la Hongrie, de la Bohême et du Rhin, et comme le bassin du nord de la France, qui était partagé en bassin parisien, bassin de la Loire inférieure et bassin de la Loire supérieure. D'un autre côté, les bassins du sud-ouest de la France, le bassin principal du nord de l'Europe et ceux de l'Angleterre, n'ont pas probablement passé par cet état intermédiaire; et du moins, si cela est arrivé, cela n'a duré que bien peu de temps, tandis que dans les autres bassins cette période de temps a été plus longue. Enfin, le bassin méditerranéen paraît être resté toujours salé.

Quelques uns de ces lacs ont laissé des dépôts considérables (vallée du Rhin, plaine orientale de la Hongrie, Autriche, etc.); mais d'autres s'étant écoulés plus vite, n'ont déposé que très peu de matières argileuses ou de sables, et les rivières y ont pu occuper plutôt leur lit actuel. Entre ce moment et celui de l'écoulement des lacs, il s'est aussi passé un temps considérable pendant lequel les rivières ont dévié plus ou moins de leur lit actuel; nous pouvons citer comme exemple la vallée du Danube, du Rhin, etc. La hauteur des eaux de ces anciens lacs d'eau douce nous est bien indiquée par ces grandes masses de cailloux et de marne en partie coquillière et à ossemens de quadrupèdes, comme cela se voit dans la plaine orientale de la Hongrie, en Autriche, dans la vallée du Rhin, le long de la Garonne et de plusieurs rivières du nord de l'Allemagne. Des amas de sables, de cailloux et de poudingues (Alpes) sur des plateaux ou des pentes de collines ou de montagnes, nous montrent que dans toute l'Europe les principales rivières ont eu pendant la première partie de l'époque alluviale un niveau et un lit bien plus élevé qu'à présent, ou plutôt il y avait sur leurs cours actuels des lacs retenus par des digues maintenant détruites.

En même temps que les eaux douces formaient tous ces dépôts, la mer rongeait les continens, et ses courans et ses vagues accumulaient, çà et là, des alluvions considérables que nous trouvons à présent sur tous ses bords à un niveau plus élevé que celui de l'Océan actuel. Ainsi, les côtes d'Angleterre, d'Écosse, de Norvège et de France, offrent des excavations et des amas de cailloux, de sables, de marnes et de coquillages, qui sont fort au-dessus du niveau actuel de la mer. Le même fait se retrouve sur les rivages opposés américains de l'Atlantique (Boston) et le long des bords de la mer Baltique et de la mer méditerranéenne.

Dans cette dernière, l'on trouve sur les rochers élevés des traces du travail des pholades (Nice, cap Circée, Sicile, Grèce), des sables, des cailloux, des poudingues et des amas de coquilles encore vivantes, dans la même mer (Nice, Sicile, isthme de Corinthe), et les fentes de ses montagnes calcaires sont remplies, çà et là (Gibraltar, Languedoc, Corse, Nice, Dalmatie, îles Ioniennes, etc.), de brèches osseuses à coquillages marins et lacustres encore actuellement existans (Nice, Gibraltar, Sicile, Syrie), ou seulement à coquilles terrestres et d'eau douce, lorsqu'elles étaient loin de la mer. C'est un fait analogue à ces bancs sableux coquilliers qui existent sur la côte occidentale de la France, sur les deux rivages de la Grande-Bretagne, en Norvège et au Spitzberg.

Les causes qui ont fait baisser les mers ou rehaussser les continens, après l'époque des anciennes alluvions, sont très difficiles à assigner, parce qu'elles peuvent avoir varié beaucoup suivant les localités. Dans la mer Méditerranée, la débâcle de la grande mer intérieure de l'Asie peut avoir accéléré son abaissement, et la formation accidentelle ou l'approfondissement du détroit de Gibraltar peut bien en avoir été la cause principale. Dans la Baltique des causes semblables ont pu agir, mais pour la mer du nord et l'Océan atlantique, il faut avoir recours à d'autres évènemens.

Si nous avons eu raison de rechercher dans les éruptions ignées anciennes, les causes de la place occupée successivement par les mers, nous pourrions appeler encore ici à notre secours les volcans qui ont brûlés pendant l'époque alluviale, et les phénomènes qui ont dû en être la suite. La dispersion des blocs scandinaviens depuis la Russie à travers tout le nord de l'Allemagne jusque sur les côtes orientales de la Grande-Bretagne, et surtout celle des blocs alpins dans les plaines de la Lombardie, du Rhône, de la Suisse, de la Bavière, etc., sont probablement liés non seulement à de grandes débâcles, mais encore à des soulèvemens et des déchiremens volcaniques dont ces débâcles n'ont été qu'un résultat secondaire (1). De plus, il est possible qu'alors seulement des masses de grès vert et de craie furent portées à la cîme des Pyrénées et des Alpes de la Suisse et de la Savoie, et que tant de crevasses, maintenant des lacs, s'ouvrirent sur le pied ou au milieu de la chaîne alpine. Ce sont les effets de ce soulèvement que M. de Beaumont s'est efforcé de préciser comme un accident du soulèvement du système de la chaîne principale des Alpes.

Enfin, nous arrivons au moment où le continent européen a commencé à avoir sa configuration et sa constitution actuelle. La mer et les lacs encore existans ont continué à former des dépôts ; les rivières ont déposé des cailloux et des sables ; les sources ont encore produit, çà et là, des amas calcaires, les tourbières n'ont pas cessé de s'agrandir ; les glaciers ont dégradé les hautes montagnes, des éboulemens et des débâcles ont eu lieu dans divers endroits, les volcans ont continué à brûler sur d'anciens districts volcanisés, ou bien ils se sont fait jour dans de nouveaux pays situés près de la mer ou dans les îles.

Depuis lors nous ne devons faire mention que du changement de quelques rivières (Arno), du dessèchement de quelques lacs, de quelques écroulemens ou ébranlemens, de quelques débâcles, de l'apparition et de la disparition de quelques cônes volcanisés.

Pendant la formation des terrains tertiaires, l'Europe a pris enfin, petit à petit, sa face, ses végétaux et ses habitans actuels. Au commencement de l'époque alluviale, il y avait encore quelques différences entre la distribution géographique des animaux et celle actuellement existante, et l'homme ne foulait pas encore peut-être le sol européen ; mais à l'époque alluviale moderne tout était déjà comme aujourd'hui.

(1) Voyez les mémoires de MM. Haussmann (*Gott. gelehrt. Anzeig.* 1827, n° 151 et 152, pag. 1497 à 1516); Escher (*Neue Alpina*, vol. 1, pag. 1); de Buch (*Mémoires de l'Acad. de Berlin*, 1815, et *Annales de physiq.* de Poggendorf, vol. IX, 1827); Deluc (*Mém. de la Soc. de physiq. de Génève*, vol. III, et de M. Brochant (*Ann. des mines*, 1819); Philipps (*Ann. of philos.*, août 1827, etc.).

La température de l'air était devenue toujours moins chaude; les plantes dicotylédons avaient fort augmenté en Europe, tandis que les plantes monocotylédons et celles qui étaient analogues aux végétaux tropiques avaient diminué. Les animaux semblables en genres ou en espèces à ceux de la zone équatoriale avaient petit à petit disparu, et après la fin des dépôts tertiaires il n'en a presque plus existé. Quelques uns de ces animaux ont pu à temps émigrer vers les parties de la terre qui leur offraient la chaleur nécessaire à leur existence, et ils ont pu ainsi se conserver en partie dans la zone équatoriale; mais ceux qui n'ont pas eu cet instinct ou cette faculté locomotrice, sont morts peu à peu dans le pays, et forment ainsi aujourd'hui les races d'animaux éteintes. Quelques animaux habitaient peut-être pendant l'époque tertiaire en Europe et entre les tropiques; s'ils n'ont pas pu émigrer lorsque le froid s'est fait sentir, ils n'ont pu se conserver que dans le climat chaud; mais si la température équatoriale leur était encore trop froide, ils ont dû disparaître de la terre.

C'est ainsi qu'on s'explique fort simplement pourquoi les terrains tertiaires contiennent des fossiles identiques ou presques identiques avec les êtres actuellement existans, tandis que d'autres fossiles de cette époque ne se retrouvent plus ou n'ont même pas leurs analogues. C'est aussi la raison pour laquelle tant de coquillages et d'ossemens de grands quadrupèdes ont été charriés par les rivières et les torrens pendant l'époque alluviale ancienne, pour être enfouis au milieu des marnes et des sables dans des vallées ou des cavités; enfin cela confirme les conclusions de plusieurs naturalistes par rapport à ces cavernes, çà et là, remplies d'ossemens qui ont appartenu en partie à des genres d'animaux inconnus en Europe ou même éteints, et qui y ont été accumulés par la mort ou par le genre de vie de ces bêtes féroces.

On trouve dans les cavernes des restes d'animaux, qui ont l'habitude de vivre dans des souterrains, mêlés avec des débris d'autres animaux dont ils ont pu se nourrir, ou qui y ont été amenés par des courans d'eau, comme cela est arrivé pour toutes les brèches osseuses. Tous les autres ossemens ou les coquillages de l'époque alluviale sont toujours dans des vallées et des bas-fonds. Ces animaux étaient attirés naturellement vers ces lieux, parce que la température y est restée le plus long-temps chaude, et leurs restes y ont été enfouis accidentellement. Il est clair que quelques animaux auront été noyés ou tués, çà et là, comme cela arrive encore aujourd'hui ; mais un déluge universel n'a nullement détruit, tout-à-coup, ces animaux ; si tel avait été leur sort, l'on trouverait sur les montagnes leurs restes, et les marnes et les sables qui les accompagnent ; ou si ces alluvions avaient été extrêmement détruites, on en verrait du moins des traces sur des plateaux assez élevés ; or cela n'a pas lieu. Il y a bien le long des pentes et des torrens des montagnes, des sables, des cailloux, des blocs et des fragmens de roches, mais aucun géologue ne soutiendra que ce soit là le gisement des ossemens fossiles, ou que ces alluvions aient une fois couvert à peu près toutes les montagnes. Les débris fossiles contenus dans ce genre d'alluvion sont toujours des restes d'animaux encore vivans en Europe ou sur les lieux mêmes ; au contraire *toutes les alluvions à ossemens ou débris fossiles d'animaux étrangers à l'Europe sont sur le bord ou dans le bassin des rivières basses actuelles, ou dans les plaines qu'elles traversent, ou enfin plus rarement sur de petits plateaux dominés par de hautes montagnes.*

Les phénomènes géologiques nous montrent donc que toute la surface de la terre a joui d'un climat plus ou moins chaud, et que cette chaleur de l'air a diminué avec les causes qui l'avaient produite, et qui sont cependant loin d'appuyer directement l'opinion que tout le globe terrestre ait été une fois incandescent (1). Mais l'abaissement de la température sur la surface du globe ne se faisait pas également, puisque, suivant nous, elle aurait eu lieu en raison de la grandeur des masses volcanisées, de leur refroidissement et de la position des différens points de la terre par rapport au soleil, à leur éloi-

(1) C'est une question théorique que je ne veux pas considérer, et qui a été traitée par d'autres plus savans que moi. Ceux qui la résolvent affirmativement donnent encore plus de facilités aux explications proposées.

gnement de la mer et à leur niveau au-dessus de l'Océan. Il résulterait donc de cette proposition qu'il y a toujours eu sur la terre des parties plus chaudes les unes que les autres, et qu'ainsi se sont établies, petit à petit, les zones de température ou isothermes en latitude, longitude et hauteur, et par suite des circonstances locales les climats des divers pays. Les différentes parties de la terre se sont trouvées insensiblement dans leur état actuel de température ; celles qui se sont trouvées situées le plus favorablement pour être réchauffées par les rayons du soleil sont restées les plus chaudes, tandis que les autres parties du globe ont échangé leur climat chaud contre un climat d'autant plus froid, qu'elles pouvaient moins bien ou moins long-temps recevoir toute la chaleur des rayons solaires.

Les productions végétales doivent avoir été infiniment diversifiées par ce passage lent du chaud au froid qui a lieu diversement sur le globe, suivant la latitude, la longitude et l'élévation des pays au-dessus du niveau de la mer. Les végétaux ont été ainsi non seulement modifiés, mais ils ont aussi occupé, petit à petit, leur place géographique fixe, parce qu'ils n'ont plus trouvé que dans ces endroits la température qui leur convenait. L'influence de cette même cause a dû s'exercer sur les animaux à peu près comme sur les plantes ; les animaux qui se plaisaient dans un climat chaud, ont dû d'abord être chassés des points élevés du globe vers les parties basses, et ensuite des zones devenues glaciales ou tempérées vers la zone torride. Ceux de ces animaux qui n'ont pas pu émigrer ont dû, petit à petit, périr dans les parties du globe qui leur étaient devenues trop froides, et il n'est resté dans les zones tempérées glaciales que les êtres qui ont pu supporter ces climats ou qui ont pu s'y accoutumer insensiblement.

Cette explication simple et déduite des phénomènes géologiques, rend compte de toutes les prétendues anomalies géologiques, pour lesquelles on a fait tant d'hypothèses gratuites, et contraires à l'ordre admirable et constant qui règne dans l'univers.

Le premier problème géologique ainsi résolu, *est l'origine de la nature et de la position des houillères et des terrains de lignite.* L'on n'est plus étonné de trouver une si grande analogie entre les restes végétaux des houillères de tous les pays, et de voir dans les zones tempérées et glaciales, des productions analogues à celles des tropiques.

D'un autre côté, l'on trouve tout naturel d'observer dans les dépôts de lignite des différens terrains une espèce de gradation dans le mélange des diverses classes de végétaux tropiques, mêlés avec des plantes européennes, puisque les montagnes et les vallées de l'Europe avaient déjà alors une végétation très différente.

Enfin la zone entre les tropiques n'offre plus peut-être la chaleur et les circonstances accessoires nécessaires pour la végétation des plantes identiques avec celles des houillères; l'on ne doit donc pas être surpris de ne trouver dans cette zone que des végétaux qui leur ressemblent.

Le second problème géologique, non moins singulier et bizarre en apparence, devient une conséquence toute simple des différens états de température par lesquels a passé la surface des différentes parties du globe. Nous voulons parler *de la nature des fossiles marins enfouis dans les quatre grandes classes des terrains intermédiaires, secondaires, tertiaires et d'alluvion.*

Plus l'on s'enfonce dans les entrailles de la terre, plus l'on observe de simplicité dans les productions végétales et animales, et plus leur uniformité a dû jadis être grande sur toute la surface terrestre. Ce fait ne serait qu'une conséquence de l'égalité plus grande de température, qui a eu lieu sur tout le globe; car les causes assignées rendaient plus ou moins chaudes les zones maintenant glaciales, ou tempérées, et donnaient peut-être à la zone torride une température beaucoup plus grande qu'actuellement, tandis que certains points de cette dernière n'avaient peut-être que la température des autres zones.

Si en Europe, et dans tout le reste de la terre, la température de la surface a été plus élevée qu'à présent, à l'époque du dépôt des premiers terrains, et si elle a graduellement diminuée, il est naturel que les mers de l'Europe aient nourri d'abord, comme partout ailleurs, des êtres marins que l'analogie rapproche le plus de ceux des mers actuelles entre les tropiques. Ensuite, à mesure que les différentes zones se sont établies, ces animaux se sont infiniment plus diversifiés, et ils se sont toujours plus rapprochés de ceux qui habitent maintenant les mers des pays où l'on trouve leurs dépouilles fossiles. Il est clair que les végétaux ont dû subir les mêmes lois.

Pendant cette diminution lente de la chaleur, lorsque la température nécessaire pour la vie de certains êtres marins cessait dans une contrée, s'ils avaient le pouvoir de se mouvoir, comme les cétacées, les poissons, les radiaires, ils ont dû se servir de cette propriété pour tâcher de gagner des climats plus favorables, et ils ne se seront conservés qu'autour de l'équateur, si ce climat leur était assez chaud. Les autres animaux qui ne pouvaient pas bouger ont dû avoir le même sort que les plantes : les uns, portés tout-à-coup dans un climat trop froid, ne seront restés vivans que dans la zone torride, s'ils s'y trouvaient; et d'autres, demandant encore plus de chaleur, ou n'existant pas entre les tropiques, auront tous péri.

Il s'ensuit donc que *plus l'on s'approche des pôles vers l'équateur, plus les dépouilles fossiles doivent être semblables ou analogues en genres et en espèces à celles actuellement existantes entre les tropiques.*

En Europe, plus les terrains secondaires marins et les dépôts tertiaires marins ou d'eau douce sont récens, plus leurs dépouilles fossiles doivent avoir d'analogie avec les animaux des mers ou des eaux douces de l'Europe jusqu'à ce qu'enfin quelques dépôts très récens ne présentent plus ou presque plus que des espèces identiques avec celles actuellement existantes.

Une conséquence nécessaire de cette proposition est que *plus les terrains observés dans différens continens ou dans un continent, sont récens, plus leurs fossiles doivent différer d'un continent à un autre, ou plutôt d'une zone à l'autre, et en même temps aussi d'un bassin à un autre; mais les fossiles de deux contrées ayant la même tempéra-*

ture devront toujours être environ dans le même rapport pour le nombre des analogues ou des genres et des espèces semblables avec les animaux vivant actuellement dans ces différens pays ou leurs mers. Ainsi, le calcaire grossier tertiaire de la Nouvelle-Hollande n'aura pas les mêmes fossiles que celui de l'Europe; mais ses pétrifications auront la même analogie, le même rapport avec les êtres marins vivant actuellement dans l'Océan australien que les fossiles du même calcaire européen ont avec les animaux des mers de l'Europe. De plus, les restes organiques des dépôts tertiaires méditerranéens ne seront pas tout-à-fait les mêmes que ceux du calcaire du grand bassin tertiaire de l'Europe septentrionale ou des bassins de la France, mais ils auront plus d'analogie avec ceux du bassin central tertiaire de l'Europe qu'avec ceux de ces derniers, et les fossiles du bassin dans le sud-ouest de la France se rapprocheront plus de ceux de la Méditerranée que de ceux des environs de Paris ou de Londres (1). On a déjà dit plus d'une fois, et M. Prévost en particulier, qu'entre les fossiles des dépôts tertiaires de Paris, de Touraine, de Bordeaux et de l'Italie, il y avait une progression ascendante pour le nombre des espèces analogues.

Un autre corollaire de ce que nous venons d'établir, c'est que *plus les terrains observés sont récens et voisins de l'équateur, plus nous pouvons espérer de retrouver dans la zone torride les analogues ou les espèces identiques, vivantes, de leurs fossiles, ou du moins plus le nombre de ces analogues ou des espèces vivantes peut être considérable.*

Enfin, il résulte encore des propositions précédentes que *plus les terrains à fossiles marins et d'eau douce sont anciens, moins nous devons avoir d'espoir de retrouver leurs espèces identiques, ou seulement leurs analogues en espèces ou même en genres dans les mers et les eaux douces de la zone torride;* car elles ne présentent pas, peut-être, les circonstances nécessaires à la vie d'êtres semblables, malgré la chaleur de la zone où elles se trouvent.

(1) D'après M. Deshayes, cette déduction serait déjà vérifiée par un dépôt tertiaire très coquillier des côtes du Chili.

Nous arrivons donc par le raisonnement *à priori*, à des conclusions exactement conformes à nos connaissances géologiques actuelles, et en particulier aux détails de la géographie géognostique.

D'un autre côté, il est probable que *la température chaude des différentes parties du globe a duré d'autant plus long-temps qu'elles étaient plus rapprochées de l'équateur; plus elles en étaient voisines, plus leur climat est resté long-temps semblable à celui des tropiques, et par conséquent favorable à l'existence des êtres et des végétaux équatoriaux.*

De cet état de choses, il a dû ou pu résulter que *dans des contrées éloignées des tropiques, une formation minérale a empâté des animaux et des plantes très différentes en genres ou en espèces de la faune, et de la flore équatoriale actuelle, tandis que le même dépôt servait de tombeau à une foule d'êtres et de végétaux voisins ou analogues en genres ou en espèces aux productions animales et végétales des tropiques.*

De plus, comme *la formation et la nature des masses minérales dépendent souvent du climat plus ou moins chaud, et des êtres vivans ou des végétaux, dont l'existence est toujours liée intimement à une certaine température* (1), il devient donc possible qu'*à la même époque, il se soit formé, à différentes distances de l'équateur, des dépôts séparés, non seulement par leurs dépouilles fossiles, mais encore par leur nature minéralogique.*

Enfin, *des résultats semblables ont pu même avoir lieu seulement en conséquence de la hauteur absolue des contrées au-dessus de l'Océan, de leur éloignement de la mer, de leur position locale et de leur soulèvement plus ou moins récent hors de la mer; ou bien toutes ces causes ont pu agir conjointement avec les précédentes.* Ainsi, par exemple, pendant l'époque secondaire le rapport des climats de l'Europe et de l'Afrique centrale pourrait avoir été tel que les êtres du calcaire jurassique européen se trouvassent encore dans la craie africaine, parce que lors de ce dernier dépôt la température

____

(1) Nous avons détaillé nos idées à cet égard, soit plus haut, soit dans l'explication de notre tableau synoptique des formations.

aurait été encore en Afrique celle qui dominait en Europe à l'époque jurassique. Pendant la période tertiaire, le climat de Paris aurait pu être encore assez chaud, comparativement à celui de Vienne en Autriche, pour que l'argile tertiaire de Vienne empâtât plutôt des fossiles analogues ou semblables à ceux du terrain tertiaire supérieur de Paris, que des coquillages du premier calcaire tertiaire de la France septentrionale, parce que l'existence de ces derniers êtres demandait plus de chaleur que ceux des dépôts plus récens.

Pendant l'époque tertiaire, la température du sud-ouest de la France pourrait avoir été à celle de Paris, et de la plaine suisse, dans un tel rapport, que, dans les premières contrées, le premier calcaire tertiaire, avec son calcaire d'eau douce et son gypse, ait présenté les roches du terrain parisien inférieur et n'ait enveloppé que peu de fossiles de ces derniers dépôts au milieu d'une foule d'autres, qui se retrouvent en partie dans le sol tertiaire supérieur de la Suisse, et qui ont au moins plus de rapport avec ceux du même terrain moderne de Paris. Pour les mêmes raisons, M. Marcel de Serres ne retrouverait dans le Languedoc, les ossemens du gypse parisien que dans l'étage le plus supérieur de la seconde formation tertiaire arénacéo-calcaire, et les coquilles du calcaire marin parisien que dans les masses moyennes du même terrain tertiaire supérieur (1).

Durant toutes les époques, les circonstances ci-dessus mentionnées particulières à chaque contrée ou zone, ont pu faire que certains pays ont été couverts de puissans dépôts calcaires, tandis qu'ailleurs il se formait des grès, des marnes, des houilles, etc. Les grès grossiers des Vosges parallèles au zechstein, le Jura suisse simplement calcaire, comparé à celui de Dalmatie abondant en grès et en houille, le lias avec ou sans grès, sont des exemples qu'il est inutile de rappeler. M. de Raumer (2) a le premier soupçonné la possibilité de la formation contemporaine de dépôts séparés par de grandes

(1) Voyez *Annales des sciences nat.*, juillet 1827, et *Bulletin* de M. Ferussac, nº 6 et nº 9, 1827.
(2) Voyez *Geognostische Fragmente*, 1815.

distances, et par leurs caractères zoologiques et minéralogiques ; depuis lors MM. C. Prevost (1), Marcel de Serres (2) et Desnoyers (3) paraissent avoir étendu cette idée aux terrains tertiaires avec leur perspicacité ordinaire. Ces points de vue nouveaux de la science n'étant pas purement hypothétiques, méritent un examen sérieux : rappelons-nous que la science est dans son enfance, et que de semblables phénomènes se passent sous nos yeux. S'il était donc reçu que les dépôts placés jusqu'ici sur le même horizon géognostique ou zoologique auraient pu se former dans des temps très différens les uns des autres, les difficultés de classification augmenteraient d'autant plus qu'on se rapprocherait des époques modernes.

La *distribution géographique et géognostique des restes fossiles de quadrupèdes et d'animaux terrestres se trouve aussi complètement expliquée.*

Lors du commencement des dépôts tertiaires, la température était encore assez chaude, dans certaines parties basses de l'Europe, pour la vie de quadrupèdes et d'animaux analogues à ceux de la zone torride actuelle ; nous trouverons donc tout simple d'observer des restes de semblables êtres dans le sol tertiaire, des os d'éléphant, de rhinocéros, de cheval, etc., dans les marnes alluviales, et des amas d'ossemens de hyènes, d'ours, etc., dans des cavités ou des cavernes calcaires. Nous verrons dans le changement graduel du climat la cause que la plupart de ces animaux sont ou éteints ou relégués dans la zone torride, tandis que ceux qui habitaient jadis les parties élevées de l'Europe y sont seuls restés.

D'un autre côté, s'il y a eu des animaux qui n'existaient que dans les zones tempérées, vu la trop grande chaleur de la zone torride ; s'il y en a eu qui se trouvaient en même temps sur les plateaux de la zone torride et dans les plaines des

(1) Voyez *Bulletin de la Société philomatiq.*, juin 1825, p. 89, et son mémoire à l'Acad. des Sciences (*Mémoires de la Société d'hist. nat.*, tom. III).

(2) Voyez tableau des terrains tertiaires de la France méridionale, 1829.

(3) Voyez son beau Mémoire dans les *Annales des sciences naturelles* pour 1829.

zones tempérées et glaciales (mastodonte, etc.), et qui n'ont pas pu se rendre à temps dans un climat convenable ; et enfin s'il y en a eu qui demandaient, au contraire, peut-être, pour leur vie une plus haute température que celle de la zone torride, il est clair que tous ces animaux ont dû périr, disparaître de la terre, et être ensevelis, petit à petit, sous des matières d'alluvions plus ou moins considérables.

Une circonstance particulière qui a pu aussi agir surtout sous la zone torride, ce sont les soulèvemens que des plateaux ont pu éprouver ; la température a pu ainsi être changée si subitement qu'un grand nombre d'animaux ont dû périr.

Enfin *la distribution géographique des plantes et de tous les êtres animés du globe se trouve ainsi simplement et clairement expliquée.*

On voit pourquoi les plantes varient d'une zone à l'autre, et pourquoi elles montrent quelques différences, non seulement d'un certain nombre de degrés de latitude ou même de longitude à un autre nombre de degrés de latitude ou de longitude, mais encore pourquoi elles varient suivant les hauteurs auxquelles elles se trouvent au-dessus de l'Océan, ou suivant les zones isothermes qui les renferment. Ainsi disparaissent toutes ces difficultés qui s'opposent à l'hypothèse de la migration des plantes, difficultés qui augmentent, sans cela, d'autant plus qu'on cherche à expliquer la distribution des végétaux situés sous une zone plus élevée au-dessus de la mer. Ainsi l'on trouve l'explication de l'identité des plantes, des sommités de chaque grande partie terrestre, qui formait jadis une île ou plusieurs îles voisines. Enfin l'on ne s'étonne plus de la dispersion lointaine de quelques genres ou espèces de plantes, comme, par exemple, l'isolement de quelques genres ou espèces identiques dans deux zones différentes du globe, qui ont à peu près la même température, etc.

Ce que je viens de dire des végétaux s'applique, avec quelques modifications, résultant de l'organisation particulière, à la distribution des êtres animés suivant les latitudes, les longitudes et les zones isothermes, ou les hauteurs au-dessus de l'océan. Le climat étant devenu différent par ces trois raisons combinées, il a dû agir aussi bien sur les animaux que sur les plantes, et chaque climat a dû, petit à petit, acquérir ses êtres propres, tant terrestres que marins. En un mot, chaque climat a eu enfin ses êtres marins, sa faune et sa flore ; la surface de la terre a présenté plusieurs centres de création, et elle n'a offert que rarement des animaux bizarrement isolés, soit en genres, soit en espèces. Il est bon de dire que ces conséquences sont entièrement conformes aux observations des botanistes et des zoologues.

Voyez, pour les végétaux, les ouvrages de MM. de Humboldt (*De Distribut. geographic. plantarum,* 1817), et Nouvelles Recherches sur la distribution des végétaux dans le *Dictionn. des Scienc. natur.* de Levrault); de De Candolle, (article *Géographie des plantes,* dans le même dictionnaire); de Guillemin (article semblable du *Dict. classiq. d'Hist. nat.,* 1826); de Schouw (*Grundzuge einer allgem. Planzengeographie,* 1825), etc.; pour les mollusques, l'article sur la géographie des mollusques, par M. de Férussac (*Dictionn. classiq. d'Hist. natur.,* 1826); pour les insectes, le Mémoire sur la distribution géographique des insectes, par M. Latreille, et, pour les animaux vertébrés, le travail de M. Desmoulins, Mémoire sur la distribution géographique des animaux vertébrés, moins les oiseaux (*Bull. de la Soc. philom.,* 1822, p. 157, etc., et *Journ. de Physiq.*) ; l'ouvrage de M. J. Minding (*uber die geographische Vertheilung der Saugthiere,* 1829); et la grande Géographie physique de M. Ritter (*Erdkunde,* etc.).

Telles sont les idées générales qui m'ont paru découler principalement de mes efforts de n'expliquer l'inconnu que par le connu, et de ne jamais recourir à des explications dont les phénomènes géologiques et physiques actuels ne nous laissent aucune trace. Il ne me reste plus qu'à dire que quelques unes des idées principales ont déjà perdu de leur nouveauté; conçues en 1822, comme peuvent le certifier MM. de Humboldt, Noggerath et de Waldauf - de - Waldenstein, je n'ai nullement la prétention de m'en approprier aucune. Chaque jour la science avance, et chaque jour les esprits réfléchis tâchent de tirer de nouvelles conséquences des faits découverts, et ainsi les mêmes idées germent souvent dans plusieurs têtes au grand profit de la science, qu'elles font envisager sous des points de vue d'autant plus nombreux et variés.

Le soulèvement des montagnes avait déjà été supposé par plusieurs géologues, tels que Stenon, Pallas (1), De Luc, Saussure, Hutton, Kessler de Sprengseysen, Justi (2), Voigt (3), Fichtel (4), Cuvier etc. Si Hutton avait montré dans les filons des fentes remplies de matières ignées, Fichtel présenta dès 1794 la même théorie que moi sur leur remplissage d'origine mixte (5). En 1818, Breislak donna dans ses Institutions géologiques des aperçus théoriques sur différens points, en particulier sur l'origine des gypses et du sel, etc. En 1812, M. Heim entra dans beaucoup de détails sur le soulèvement des chaînes, au moyen des basaltes et des porphyres, sur les sublimations de minéraux et de métaux dans les roches, et sur les altérations produites dans différentes roches par ces éruptions ignées (6). En 1820, mon Essai sur l'Ecosse contenait plusieurs considérations générales reproduites dans ce mémoire; en 1821, M. de Humboldt exprima généralement, sur les changemens de la température du globe, des idées semblables aux nôtres (7), qu'il développa plus tard en 1824, dans son discours sur les volcans; en 1820, M. de Férussac donna aussi sur les abaissemens successifs de la mer, et en particulier sur le sol tertiaire, des aperçus que nous n'avons adoptés qu'en partie (8). En 1825, M. de Buch publia ses observations sur les dolomies et les

(1) *Sammlung zur Physik und Naturgeschichte*, vol. I, p. 131.

(2) *Untersuchung uber die Entstehung der jetzigen Oberflache unserer Erde.*

(3) *Practische Gebirgskunde.*

(4) *Bemerkungen uber die Carpathen*, p. 418 — 434.

(5) *Mineralogische Aufsatze*, p. 354.

(6) *Geologische Beschreibung des Thuringerwaldes, allgemeine Resultate.*

(7) Distribution numérique et géographique des végétaux sur le globe (*Diction n. des Sciences nat.* de Levrault).

(8) Mémoires sur les terrains tertiaires dans le *Journal de physique.*

porphyres du Tyrol et les volcans, et les soulèvemens de
cette partie des Alpes; et en 1824, il fit connaître plus clairement ses opinions, qui étendent et précisent les idées de
M. Heim (1). A la fin de la même année, M. Fourier présenta des calculs sur la température primitive et actuelle du
globe terrestre (2). En 1825, M. de Férussac entra, à propos
de la distribution géographique des mollusques, dans des détails assez conformes à plusieurs de nos conclusions (3). Dans
la même année, M. Macculloch (4) répéta, sur la formation
des roches primaires, les idées que j'avais publiées en 1824 (5),
et MM. Crichton, Cordier, Humboldt, Marcel de Serres etc.,
montrèrent qu'ils partageaient certaines opinions sur la température primitive du globe (6). MM. Hoffmann, Oeynhausen,
Noggerath et Charpentier ont ajouté des détails sur le
gypse et le sel (7). MM. Merian (8), Keferstein, Poulett
Scrope ont généralisé les soulèvemens (9).

M. de Beaumont a cherché à préciser en partie par la
seule stratification et l'inclinaison, les époques de soulèvement les plus remarquables et à assigner à chaque chaîne son
âge (10), et M. Necker de Saussure veut lier leurs directions
et la forme des continens aux courbes d'égale intensité magnétique (11).

(1) Lettre à M. de Humboldt, tableau du Tyrol méridional, et
le *Taschenbuch* de Leonhard, 1824.

(2) *Annales de chimie et de physique*, vol. 27, p. 136.

(3) Geographie des mollusques (*Dictionn. classique d'hist. nat.*
de Baudouin).

(4) On primary rocks, dans le *Journal of sciences of the royal
Instit.*, janvier 1825.

(5) *Annales des sciences naturelles*, août 1824.

(6) On climature, dans les *Annals of philosophy*, 1825; Cordier,
mémoires sur la chaleur du globe, dans les *Annales du musée*, 1827;
et Humboldt, *Annal. der Physik* de Poggendorf, oct. 1827.

(7) *Annalen der Chimie* de Poggendorf, et ouvrage sur les bords
du Rhin, par Oeynhausen.

(8) Voyez Baseler *Wissensch. Zeitschrift*, 1823, cahier 4, p. 81.

(9) *Considerations on volcanoes*, 1826.

(10) Voyez *Annales des sciences naturelles*, 1829 et 1830.

(11) Voyez *Bibliothèque universelle*, 1830.

Enfin, les sources minérales et surtout les eaux chaudes ont été rattachées au volcanisme par MM. de Buch, de Hoff, Keferstein, Bischoff, Hoffmann, Daubeny, Osann, Stifft, Stucker, Benzenberg , etc. (1); M. Rozet les a employées pour s'expliquer la formation des alluvions anciennes du Rhin (2), et M. Brongniart leur fait jouer depuis long-temps un grand rôle dans la formation de la croûte du globe, en particulier dans celle des calcaires et des minerais de fer en grains (3).

Enhardi par tous ces derniers travaux, je publie enfin mon Mémoire , et je vois avec plaisir tant de géologues éminens avouer que la géologie nous laisse entrevoir dans la croûte terrestre une série non interrompue de phénomènes ignés et neptuniens. La science ne peut pas encore les expliquer tous complètement et clairement; mais elle attend de nouvelles lumières des progrès de la chimie, de la physique et de l'astronomie, et alors seulement elle permettra au philosophe de s'élever à des idées de géogénie pure.

---

(1) Voyez de Buch, *Mémoires de l'Acad. de Berlin*, 1825, publiés en 1829; de Hoff, *geognostische Bemerkung. uber Carlsbad*, 1825; le *Teuschland* de Keferstein; Bischoff, *vulkanische Mineral quellen*, 1826; et *Ubersicht der orographisch. und geognostisch. Verhaltnissen von nordwestl. Deutschland; Journal de Géologie* pour 1830, et *Edinb. philos. Journ.* pour 1832; *Physical. medicin. Darstellung der bek. Heilquellen*, 1829; *Geognostisch. Beschreib. der Herzogth. Nassau*, 1831; *Abhandl. von den Mineralquellen*, 1831; *Jahrbuch fur Mineral.*, 1831.

(2) Voyez *Journal de geolog.*, mai 1830.

(3) Voyez *Annal. des sciences naturelles*, 1828.

RÉSUMÉ

DES

OBSERVATIONS CONCHILIOLOGIQUES

DE M. DESHAYES,

RELATIVEMENT AU CLASSEMENT DES DÉPÔTS TERTIAIRES.

—

M. Deshayes a présenté l'an dernier à l'Académie des sciences et à la Société géologique un *tableau comparatif des espèces des coquilles vivantes avec les espèces des coquilles fossiles des terrains tertiaires de l'Europe, et des espèces de fossiles de ces terrains entre eux.*

Ce tableau n'a pas encore été rendu public et doit accompagner le second volume de la Philosophie géologique de M. Lyell, tandis que son résumé ne nous est connu que par le rapport de M. Cuvier et le Bulletin de la Société géologique de France. Avant d'exposer nos doutes sur l'exactitude ou plutôt l'utilité des doctrines de M. Deshayes, nous prenons la liberté de combiner ici ce qui en a été publié jusqu'ici.

Parmi les corps organisés ensevelis dans les couches de la terre, il n'en est pas de plus abondans ni de plus répandus, et par conséquent de plus intéressans pour la science, que les coquilles. On comprend en effet que leur multiplication rapide, leur nature pierreuse, ont dû à la fois les mieux conserver et les conserver en plus grand nombre, et qu'elles doivent avoir laissé les témoignages les plus positifs de l'état du liquide à l'époque où chaque couche se déposait sur son fond. Cette idée a engagé M. Deshayes à consacrer plusieurs années à l'étude des coquilles, soit vivantes, soit fossiles, et son Mémoire prouve qu'il l'a portée à un degré dont elle n'approchait pas avant lui.

Il s'est proposé d'examiner les coquilles propres à chaque couche, de les comparer à celles qui se trouvent dans les couches supérieures et inférieures de tous les degrés, et à celles que la mer nourrit à toutes les latitudes, et de s'assurer par là s'i y a eu des successions, des extinctions de races, et commen celles qui ont échappé aux altérations de la surface du globe sont aujourd'hui réparties dans les diverses régions de la mer. Il a bien senti qu'il ne pourrait arriver sur ces impor tantes questions à des conclusions hors d'atteinte, qu'autant qu'il aurait observé et comparé le plus grand nombre d'espèces possible, que ce n'est pas des genres, mais des espèces qu'il s'agit; et que les genres, qui ne sont que des créations de l'esprit, ne fourniraient aucunes conséquences quand ils passeraient d'une couche ou d'une série de couches à une autre, tant qu'ils n'y passeraient pas en espèces identiques. Il est donc parvenu, par une assiduité sans exemple, à réunir près de 4,000 espèces de coquilles fossiles tertiaires d'une origine certaine, et il en a dressé des tableaux qui, comparés avec l'ordre connu de la superposition des couches, montrent à quelle époque chaque espèce a commencé, à quelle époque elle a fini; tandis que leur comparaison avec 4,639 espèces vivantes montre aussi quelles sont celles de ces espèces qui se sont conservées jusqu'à présent, et quelles sortes de couches se sont déjà déposées sur elles depuis leur apparition.

Parmi les 4,639 espèces vivantes, M. Deshayes compte 3,059 univalves et 1,580 bivalves, et parmi les 2,902 espèces fossiles 2,000 univalves et 902 bivalves. Ces espèces fossiles offrent 418 analogues vivans et 344 analogues fossiles dans les diverses époques tertiaires. De plus ces comparaisons ont été établies sur plus de 40,000 individus, de manière qu'il a pu comparer les espèces dans leur ensemble avec leurs modifications souvent très variées.

Il en est résulté, pour M. Deshayes, la conviction que l'on peut diviser les terrains coquilliers d'une manière tranchée en deux grandes séries qui correspondent à deux séries déjà déterminées sous le rapport minéralogique, mais avec moins de précision; la première, qui est la plus considérable et la plus ancienne, et que l'on connaît sous le nom de terrains secondaires, ne contient plus une seule espèce fossile qui ait son analogue vivant dans les mers actuelles, ni même son analogue fossile dans la seconde série ; en sorte que toutes les races de cette époque, non seulement seraient éteintes aujourd'hui, mais l'auraient été déjà lorsqu'a commencé la seconde série.

Dans ce mémoire, l'auteur ne s'occupe que de la seconde série, de celle qui comprend les terrains tertiaires proprement dits : elle commence, dit l'auteur, une zoologie nouvelle, qui, dans son ensemble, a de très grands rapports avec celle qui existe actuellement, et qui se lie à l'époque dont nous sommes contemporains, parce qu'elle nous montre dans des proportions diverses, pour chaque couche, des espèces fossiles identiquement les mêmes que celles qui vivent aujourd'hui. Ces derniers terrains étant les mieux connus, c'est par eux que M. Deshayes commence son exposition. M. Deshayes prétend que le plus grand nombre des géologues ont regardé les terrains tertiaires comme d'une seule époque, si ce n'est dans ces derniers temps qu'une période quaternaire a été proposée par M. Desnoyers. Lui au contraire les partage en trois grandes époques zoologiques parfaitement distinctes par l'ensemble des espèces qui sont dans chacune d'elles et par les proportions constantes entre le nombre des espèces analogues vivantes et celles qui sont perdues.

La première époque comprend les bassins de Paris, de Londres, de Valognes, une partie de la Belgique et quelques cantons des environs de Bordeaux, le Vicentin et le Véronais.

On y a déjà déterminé environ 1,400 espèces, savoir : à Londres 205, parmi lesquelles il n'y en a que 12 qui existent encore ; à Paris 1,072, et sur ce nombre, 38 seulement sont regardées comme analogues à des espèces vivantes : c'est un peu moins de 3 pour cent ; il n'y en a que 42 qui se retrouvent à l'état fossile dans des groupes plus récens.

Le deuxième groupe, dont la superposition au précédent a été constatée en Touraine par M. Jules Desnoyers, se montre dans le falun de cette province et dans les bassins de la Gironde, de l'Adour, de l'Hérault, de l'Autriche, de la Hongrie, de la Pologne, et dans les collines de la Superga, près de Turin.

M. Deshayes, parmi plus de 900 espèces, y en découvre 161 qui ont leurs analogues vivans, c'est-à-dire 18 pour cent, et 173, ou 19 pour cent, qui se sont continués à l'état fossile dans le groupe suivant.

La troisième époque la plus récente contient le terrain subapennin. Celui-ci, qui est le plus nouveau, occupe les collines de l'Italie, de la Sicile et de la Morée, les environs de Perpignan ; on y a déjà recueilli plus de 700 espèces, dont plus de moitié, ou 52 pour cent, paraissent analogues à des espèces vivantes ; ainsi la mer qui l'a produit ressemblait déjà beaucoup à la mer actuelle par sa population.

Le terrain nommé Crag en Angleterre, quoique les coquilles qu'il contient soient généralement différentes de celles des autres bassins, offre néanmoins une proportion à peu près la même (47 pour cent) de coquilles analogues à celles de la mer actuelle, en sorte que M. Deshayes le range aussi dans sa troisième classe.

En examinant comparativement certains dépôts coquilliers récens des bords de la Méditerranée, ou le calcaire méditerranéen de M. Risso, M. Deshayes trouve dans les fossiles de ces roches de Nice, de Sicile, d'Uddevalla en Norvége, etc., 96 pour cent d'analogues vivans.

La première de ces époques des terrains tertiaires qui se lie aux suivantes par un trentième de ses espèces, s'en sépare par les 29 autres trentièmes ; et quand on viendrait à doubler ce trentième, il resterait toujours $\frac{14}{15}$ de différences. Ces différences diminuent entre les époques suivantes ; mais toujours reste-t-il qu'il y a des espèces qui passent d'une époque à l'autre pour s'y éteindre, et que le petit nombre d'espèces communes à la première et à la troisième le sont aussi, sans exception, à la seconde, à travers de laquelle elles sont passées sans altération. Dans ce cas se trouve, par exemple, la *Lucina divaricata*.

La troisième époque paraît à M. Deshayes le commencement de l'état actuel des choses ; il pense que lorsqu'on pourra la sous-diviser, on trouvera que le nombre des analogues vivans y augmente à mesure que les lits sont plus superficiels.

Treize espèces seulement que M. Deshayes nomme, se trouvent dans les trois groupes, et paraissent avoir résisté à toutes les causes de destruction.

M. Deshayes ne se dissimule pas que les proportions qu'il a constatées pourront varier par des observations ultérieures; mais, d'après le nombre immense de coquilles d'où il a déduit ces chiffres, il ne pense pas que ces altérations soient jamais bien considérables, et qu'à mesure que l'on découvrira d'autres espèces perdues dans chaque terrain, le nombre des espèces vivantes s'y accroîtra aussi.

L'auteur ne s'en est point tenu à cet examen des proportions des analogues dans les couches, il a aussi recherché à s'assurer de la distribution actuelle sur le globe des espèces qui ont aussi leurs représentans dans l'antiquité.

Il a remarqué que sur les 38 espèces vivantes de la première époque, dont douze seulement lui sont propres, il y en a aujourd'hui de réparties à toutes les latitudes; que le plus grand nombre cependant appartient aux régions intertropicales.

La même observation a lieu pour les 161 de la seconde époque. On en trouve la plus grande partie au Sénégal, à Madagascar et dans l'Archipel des Indes; un moindre nombre habite le midi de la Méditerranée, et quelques unes seulement vivent dans les mers d'Europe.

Ce qui est particulier aux espèces analogues de la troisième époque, c'est qu'elles vivent encore dans les mers qui baignent une partie des dépôts qui les recèlent. C'est ce qu'on observe à Nice, à La Rochelle et en beaucoup d'autres lieux, où des terrains coquilliers de cet ordre avoisinent la mer. Le Crag d'Angleterre contient des espèces de la mer du Nord.

M. Deshayes croit pouvoir tirer de ce travail la conclusion géologique, que *les dépôts des bassins tertiaires ne peuvent point être mis en parallèle les uns avec les autres, mais que ces bassins ont été remplis les uns après les autres de manière à former une espèce d'échelle géologico-zoologique.*

ESSAI

POUR APPRÉCIER LES AVANTAGES

DE LA PALÉONTHOLOGIE,

APPLIQUÉE

A LA GÉOLOGIE ET A LA GÉOGÉNIE.

Ce Mémoire est divisé en quatre parties. Dans la première je soumets à M. Deshayes quelques doutes sur ses conclusions géologiques déduites d'observations conchiliologiques; dans la seconde, j'examine par quelles inductions le classement des diverses formations est entré, petit à petit, dans le domaine de la science; dans la troisième, je compare les résultats de classification obtenus jusqu'ici par la méthode géologique ou la paléonthologie employées chacune isolément; enfin, dans la quatrième, j'oppose les unes aux autres les conséquences géogéniques qu'on peut tirer d'un côté de la géologie proprement dite, et de l'autre de la paléonthologie appliquée à cette science.

PREMIÈRE PARTIE.

Tout en reconnaissant les grands services que l'étude de la paléonthologie a rendus à la géologie proprement dite, il nous semble que l'influence de ces recherches sera bien plus sensible lorsque nous serons plus avancés dans la connaissance des fossiles, et surtout lorsque nous connaîtrons mieux les animaux vivans dans les différentes parties du globe, ainsi que leurs habitations et les accidens de leur vie. Maintenant, notre savoir en zoologie et en paléonthologie étant encore borné, des comparaisons telles que celles établies par M. Deshayes ne me semblent pouvoir d'abord amener qu'à des résultats approximatifs quel que soit d'ailleurs le grand mérite de leurs auteurs.

Or, le mal ne serait pas grand, si d'autre part ces relevés comparatifs ne pouvaient pas conduire à des conclusions fausses, comme certains tableaux de géographie botanique ou de statistique. C'est une conséquence de notre faiblesse, l'homme veut toujours généraliser avant d'en avoir les élémens nécessaires, parce qu'il sent que les siècles ne sont pas à la disposition de sa courte durée.

Ainsi, pour prendre un exemple, M. Deshayes et même M. de Beaumont (1) placent le Crag dans l'époque subapennine ; et le premier savant, uniquement à cause du nombre égal d'analogues vivans qui lui sont connus dans ces deux dépôts. Mais n'est-il pas probable que les analogues vivans

(1) En s'attachant à suivre les dépôts supérieurs à la craie, en France, en Suisse et en Piémont, d'après la disposition géométrique et la nature de leurs couches, M. de Beaumont est arrivé à diviser le sol tertiaire en trois étages, dont chacun correspond à une période de tranquillité intermédiaire entre deux soulèvemens de montagnes.

L'étage inférieur comprend l'argile plastique, le calcaire grossier et la formation gypseuse, y compris les marnes marines supérieures.

L'étage moyen comprend le grès de Fontainebleau, la formation d'eau douce supérieure des environs de Paris et les faluns de la Touraine, système auquel correspondent le dépôt de lignite, le gypse et le calcaire moellon des Bouches-du-Rhône, la molasse et les nagelfluhs de la Suisse, le lignite de Cadibona et la molasse de Superga.

L'étage supérieur comprend le terrain de transport ancien de la Bresse, le dépôt lacustre d'OEningen, le grès à *Hélix* d'Aix, le terrain marin supérieur de Montpellier, quelques dépôts marins de l'Italie et de Sicile, et le Crag du Suffolk.

Cet habile géologue a fait remarquer que chacun de ces trois étages renferme les ossemens d'une génération particulière de grands animaux, dont les espèces changent presque toutes en passant d'un étage à l'autre.

L'étage inférieur ne comprend guère que les espèces trouvées à Montmartre.

Dans l'étage moyen se trouvent les espèces de Paléothérions du Puy et d'Orléans, différentes de celles de Montmartre ; la plupart des espèces de Lophiodons, les Anthracotherium et les plus anciennes espèces des genres Mastodonte, Rhinocéros, Hippopotame et Castor.

L'étage supérieur contient les Eléphans, les Hyènes et les autres animaux de l'époque alluviale ancienne.

du Crag seront trouvés plus nombreux que ceux des marnes subapennines, parce que les animaux des mers du nord semblent devoir être mieux connus que les espèces de la mer Méditerranée, et surtout que celles des mers des Indes et du Sénégal.

Ensuite les fossiles du sol secondaire sont-ils assez bien connus même en Europe, et M. Deshayes les a-t-il lui-même suffisamment étudiés pour être certain que ces dépôts ne recèlent aucune coquille analogue aux espèces vivantes, et même à des espèces tertiaires?

M. Cuvier s'est déjà hâté de lui opposer les coquilles tertiaires découvertes par M. Dufrénoy dans le terrain crétacé. En outre n'y a-t-il pas des espèces qui traversent plusieurs formations ou époques? Or, *à priori*, on ne voit pas d'impossibilité à ce que quelques espèces se rencontrent indifféremment dans le sol tertiaire ou secondaire, si ce n'est pas partout, du moins dans quelques parties du globe. La possibilité de cet accident ne serait même pas changée par la supposition que les plus grandes catastrophes ont séparé les deux époques en question.

Enfin, on ne s'est pas encore assez occupé des modifications que les espèces des mollusques peuvent éprouver par un changement lent et progressif dans la température, ou le climat qu'elles habitent.

On croirait, au premier abord, que M. Deshayes part de la supposition qu'à chacune des différentes époques géologiques, toute la surface de la terre était soumise à un même ensemble d'influences climatoriales ; or, comme nous l'avons déjà exposé dans notre mémoire *sur la structure géologique de l'Europe*, cette hypothèse n'est guère soutenable.

J'ai cherché à prouver, et je pense que M. Deshayes m'accordera que les différentes parties de la terre ont eu à toutes les époques anciennes ou modernes des zones différentes de température, et des climats divers dans chacune de ces zones, suivant que les contrées étaient plus ou moins éloignées de la mer, rehaussées au-dessus de son niveau, ou exposées à des circonstances influant sur le climat des pays. De plus, admettant avec moi que le globe a eu jadis une température plus élevée, et qu'il y a eu des catastrophes volcaniques épouvantables, M. Deshayes semble forcé aussi d'accorder que sous la même zone, et sous les mêmes circonstances climatoriales, certains pays ont pu cependant offrir aux animaux et aux végétaux des conditions d'existence qui leur manquaient déjà ailleurs. Chaque cause a ses effets; or, celles que nous avons mentionnées devaient être de nature à élever la température, détruire ou modifier la surface terrestre et ses habitans.

De la première proposition, savoir : de l'existence des zones et des climats divers à toutes les époques, il s'ensuit d'abord que plus l'on s'approche des pôles à l'équateur, plus le nombre des analogues vivans doit augmenter parmi les fossiles d'un même terrain, et cela d'autant plus que le terrain observé est plus récent. Ainsi donc le même dépôt pourra présenter le long de la Méditerranée plus d'analogues vivans que sur le bord de la mer du Nord, sans que pour cela on soit en droit de prétendre que le premier terrain est d'une date postérieure au dernier. Je crois donc qu'il ne faut jamais perdre cette idée de vue lorsqu'on fait des comparaisons semblables à celles de M. Deshayes; et lors même qu'on supposerait que l'équateur a pu changer de place dans les époques antérieures à la nôtre, je ne vois pas du moins ce qui s'oppose à expliquer ainsi les résultats auxquels ce savant est parvenu.

D'un autre côté, loin de prétendre que tous les divers dépôts tertiaires se sont faits chacun dans le même temps dans chaque bassin, nous supposons, *à priori*, tout le contraire ; ainsi, dans le même temps, un bassin a pu présenter encore aux animaux et aux plantes les conditions d'existence qui leur manquaient déjà dans un autre. Cette supposition ne paraît point improbable; car, mettant de côté les circonstances climatoriales, il paraîtrait que les soulèvemens des chaînes, et les éruptions ignées et leurs suites, ont été pour beaucoup dans la destruction des espèces perdues d'animaux et de végétaux , mais ces catastrophes ne paraissent pas avoir été générales : donc, des contrées entières ont pu et dû rester dans l'état physique où elles étaient avant ces évènemens. En combinant cette idée avec le premier fait, l'influence des zones et des climats sur les créations diverses, l'on voit qu'on arrive à la probabilité d'une succession de manières d'être du globe, qui peut expliquer en grande partie du moins, si ce n'est entièrement, les résultats qu'a obtenus M. Deshayes, et dont il tire cependant des conclusions assez différentes des nôtres.

Sous ce point de vue, l'on voit que le géologue peut néanmoins encore chercher à *établir un certain parallélisme géologique, et non chronologique, entre les dépôts de divers bassins, malgré le laps de temps qui s'est écoulé entre la formation de chaque membre mis en parallèle dans les divers groupes de ces dépôts.*

En admettant ma seconde proposition sur l'état tout particulier de certaines parties d'une même zone et même d'un même climat, nous entrevoyons la possibilité que ces portions ont pu nourrir des végétaux et des animaux, dont les conditions d'existence ne se trouvaient déjà plus dans la même zone et sous le même climat.

Si des circonstances influant surtout sur la chaleur ont pu produire ces effets, on arrive à des résultats tout-à-fait opposés par la supposition de grands soulèvemens, qui auraient changé subitement un climat chaud en un climat froid.

L'on voit donc que le problème de la succession des créations dans les différentes parties du globe est bien plus compliqué que quelques personnes voudraient le supposer.

L'on me dira peut-être qu'au moins notre dernière hypothèse est inutile, mais nous répondrons que nous ne voyons pas d'autre moyen pour expliquer rationnellement la présence des plantes du terrrain houiller ancien dans le lias de la Savoie, tandis qu'ailleurs ce dépôt n'en présente point ou offre d'autres espèces réputées d'une création plus récente.

Le mélange des Orthocères et des Bélemnites dans le calcaire jurassique des Alpes autrichiennes serait une autre anomalie non moins remarquable des lois que les conchiliologistes pensent déjà pouvoir établir dans la distribution des dépouilles fossiles.

On voudra peut-être se rabattre sur les diverses stations

ou les habitations des animaux et supposer l'existence possible des Orthocères au fond de profondes mers , tandis que les Bélemnites pouvaient s'accommoder des eaux non loin des îles ou des continens. Si la résolution de la question était dans cette supposition, pourquoi les fossiles anomaux ne se trouveraient-ils pas dans un des dépôts entre le sol intermédiaire et le calcaire jurassique, grande époque pendant laquelle il s'est formé des amas de coquilles pélagiennes ? Les pétrifications secondaires et tertiaires, mélangées dans les dépôts semblables à ceux de Gosau, sont un exemple d'un cas contraire, mais qui n'en est pas moins fort singulier, de quelque manière qu'on cherche à l'expliquer. En effet si c'est un terrain crayeux, pourquoi ces coquilles littorales tertiaires manquent-elles dans la plupart des dépôts crétacés ? Les Alpes auraient-elles seules offert un rivage lors de ces dépôts, elles qui paraissent avoir subi plus de soulèvemens récens que bien des contrées de plaines ? Si le terrain de Gosau est tertiaire, d'où vient-il que des animaux pélagiens secondaires n'aient vécu que dans les Alpes et les Pyrénées avec des êtres littoraux pendant l'époque tertiaire ? Placer ces dépôts entre la fin de la craie et le commencement du sol tertiaire, c'est reculer la question et non la résoudre.

Enfin M. Deshayes, prévoyant les objections, a mentionné lui-même une des plus graves, savoir, la difficulté ou plutôt l'impossibilité de définir zoologiquement les caractères spécifiques de ce qu'on doit appeler une espèce en paléonthologie. Lorsqu'on voit que quelquefois les conchiliologistes les plus renommés ne sont pas d'accord sur le genre d'une coquille, à combien plus forte raison doit-on se défier de la formation des espèces ?

M. Deshayes nous dit à la vérité qu'il a pu comparer, non pas comme la plupart de ses devanciers, des échantillons uniques d'espèces, mais des groupes de diverses variétés d'une même espèce provenant de différens lieux. Il a eu au-delà de 40,000 individus à sa disposition, mais qui est-ce qui ne pensera pas volontiers qu'avec le double d'échantillons et un nombre plus considérable de localités, il ne serait pas parvenu à d'autres résultats ? Les tableaux de statistique ou de géographie botanique sont encore là pour confirmer ce soupçon et pour montrer qu'il est même difficile de calculer exactement les limites dans lesquelles seront circonscrites les erreurs ou les modifications à apporter aux résultats exprimés en chiffres.

Toutes les créations animales paraissent soumises à des lois uniformes. Pour citer l'exemple le plus frappant, prenant une des espèces du genre homme, nous y trouvons d'abord des races très diverses, puis des modifications climatoriales ou locales, enfin des altérations provenant du genre de vie des individus et des types de famille ou des états morbides. M. Deshayes sera le premier à reconnaître que toutes ces variétés et sous-variétés de forme se retrouvent dans le moindre mollusque ou zoophyte. Dans l'homme, des parties plus grêles ou plus grosses, une différence dans les traits du visage ou dans l'intelligence, un teint plus ou moins basané, des distorsions, des bosses et divers genres de position et de stature, n'empêcheront jamais de vérifier à quelle espèce appartient un individu quelconque du genre humain.

Dans les mollusques et les zoophytes, il en est tout différemment; la charpente osseuse a disparu, et chacun de ces êtres a, pour ainsi dire, sa maison qu'il bâtit suivânt les diverses circonstances dans lesquelles il se trouve, jusqu'au moment où les conditions de son existence cessent tout-à-fait. Or ces animaux étant reconnus plus vivaces que d'autres, le nombre des circonstances qui peuvent influer sur la construction de leur test ou demeure, devient infiniment plus grand.

Nous savons que certaines espèces varient extrêmement quant à la grosseur, les couleurs, les stries, les proéminences, etc.; de pareilles observations ne doivent-elles pas nous rendre bien circonspects dans l'adoption de tant d'espèces fossiles publiées ou promises?

Quelques personnes ont déjà objecté que si la nature a été toujours la même, le nombre des mollusques et des zoophytes ne doit pas avoir varié jadis beaucoup d'avec celui des êtres semblables que nous observons entre les tropiques; or, en additionnant seulement toutes les espèces fossiles figurées ou décrites, on arrive à un nombre presque égal ou supérieur aux espèces vivantes ; et certes, combien de fossiles sont encore à découvrir ou non décrits ! Je reconnais que cette objection n'en est pas une, puisque la liste des fossiles se compose du nombre total des êtres, qui groupées isolément ont composé successivement à eux seuls ce qu'on est convenu d'appeler des créations ou plutôt la nature animée du globe pendant les diverses époques.

La première chose que tout géologue est donc en droit de demander à M. Deshayes, c'est l'indication, la description ou les figures de toutes ses 2,902 espèces tertiaires. Après avoir discuté la valeur réelle de chacune d'elles, on pourra alors logiquement établir des calculs sur ces données, je le dis à regret, encore trop peu considérables. Il faut avouer que M. Deshayes n'a épargné ni soins ni argent pour rendre sa collection unique et qu'il a embrassé le champ de paléonthologie, qui se prêtait le plus à ces comparaisons et les terrains les plus favorables aux déterminations purement zoologiques ; dans les dépôts secondaires, ce genre de recherches offrirait encore de bien plus grandes difficultés.

DEUXIÈME PARTIE.

Je suis fâché de le dire, mais je veux au moins faire ma profession de foi, au risque d'être taxé d'ignorance. Je ne crois pas qu'*on puisse déjà faire de la géologie sur toute la surface terrestre simplement avec les données paléonthologiques; ce ne sera peut-être praticable que lorsqu'on connaîtra toute la terre. Néanmoins un bassin, un grand continent ayant été bien étudié, il est naturel que l'observation de la distribution géologique des fossiles deviendra un guide assuré et quelquefois commode.* Je suis heureux de me rencontrer avec M. de Beaumont pour penser que *l'observation de la continuité des couches est encore jusqu'à présent la règle la plus sûre pour la détermination géognostique des dépôts.* J'irai même plus loin, et je prétends que *la géologie, sans la paléonthologie, possède assez de données pour amener à tous les grands résultats et à toutes les di-*

visions et subdivisions importantes, adoptées dans la science actuelle. Si la paléonthologie seule a quelquefois conduit à la distinction de quelques dépôts particuliers, c'est que les géologues classificateurs n'ont pas voulu examiner ces localités d'après le mode géognostique ou ont fermé les yeux à la lumière.

Le sol tertiaire offre un exemple excellent de ma proposition. Certes l'établissement de cette grande division des terrains est bien due à M. Brongniart, qui y a été amené soit par la comparaison des fossiles, soit par des superpositions géologiques.

Or, il est évident que les cartes et les coupes de Monnet étaient suffisantes pour avoir pu mettre Werner ou son école à même d'anticiper cette idée, développée avec tant de succès par M. Brongniart. Le sol tertiaire aurait été connu, il y a un demi-siècle, si Werner et son école avaient cherché vraiment à débrouiller toute la succession des dépôts de la croûte terrestre, et si au lieu de confiner leur attention au sol ancien secondaire et primaire, les Wernériens n'avaient pas formé avec les roches secondaires récentes et tertiaires, un amalgame des plus bizarres. Il n'y avait pas besoin et des excellens travaux de MM. de Lamark et de Cuvier, ni de ceux de MM. Brongniart, Defrance, Deshayes, et de tant d'autres sur les fossiles tertiaires, pour faire apercevoir au géologue, que la craie était non seulement superposée sur divers massifs, avant qu'on arrivât au Muschelkalk, mais encore surmontée de plusieurs étages de dépôts.

Ces découvertes furent tardives, parce que l'attention des géologues était absorbée par l'étude des terrains à masses minérales exploitables. Werner, malgré son génie, eut aussi ses faiblesses, témoin ce voyage d'Auvergne qu'il ne voulut jamais faire, et l'esprit géologique particulier qui se perpétue dans son ancienne résidence.

Un autre exemple encore plus remarquable de ma proposition, se trouve dans la grande carte géologique de l'Angleterre, publiée pour la première fois par M. William Smith, et contenant, à peu de chose près, toutes les divisions adoptées dans les cartes dressées postérieurement. Ce n'est pas la comparaison minutieuse des fossiles qui a amené cet ingénieur des ponts-et-chaussées à ces résultats ; s'il a donné plus tard aussi une grande attention aux pétrifications, lorsqu'il a travaillé à sa carte, il ne les a employées que comme tous ses devanciers et comme l'école ancienne de Werner. Nous voulons dire qu'*il a bien vu des différences générales dans l'ensemble des fossiles intermédiaires, secondaires et tertiaires, et même peut-être il a attaché de l'importance à certaines coquilles isolées, dont le classement zoologique exact lui était probablement impossible, ou du moins peu familier.* Voilà le point où l'école parisienne de la paléonthologie géologique me semble avoir repris les observations, et elle a ainsi attaché son nom à un des épisodes les plus curieux et les plus instructifs de la géologie et de la géogénie.

En parcourant les différentes formations, maintenant admises, l'on n'en voit qu'une pour l'établissement de laquelle la paléonthologie a été strictement nécessaire, pour établir si ce n'est la position, du moins l'origine véritable de ces masses. J'ai en vue les dépôts d'eau douce ; or, si les détails paléonthologiques étaient inconnus aux anciens géologues, il y en avait cependant qui pouvaient distinguer des ensembles de coquilles d'eau douce et d'êtres marins ; témoin M. le comte George Razoumovsky et le célèbre Voigt, qui ont les premiers parlé des coquilles lacustres des lignites tertiaires, l'un dès 1789, l'autre dès 1799. En outre, les géologues du siècle passé ont toujours distingué des dépôts de tuf calcaire, dans lesquels ils mettaient une partie des travertins tertiaires.

Dans le *sol primaire*, les divisions sont toutes géologiques ; dans le *sol intermédiaire*, on a distingué dès l'aurore de la véritable géologie plusieurs étages, que la considération des fossiles est venue préciser davantage, sans cependant avoir pu établir pour elles des sous-divisions, ou des règles zoologiques, aussi probables que pour les dépôts plus récens. Les terrains du *sol secondaire* ont tous été établis géologiquement, et personne ne voudrait et ne pourrait le nier pour le *grès houiller* et le *grès rouge secondaire*, sur la position réciproque desquels on a tant écrit. On en peut dire autant du *zechstein*, du *grès bigarré* et même du *muschelkalk*, déjà classés exactement par Lehmann en 1756, Fuchsel en 1762, Werner, Karsten, etc. ; mais au-dessus de ce dépôt commençait la confusion, et surtout les géologues étrangers à l'Allemagne ignoraient entièrement la nature du Muschelkalk ; tant il est vrai que les descriptions les mieux faites ne suppléent pas la vue des objets. Ce fut donc un service rendu à la science, quand, vers 1819 et 1820, MM. de Buch, Haussmann, Keferstein et moi, tombèrent d'accord sur ce dépôt, et distinguèrent en même temps du grès bigarré, une partie du *keuper*, qui, dès 1807, avait été découvert par M. Stifft, et qui plus tard fut nettement séparé par plusieurs géologues d'avec le grès du lias, comme il l'avait été en 1821 par moi, d'avec le grès vert de l'Allemagne.

Or, tous ces classemens adoptés par tous les paléonthologistes, reposèrent encore sur l'observation de la continuité des couches et leurs superpositions. Il est vrai qu'on citait déjà plus ou moins exactement les fossiles ; mais on ne voit pas dans les premiers travaux, où sont consignées ces diverses découvertes, l'exclusion de certains fossiles d'un terrain et l'admission, au contraire, d'un genre de pétrifications dans un autre. Si ces considérations si curieuses étaient déjà connues, on ne les a employées dans la pratique que plus tard, et elles ont servi alors à classer des masses, dont on ne pouvait observer, ni la continuité, ni la superposition. Voilà certes déjà un emploi très utile de la paléonthologie.

J'ai fait connaître le gîte des oolites et de la craie sur les bords du Hartz. Ayant vu le *dépôt jurassique*, le *grès vert* et la *craie* en Angleterre et en France, il ne m'a pas été nécessaire de faire une longue comparaison des fossiles ; la position géologique et les roches en disaient déjà assez.

Tandis que sur le continent on arrivait ainsi à un classement régulier des dépôts secondaires, *les Anglais s'efforçaient d'établir dans le calcaire jurassique et le grès vert le plus de sous-divisions possible*, et de développer le travail de M. Smith. Si cela les a amenés à étudier très particulièrement les fossiles, l'on voit clairement que ce n'est pas cette étude qui a conduit aux résultats principaux ; mais elle a orné ces derniers, et leur a donné un intérêt tout particulier. Maintenant *on peut déjà faire de la géologie en Angleterre, presque uniquement par les fossiles; mais vouloir appliquer les règles obtenues hors de ce royaume ou de son bassin, c'est courir risque de s'égarer*, témoin cette singularité des géologues anglais, qui se sont obstinés, jusque dans ces dernières années, à ne pas croire que leur calcaire magnésien fût le Zechstein, et à placer le Muschelkalk dans le lias. Il est bon d'observer que, néanmoins, *la comparaison des fossiles connus dans les mêmes dépôts du nord et du sud de l'Angleterre ont déjà fait apercevoir quelques différences, sinon essentielles, du moins locales.*

Si la position de la craie et du grès a été déterminée uniquement par les observations de superposition, l'on en peut dire tout autant des divisions du *sol tertiaire.*

D'abord, pour le *bassin parisien*, si, avant le relevé de M. Brongniart, la position de plusieurs masses était ignorée, celle des autres était bien connue, et il me paraît manifeste que chacune des grandes divisions établies depuis lors par ce savant ont été fondées encore plus sur des caractères géologiques que zoologiques.

M. Brongniart a cru intéressant pour la connaissance de la formation de la croûte terrestre, de donner la liste des fossiles des divers dépôts du bassin. Cet utile exemple a été suivi dès lors avec plus de succès et d'ardeur que jamais. Il en est résulté une véritable branche particulière de la géologie.

Dans les autres bassins, les grandes divisions ont été aussi établies géologiquement et non zoologiquement, témoin le *bassin de la Garonne, celui des collines subapennines, celui de l'Autriche, celui de la Gallicie*, et même *celui de Londres*, pour les détails duquel on a pu déjà se servir des données obtenues par M. Brongniart.

La paléonthologie n'a été vraiment employée que dans la classification des bassins où la succession des dépôts est difficile à voir, où les assises diverses sont éparses, ou bien disloquées et redressées. Le sol tertiaire de l'Allemagne sep-

tentrionale est un exemple du premier genre, *celui de la Suisse* un de la seconde espèce.

Ce genre d'utilité de la paléonthologie a été bien démontré par les classemens géognostiques divers qu'a subis le calcaire à coraux du sol tertiaire supérieur d'Autriche. Son gisement véritable n'a été bien connu qu'en 1829; or jusqu'à cette époque sa position géographique et sa stratification, dans tout le bassin viennois, était telle que tout homme connaissant les localités devait trouver naturel qu'on le plaçât sous l'argile subapennine des plaines, malgré son niveau plus élevé; d'ailleurs ses fossiles, en partie semblables à ceux de l'argile en question, ne semblaient pas contredire ce rapprochement. D'un autre côté, M. Desnoyers, ayant fait une étude plus approfondie des fossiles du dépôt argileux subapennin et des masses arénacéo-calcaires qui le surmontent, dut nécessairement placer sur le même horizon ces roches de Vienne et de France que j'avais déjà identifiées minéralogiquement et par quelques fossiles. Lorsqu'il proposait ce classement, M. Partsch et moi, nous avions pu arriver enfin, au moyen de nouvelles exploitations et d'excursions particulières, à trouver le gisement véritable du calcaire à coraux et à nummulites sur l'argile subapennine. C'est donc un cas de classification où l'on peut dire que la paléonthologie est arrivée au but avant la géologie, et j'ajouterai même que les ossemens de ce dépôt avaient mis M. Cuvier sur la voie de la vérité.

Néanmoins il faut bien se garder de croire qu'on ne puisse faire de la géologie, proprement dite, du sol tertiaire sans une connaissance approfondie des fossiles. Je le répète, il suffit de savoir distinguer les coquillages d'eau douce d'avec les pétrifications marines pour arriver promptement aux résultats de superposition auxquels les conchiliologistes, tels que M. Deshayes, se croient heureux d'être arrivés, après un nombre immense de recherches. Ainsi, par exemple, ce n'est certes pas les fossiles qui m'ont conduit à distinguer dans le bassin viennois le système des marnes subapennines, et le système du calcaire à coraux ou le dépôt nommé depuis lors quarternaire par M. Desnoyers. Si M. de Beaumont est arrivé à quelques résultats analogues à ceux obtenus par M. Deshayes, c'est encore purement géologiquement; plus tard il a aperçu que des groupes d'animaux perdus cadraient avec les divisions adoptées.

Malgré toutes les belles découvertes de M. Cuvier, la science paléonthologique n'a pas fait faire un pas à nos connaissances proprement géognostiques des deux grandes divisions établies déjà du temps de Werner, et même avant lui, entre les alluvions anciennes et les alluvions modernes, ou la période saturnienne et la période jovienne. S'il en était autrement, l'étude des ossemens aurait rendu facile des distinctions que la géognosie n'a encore pu établir que plus ou moins difficilement.

D'un autre côté cette même science nous a fourni une foule de renseignemens curieux sur l'état des contrées et leurs divers habitans pendant ces diverses époques.

On voit donc, en résumé, que *la paléonthologie n'a absolument rien changé à toutes les divisions établies dans la croûte terrestre par les observations purement géognostiques, tandis qu'elle a été au contraire utile au classement de dépôts, et surtout d'assises isolées de terrains, et qu'elle a ouvert un champ presque tout-à-fait neuf à nos idées sur la succession des états divers, par lesquels a passé la surface du globe.*

TROISIÈME PARTIE.

Il s'agit maintenant de voir s'il vaut mieux abandonner les déterminations géologiques pour s'appuyer uniquement sur la zoologie fossile, ou si l'on doit poursuivre la route suivie jusqu'ici, c'est-à-dire étudier les détails paléonthologiques après le classement géognostique, ou bien si la première méthode ne paraît faite que pour certains terrains ou certaines localités. Pour la résolution de ces questions, il faut comparer isolément les deux méthodes, ainsi que les résultats obtenus jusqu'ici par l'une ou par l'autre, et voir celle des deux qui est la plus facile à appliquer et conduit plus vite au but, ou celle qui a produit le plus d'erremens.

On va peut-être me faire l'objection que relever les erreurs même de ses contemporains, c'est médire, ou au moins dénigrer le mérite intrinsèque des personnes. Loin de moi de pareilles idées ; mais je pense seulement que toute idée, tout classement publié, est, pour cela même, soumis au jugement du public, et qu'il n'y a rien de plus fâcheux pour l'avancement de la science que des erreurs qui se propagent faute d'être relevées, qui, même reconnues par leurs auteurs, sont cachées au public par des motifs d'égard ou de respect envers ces derniers. Notre but unique doit être l'avancement de la science, et non de complaire à tel ou tel ami qui croirait sa réputation attachée à telle ou telle opinion, d'autant plus qu'il formerait un faux jugement. Comme je suis le premier à reconnaître mes erreurs, et que je livre mes idées à toute critique bien faite et mesurée, et que je la provoque même, puisqu'il vaut bien mieux pouvoir répondre en personne que d'attendre l'attaque dans le tombeau, de même je crois pouvoir m'arroger le même droit sur les opinions des autres quand les preuves semblent pour moi. Si, après cela, ma manière de voir blesse des susceptibilités, je déplore les faiblesses humaines ; s'il y a des gens qui n'aiment pas la controverse, j'en suis fâché pour eux, car j'y crois voir le triomphe des saines doctrines. Je me flatte que personne ne me fera le déshonneur de me supposer de mauvaises intentions ; n'éprouvant que le dernier dégoût pour l'intrigue, je me contente d'aller droit au but.

Je suppose un instant un jeune homme bien versé dans la connaissance de toutes les branches de la zoologie et de la botanique fossile, et je le conduis d'abord au milieu d'un terrain d'alluvions. Si je lui demandais alors de m'en classer les divers dépôts, il est évident pour tout géologue voyageur qu'il ne pourrait me répondre, parce que ces divers animaux et même ces coquillages, dont la forme lui est bien connue, ne s'y présentent pas comme dans le cabinet qui recèle toutes les raretés pareilles. Ainsi, lorsque, dans un cours ou un traité, on parle aux élèves des débris fossiles, surtout de mammifères, on ne veut ni doit leur offrir ces données comme des caractères propres à faire reconnaître partout les terrains en question ; ce serait une absurdité : mais comme

l'histoire des créations des époques qu'on leur décrit. Pour
l'école allemande et pour nous, tous les caractères distinc-
tifs des formations doivent être faciles à saisir, et se retrouver partout ; or, *il n'y a rien de plus accidentel dans les
couches terrestres que des mammifères, des amphibies, des
poissons, et même souvent des mollusques*. Non, la géologie,
science éminemment d'application, ne repose pas heureusement sur des bases si difficiles à étudier, et la connaissance
des ossemens ne constitue pas un géologue.

Si je suppose ensuite notre zoologue au milieu des dépôts
secondaires ou intermédiaires, plus le terrain sera ancien,
moins il y aura de chances de trouver des fossiles, et plus
son embarras augmentera, jusqu'à ce qu'enfin il avoue que,
sans les observations de superposition et de continuité, il
n'est pas raisonnablement possible de faire de la géologie ;
l'autre méthode seule exigerait du moins un temps immense
pour arriver à un résultat qu'on aurait pu obtenir en quelques
heures ou en quelques jours.

Je comparerai un moment les divisions géologiques de la
croûte terrestre aux compartimens d'une bibliothèque, dans
laquelle les volumes seraient classés par ordre de matières,
et une couleur particulière de la couverture serait propre à
chaque division. Les volumes représenteraient les divers dépôts du globe ; l'arrangement par ordre de matières, la classification purement géognostique des terrains ; et la couleur des couvertures, les caractères paléonthologiques de
ces derniers. Maintenant, il est clair que tout volume tiré
de cette bibliothèque y serait facilement replacé dans sa case,
vu la teinte diverse de la reliure ; mais on serait fort embarrassé si on voulait mettre ce même volume dans une autre
bibliothèque, distribuée de la même manière, mais mal éclai-
rée, vu la difficulté de distinguer les couleurs des couvertures ; il ne resterait plus dans ce cas que le moyen de revoir
le titre et le contenu du livre. De même en géologie, je le
répète, la paléonthologie bien étudiée dans un pays ou dans
un bassin, d'après les données géologiques, pourra guider
ensuite, et même dispenser des recherches géologiques ;
mais pour peu qu'on pousse ce genre de conclusions trop

oin ou qu'*on veuille appliquer les règles obtenues pour une localité à un autre pays éloigné ou d'un bassin à l'autre, mais surtout d'une zone à une autre, l'on peut tomber dans les erreurs les plus graves*, puisque nos *connaissances sur la distribution des fossiles sont encore dans l'enfance, relativement à toute l'étendue de la surface terrestre, et même seulement de l'Europe.*

Je ne doute pas qu'on arrive un jour à assigner à chaque dépôt de chaque bassin ou de chaque grand continent des caractères paléonthologiques particuliers; mais ce moment est encore loin de nous; et lors même que nous y serions déjà arrivés, dans le plus grand nombre de cas les déterminations géognostiques seront encore préférées, comme plus expéditives, comme plus à la portée de tout le monde, et surtout comme seules applicables à la plus grande masse des terrains.

Si les conchiliologistes trouvent les géologues peu enclins à leur céder le pas dans la première détermination de l'âge des dépôts, quelques zoologistes ne cessent de les harceler de leurs objections contre le *nombre reconnu des espèces fossiles*, sur l'*établissement de tant de nouveaux genres*, et sur l'*impossibilité d'étudier des tests sans les animaux.* Il est bon de dire que les géologues n'ont rien à démêler dans cette controverse, et que la science géognostique proprement dite ne ferait pas un pas de plus, de quelque côté que se déclare la victoire. L'histoire seule des créations successives se trouverait plus ou moins exacte. *Les géologues ne demandent aux conchiliologistes que des noms pour les objets*, et un genre dût-il être partagé en vingt, ou une espèce en cent, contre toutes les règles zoologiques, si les caractères essentiels ou artificiels de ces subdivisions établies sont des choses constantes dans chaque dépôt, le but du géologue est rempli, et il trouve ainsi une règle de plus à appliquer dans ses déterminations géologiques. Ce n'est donc que les divisions à caractères très variables qui sont tout-à fait nuisibles à la géologie, tandis que la zoologie proprement dite peut se montrer bien plus exigeante.

En examinant *les résultats purement géognostiques*, on

trouve que les changemens survenus dans les classifications
de ce genre ont surtout eu lieu pour des dépôts non coquilliers, ou pour les roches ignées, et surtout dans les comparaisons que les géologues ont voulu établir entre les dépôts
de divers pays que, le plus souvent, ils n'avaient pas visités,
ou qu'ils n'avaient pas examinés assez long-temps. Dans ces
derniers cas sont le classement des calcaires secondaires des
Alpes et des Pyrénées, les premiers parallèles établis par les
Anglais entre leurs dépôts et ceux du continent, la confusion faite de la grauwacke avec le grès carpathique et apennin, et par suite du calcaire apennin avec le calcaire intermédiaire.

Les plus grandes erreurs que la géognosie ait produites,
c'est le classement confus de tous les dépôts secondaires récens, le lias confondu avec le zechstein, le grès bigarré avec
le keuper, le grès vert avec du lias, etc. Or, j'ai déjà démontré que ce chaos, produit par le peu d'intérêt que
l'école de Werner attachait au sol secondaire récent, a été
postérieurement débrouillé par l'observation simple des superpositions géologiques, et de la continuité géométrique
des couches.

D'un autre côté, la géognosie proprement dite, ou le classement de la succession des dépôts, n'a été considérablement
améliorée depuis ce siècle que par rapport aux roches non
stratifiées ou ignées. Or, dans ce cas, la paléonthologie ne
pouvait être d'aucune utilité immédiate; pour cette partie
de la géologie, les théories géogéniques avaient besoin d'une
réforme analogue à celle de l'ancien système chimique.

Voyons à présent les nombreuses *erreurs produites par la
paléonthologie* et son *utilité*.

En commençant par la *classe des mammifères*, je vois
des hommes très instruits, des géologues éminens, arriver
par les ossemens fossiles à des idées absurdes sur les alluvions anciennes; telles sont celles d'un diluvium mosaïque
universel. Je ferai de cette démonstration l'objet d'un mémoire séparé.

Je vois un savant aussi distingué que M. *Constant Prevost se refuser presque de reconnaître, contre l'opinion una-*

nime de tous les géologues anglais, que le schiste calc
de Stonesfield puisse être jurassique (1). Hésitant mêm
admettre la possibilité que ce soit une dépendance du grès v
ce dépôt serait donc à reporter dans le sol tertiaire. M. Cuv
n'a pu jusqu'ici se procurer des ossemens de mammifères
des terrains postérieurs à la craie. Malheureusement dans
contrées jusqu'ici explorées la nature n'a pas conservé, p
le plaisir des zoologues, les ossemens des quadrupèdes
ont vécu pendant l'époque secondaire ; cependant, sans ê
sûrs de ce fait important, ils déclarent purement et simpl
ment que *ces animaux n'ont pas pu vivre dans cette périod*
Ce caractère leur paraît si précieux dans leur système q
nous voyons encore dernièrement M. Woodward (*Synoptic*
table of british organic remains) oublier que quelques
de deux espèces de Didelphes ont trouvé pourtant moy
de se conserver à Stonesfield. Or si nous trouvons des oss
mens de mammifères dans un dépôt pélagique ou sem
pélagique, n'est-il pas plus naturel de supposer que les co
tinens devaient déjà recéler beaucoup de quadrupèdes, qu
de se représenter le sol découvert foulé par une seule espè
ou un seul genre de petits mammifères ? Ne serait-il pas d
dernier ridicule de vouloir que la nature nous ait conserv
toutes ses créations complètes dans le sein de la terre comm
dans un herbier ?

Parce qu'on n'a pas découvert des débris de quadrupède
dans les dépôts qui ont précédé la formation du sol tertiaire
de la craie ou du calcaire jurassique, est-ce une raison pou
regarder l'existence de ces animaux comme impossible à ce
époques ?

Le charriage des quadrupèdes dans la mer actuelle est encore une chose très rare, à plus forte raison il a dû l'être bien
davantage dans les temps reculés, où la terre était peut-être
moins peuplée, et où les dépôts arénacés étaient plus abondans et plus propres qu'à présent à détruire tout-à-fait les
restes des animaux enlevés aux continens.

(1) Voyez *Annal. des Sciences natur.* vol. IV, et la réponse que
les Anglais lui ont faite dans le *Quarterly Review*, sept. 1826.
page 530.

Les débris de mammifères sont plus abondans dans le sol tertiaire, parce qu'à cette époque il y avait plus de continens, de plus grandes îles, davantage d'espèces animales et d'individus, et parce que l'enfouissement des os des animaux dans les dépôts était facilité par des circonstances locales, qui n'existaient pas auparavant.

Si mes adversaires trouvent absurde de vouloir déduire des conséquences de ce qu'il leur plaît d'appeler une pure exception à la règle, je leur réponds que, dans ce cas, l'exception démontre la fausseté de la prétendue règle, puisque cette dernière est uniquement appuyée, non sur des faits positifs, mais sur des faits négatifs.

D'une autre part, M. Prevost a saisi avec beaucoup de justesse les rapports que la composition du schiste de Stonesfield a avec celle des roches de Tilgate; mais ces dernières sont reconnues par tout le monde pour un *dépôt d'embouchure de rivières;* les roches de Stonesfield ont été formées très probablement sous des circonstances semblables : voilà toute l'anomalie expliquée. En effet, n'est-il pas évident que de pareils aggrégats fluviatiles et marins ne doivent produire que des dépôts locaux, et que, dans les formations, ils n'ont jamais pu constituer autre chose que des amas plus ou moins considérables, tandis que les roches formées sur les plages marines ont dû conserver sur d'immenses étendues une grande similitude de composition.

Des considérations purement théoriques sur la distribution géologique des insectes, des amphibies et des crustacées ont engagé M. *Buckland à proposer de classer le schiste calcaire de Solenhofen dans le terrain tertiaire,* tandis que divers géologues du continent savaient parfaitement et avaient même publié que ce dépôt était secondaire, et s'était produit dans une baie près d'un continent.

Passant à la *classe des mollusques,* je suis fâché de pouvoir étayer ma proposition par les erremens dans lesquels est tombé, même celui qui appuie le plus souvent sur la valeur géologique des fossiles, et qui est pour ainsi dire, si ce n'est l'inventeur, du moins le rénovateur et le puissant promoteur de cette nouvelle manière de faire de la géologie.

Je remarquerai encore que les fautes que je vais signaler, et qui sont déjà reconnues plus ou moins publiquement, ont été commises dans le classement des dépôts tertiaires, et même de ceux les mieux observés. Or, ces derniers sembleraient, de tous, se plier le plus aux déterminations purement zoologiques, d'après le nombre et la conservation de leurs fossiles.

Avant d'aller plus loin, je crois bon de dire que les conclusions auxquelles ont cru pouvoir arriver les auteurs de la géologie parisienne, ont eu de tous temps des contradicteurs ou des incrédules. Il est fâcheux pour les progrès de la science, que ces doutes n'aient pas été soumis aussitôt au public, pour contrebalancer des assertions présentées avec autant de talent que de soi-disant preuves.

D'abord, l'auteur de la description minéralogique du bassin de Paris reconnaît maintenant s'être trompé sur le classement de la plus grande partie de ce qu'il a appelé l'*argile plastique*. Ces caractères zoologiques, attribués à ce dépôt, étaient faux ; ils ne contient point de fossiles ; les argiles à lignites et à coquilles d'eau douce sont plus récentes que l'argile plastique, et sont subordonnées au calcaire tertiaire. Elles constitueraient, d'après ce savant, un *terrain marno-charbonneux* particulier ; classification dont je chercherai à montrer la faiblesse.

On voit de suite quelle influence cette erreur a eue sur le classement d'immenses dépôts en Europe, car l'aveu de l'erreur faite à Paris détruit d'un trait tous ces rapprochemens faits entre l'argile plastique et les argiles à lignites de pays très divers ; tout cet échafaudage de comparaison reposait sur la présence de quelques fossiles d'eau douce, au milieu d'une masse charbonneuse tertiaire ; dépôt qui, d'après les nouvelles observations, a au moins trois à cinq grands horizons géologiques.

Si M. Brongniart avait procédé seulement géognostiquement au classement des assises du bassin de Paris, il aurait peut-être évité ces fautes, car il n'aurait jamais fait de l'argile plastique une formation. En effet, en prenant même la définition que M. Brongniart donne du mot *formation*, je ne pense pas qu'il serait venu dans la tête d'aucun géologue, proprement dit, d'appliquer ce terme à ce qui n'est qu'une assise, une couche ou un lit sous le calcaire tertiaire, et à ce qui s'y lie par alternance, de l'aveu même de l'auteur de la description des environs de Paris. Géologiquement, on n'y aurait vu qu'un grand dépôt calcaire avec des lits argileux, dont le plus inférieur a une qualité plastique, propre à des usages divers, et dont les autres sont plus ou moins mélangés de parties calcaires. Dans cette manière de procéder, il n'y avait plus guère moyen de se tromper, car si l'on ne pouvait voir la position exacte des argiles à lignites et à coquilles d'eau douce d'Epernay, de Soissons, etc., on se serait contenté de les subordonner au calcaire tertiaire, et l'on n'aurait pas fait violence à la nature pour satisfaire à un système, et les faire passer sous tout le calcaire grossier.

La *séparation du gypse de Montmartre d'avec le calcaire tertiaire*, a été aussi établi d'après des caractères paléonthologiques; or, depuis l'époque des observations de M. Prevost et de celles où j'ai subordonné le gypse au calcaire, hérésie contre laquelle M. Brongniart a bien voulu protester (*Tableau des terrains*, p. 200); depuis cette époque, dis-je, les découvertes des ossemens des animaux du gypse, dans le calcaire grossier, sont venus confirmer mes idées et non celles de M. Brongniart. Géologiquement parlant, l'on ne pouvait pas arriver à une autre conclusion, d'après les alternances observées entre le gypse et les couches calcaires ou marneuses. Je sais bien que, zoologiquement, l'on s'appuie sur les marnes à Bulimes de Saint-Ouen, sur le Cyclostome de la même localité et les Lymnées de certains points du gypse; mais à ces objections, je réponds que, d'après ce principe, il faudrait classer dans les terrains d'eau douce tous les dépôts que M. Brongniart reconnaît lui-même être des alluvions formées dans des embouchures de rivières ou par le concours des eaux douces et des eaux marines.

Nous avons de plus un cas tout-à-fait analogue à Saint-Ouen, dans le calcaire tertiaire de Mayence et de Francfort-sur-le-Mein, pétri de Bulimes, et même peut-être de moules d'eau douce. Néanmoins les géologues les plus versés dans la connaissance de cette localité, n'hésitent pas à y reconnaître un dépôt marin, ou d'une eau saumâtre, à cause d'une foule d'autres coquilles associées avec celles que j'ai mentionnées.

Il y a encore dans le bassin de Paris un dépôt particulier, le *calcaire siliceux*, sur lequel je pense que M. Brongniart n'a présenté des classemens divers que parce qu'il n'a pas examiné le fait géologiquement, mais purement zoologiquement.

Pour abréger, je suis obligé de renvoyer la discussion ultérieure sur les classemens proposés par M. Brongniart sur les dépôts parisiens au Mémoire qui fait suite à celui-ci.

Sortant du bassin de Paris, je ne puis pas éviter de parler de la *singulière classification de quelques couches tertiaires du bassin de Bordeaux*. M. Jouannet découvre à Terre-Nègre, dans Bordeaux même, au milieu d'une marnière qui n'avait que quelques pieds de profondeur, un lit de marne couvert d'un mince lit de sable et d'argile marneuse ou noire, et plein de fossiles, soit déjà connus dans les faluns du voisinage, soit nouveaux. Ces derniers offraient des Nummulites, des Térébratules, des Delphinules, des Cranies. M. Brongniart se fiant à ses déductions sur la distribution géologique des fossiles, déclare publiquement qu'*il soupçonne dans cette localité, ou plutôt dans cette carrière, trois formations, savoir : la craie, l'argile plastique, et le calcaire grossier. (Annal. des Sc. nat.*, 1826, vol. IX, p. 190). Je sais bien que, plus tard, il s'est trouvé que cette Cranie n'était pas celle de la craie, mais le fait n'en reste pas moins que quelques minces couches de faluns ont été transformées en deux, ou, si l'on veut, en trois terrains, par suite de déductions zoologiques.

En voulant débrouiller zoologiquement la géologie des Alpes, M. Brongniart a été conduit à une erreur non moins évidente. En 1827, M. Studer lui soumet une suite de fossiles du Stockhorn et de la vallée du Simmenthal, et il lui envoie un mémoire explicatif où cet habile géologue lui détaille bien la position respective des diverses masses de ces montagnes. M. Brongniart conclut des fossiles que le *flysch* ou le groupe arénacé supérieur est un dépôt à placer entre la craie et les oolites supérieures; mais les couches charbonneuses qui sont sous ce terrain lui paraissent, d'après les coquilles littorales, un sédiment supérieur. (*Ann. des Sc. nat.* , juillet 1827, pag. 275, 276, 280.) Poursuivant ses idées théoriques d'après lesquelles *les caractères zoologiques sont de première valeur pour les déterminations géologiques* , M. Brongniart ose y avoir plus de confiance qu'aux observations de superposition ; et sa persuasion est si grande qu'il fait dire à M. Studer, que *rien ne recouvre son dépôt charbonneux* (page 276), *tandis que ce dernier s'efforce de prouver qu'il est intercallé entre le flisch et le calcaire du Stockhorn.*

La coupe jointe au manuscrit, et non publiée, aurait au moins dû dessiller les yeux ; car, pour quiconque connaît les localités, le fait est trop clair pour être sujet à discussion. Dernièrement M. Voltz a conclu des fossiles charbonneux de Boltigen que c'était peut-être un *dépôt sur l'horizon géologique de l'argile de Kimmeridge.* Voilà donc deux classemens bien différens appuyés sur les mêmes pièces.

L'étude des ossemens fossiles devait conduire naturellement, comme dit M. Cuvier, à moins d'erreurs, parce que les quadrupèdes et les amphibies *caractérisent d'une manière plus nette que les coquillages les révolutions qui les ont affectés;* parce que l'action de *ces révolutions a dû être plus complète sur ces êtres,* et que leur nombre mieux connu et plus restreint fait que *cette action est plus facile à saisir.* (*Théorie de la terre,* édit. in-4°, pag. 31.)

D'abord quelques zoologues ont élevé des doutes sur certaines déterminations de M. Cuvier, quoiqu'il ait à sa disposition la collection la plus considérable d'ossemens fossiles. Je me contente d'énoncer le fait , c'est aux personnes qui s'occupent de zoologie à l'appuyer ou le contester; ce qui, du reste, pour la plupart d'entre eux, n'est pas chose facile, puisque les pièces du procès ne se trouvent souvent qu'à Paris. Je crois avoir d'autant plus de droit à parler ainsi que M. Cuvier reconnaît lui-même « qu'il y a quelques es- » pèces douteuses qui altèreront, plus ou moins, la certitude » des résultats aussi long-temps qu'on ne sera arrivé à des

» distinctions nettes à leur égard ; ainsi les chevaux, les buf-
» fles qu'on trouve avec les éléphans, n'ont point encore de
» caractères spécifiques particuliers, et *les géologues pourront*
» *en tirer*, dit-il, *pendant bien des années, un argument*
» *d'autant plus commode que c'est dans mon livre qu'ils le*
» *prendront.* » (Edit. in-4°, pag. 58.)

De plus, il semblerait bien que certaines dépouilles fossiles ont été attribuées trop exclusivement par M. Cuvier à
l'époque des alluvions anciennes, tandis qu'elles ne se trouvent que dans les alluvions modernes, ou qu'elles appartiennent aux deux époques. Dans ce cas sont celles de l'Elan
d'Irlande, quelques espèces au moins de Mastodonte, le
Mammouth ; nous pensons que les observations subséquentes
feront découvrir encore d'autres erreurs de ce genre.

Si les chefs de cette secte de géologues paléonthologiques,
« qui croient cependant connaître toutes les difficultés et
» toutes les causes de déception » (*Ann. des Mines*, 1821,
pag. 545), ont pu tomber dans de pareilles erreurs par suite
de leurs systèmes basés encore sur trop peu des données, à plus
forte raison leurs disciples, moins savans en géologie et en
zoologie, ont dû s'engager dans de fausses voies. Sans parler
de cette idée des commençans de vouloir trouver dans chaque
carrière plusieurs formations, je ne puis mieux démontrer
les résultats de l'école géologico-zoologique qu'en rappelant
le *mémoire de M. Bertrand Geslin sur le bassin d'Aix en*
Provence. Certes, avant lui, personne n'avait songé à y
voir trois ou quatre terrains, puisqu'il prouve lui - même
que ce n'est, du haut en bas, géologiquement et zoologiquement, qu'une seule masse. Maintenant plus instruit, il reconnaît son erreur, et en accuse simplement son éducation
géologique.

Pour achever de démontrer que la géologie proprement
dite est plus à la portée de tous que la zoologie géologique,
je dois aussi parler des *déterminations géologiques qui ont*
été basées en tout ou en partie sur des observations zoolo-
giques plus ou moins mal faites. Je commencerai par jeter une
bonne dose de ridicule sur certains mémoires que j'ai composés dans des momens de velléité pour la géologie zoolo-

gique. Ainsi j'ai proposé, en 1824, de retrouver dans les Alpes le Muschelkalk, parce que certains calcaires alpins supérieurs offraient des Avicules très voisines de l'*Avicula socialis*, et des Goniatites voisines de l'*Ammonites nodosus*. Ces données avec des aperçus minéralogiques, et des positions géognostiques vraies, m'ont amené à un classement détestable. Il est vrai que je pourrais avancer comme excuse que j'attaquais les Alpes, cette espèce de géologie particulière de l'Europe; qu'avant moi diverses personnes avaient attaché leurs noms illustres à de pareilles erreurs, et je pourrais me consoler en voyant tout dernièrement, à ma grande surprise, M. Murchison, très porté pour le système paléonthologique, revenir à quelques unes des classifications de M. Beudant ou aux miennes sur l'âge des marnes salifères; mais je n'admets nullement ces excuses, *je me suis grossièrement trompé*. Personne n'étant ici-bas infaillible, il s'agit seulement d'avouer hautement sa faute, ainsi que la justesse des railleries publiques de notre ami M. Keferstein. Un pareil aveu, s'il peut jeter du ridicule sur celui qui le fait, montre sa bonne foi, tandis qu'on peut interpréter autrement le silence.

Il faut cependant être juste, et j'ajoute ceci surtout, non pour moi, mais pour ne pas déprécier outre mesure la géologie zoologique. Dans mon mémoire sur les Alpes, les fossiles du grès vert m'ayant permis d'être aisément plus exact dans les déterminations zoologiques, j'ai déduit presque uniquement de ces caractères qu'il y avait dans les Alpes de l'Autriche des dépôts de cette espèce, fait ignoré jusqu'alors. Plus tard M. Keferstein s'est aussi habilement servi des mêmes moyens pour prouver que le terrain de Gosau était crayeux et non tertiaire. Ainsi apparaît la grande utilité de la zoologie fossile pour le classement des lambeaux épars de dépôts, dont les pétrifications ont été étudiées avec soin dans des contrées voisines.

En 1826, ayant de nouveau étudié les calcaires des Alpes, y remarquant les Orthocères, et y trouvant aussi tous les caractères géologiques et minéralogiques qui y avaient déjà fait si anciennement croire au sol intermédiaire, je me suis hasardé à renverser mon premier classement pour en bâtir un autre dans lequel on trouve, je l'espère, au moins l'ordre géologique véritable de la plupart des grands dépôts alpins. Les détails sont venus plus tard. Mes conclusions furent que le calcaire des Alpes était ou du calcaire jurassique ou du calcaire intermédiaire, et que si l'on pouvait se fier aux axiomes de la zoologie géologique, la dernière opinion devrait être la véritable, puisqu'il y avait des Orthocères, et même des espèces identifiées par M. de Schlotheim avec d'autres de la Scandinavie intermédiaire. De plus, le même savant y citait aussi deux ou trois autres fossiles de transition.

Voilà pour mes bévues qui prouvent deux choses, que *la paléonthologie géologique peut être très utile dans l'étude des Alpes*, témoin la valeur attachée aux Bélemnites, tandis qu'*on ne peut* malheureusement *pas s'y fier entièrement, puisque des dépôts probablement jurassiques et même crayeux*, suivant d'autres, *y contiennent des Orthocères et des Goniatites, et que les plantes du terrain houiller y accompagnent certains dépôts de lias.*

Je pourrais encore citer beaucoup d'erreurs grossières produites par l'application mal faite des préceptes de la zoologie géologique. Je me contente de rappeler que M. Steininger a classé des calcaires jurassiques dans le sol tertiaire à cause des Nummulites, que les fossiles d'OEningen mal observés en ont fait un dépôt alluvial; que les Bulimes de Mayence ont fait transformer le calcaire marin de ce pays en un dépôt d'eau douce; que le Keuper a été mentionné à cause de ses végétaux et de ses amphibies comme un dépôt d'eau douce; tandis qu'il paraîtrait, çà et là, comme en Wurtemberg, un véritable dépôt de Delta ou fluviatile; que MM. Marcel de Serres et Tournal ont varié dans le classement des dépôts tertiaires du Languedoc; que M. Boubée est en désaccord avec les géologues sur l'âge du sol de Toulouse; que la méthode géologico-zoologique a fait commettre à M. Catullo une foule d'erreurs; qu'on a classé, par des raisons analogues, mal à propos dans le lias, le dépôt de Gosau, et même tout le grès des Carpathes, etc. L'on voudrait probablement rejeter toutes ces erreurs sur le compte du peu de savoir en zoologie de ces divers savans ; mais heureusement je crois avoir démontré par le cas de Terre-Nègre, et surtout par le bassin de Paris, que même les géologues les plus habiles en zoologie sont aptes à s'engager dans de fausses routes en suivant purement la méthode géologico-zoologique.

Enfin M. Deshayes lui-même, qui a le plus étudié les fossiles tertiaires, vient d'arriver par la comparaison de ces fossiles entre eux, et avec leurs analogues vivans, à un système particulier et en partie contraire aux idées reçues des géologues. Suivant ce savant, les bassins tertiaires seraient d'autant plus récens, que leurs fossiles offriraient davantage d'analogues vivans. Je remarquerai qu'il place le terrain de la Superga au-dessus de tous les dépôts parisiens, tandis que M. Brongniart le classe dans le sol tertiaire inférieur : voilà donc deux classemens zoologiques différens pour la même masse. M. Deshayes sépare aussi le calcaire tertiaire de Blaye de celui de Bordeaux ; or tous deux m'avaient paru supérieurs aux molasses qui sont les argiles subapennines, comme le prouve leur prolongement de la Gascogne dans le Languedoc. Dans ces derniers temps des travaux de forage ont fait penser à M. Jouannet qu'il y avait véritablement sous la molasse du calcaire tertiaire ; et M. Dufrénoy, ayant aussi des raisons pour être de cet avis, je dois me rendre, et donner gain de cause à M. Deshayes. On doit attendre avec impatience les observations de M. Dufrénoy, qui complèteront notre connaissance du sud-ouest de la France, dont il a déjà fait ressortir avec son talent ordinaire des particularités très intéressantes. D'une autre part les mêmes considérations zoologiques conduisent M. Deshayes à placer le dépôt des argiles de Vienne avec les faluns de Bordeaux, de Dax et de la Touraine, sous les argiles subapennines, position qu'aucun géologue ne lui accordera. En effet, il est impossible de méconnaître dans les argiles de Vienne les marnes subapennines, comme M. C. Prevost l'a si bien exposé. Or si ces deux dépôts offrent des dissemblances entre leurs fossiles, doit-on pour cela en faire deux terrains d'âges différens, ou doit-on négliger leurs pétrifications et les mettre géologiquement en parallèle, sans vouloir dire pour cela qu'ils aient le même âge chronologique, ou en les attribuant au contraire à la même époque? Telles sont les questions à résoudre, et dont la solution contribuera à relever l'excellence de la méthode géologique ou de celle qui s'appuie sur la zoologie. C'est le cas de voir si l'on ne peut être induit en erreur en suivant strictement le précepte de M. Brongniart, *lorsque les caractères tirés de la superposition sont en opposition avec ceux déduits de la présence des corps organisés fossiles; ces derniers doivent avoir la préférence. (Ann. des Mines,* 1821, pag. 545.)

Si l'idée de M. Deshayes se trouvait être la véritable, il faudrait nécessairement répondre à la difficulté élevée encore dernièrement par M. Reboul, c'est-à-dire, décider ce qui s'est déposé dans le bassin de la Gironde et de Vienne, lorsque les dépôts parisiens se formèrent, et réciproquement, quel dépôt avait lieu dans le bassin méditerranéen, lorsque ceux de la Gironde et de Vienne se comblèrent. Dire qu'il ne se formait rien dans un bassin, tandis que d'énormes dépôts se faisaient ailleurs, c'est éloigner la difficulté par une fin de non-recevoir, car si l'on peut s'imaginer qu'un dépôt comme le calcaire grossier de Paris ou le moellon de Montpellier soit seulement un accident local, on ne voit pas comment et pourquoi on devrait accorder que pendant l'époque tertiaire différentes parties de l'Europe ont seules offert les conditions nécessaires à la formation d'assises aussi considérables que sont celles composant tout un bassin tertiaire. Les masses principales du sol tertiaire sont des alluvions et des calcaires; or, en parcourant l'Europe, nous voyons partout les cours d'eau et la mer occupées à former des matières alluviales, des êtres marins laisser leurs dépouilles sur toutes les côtes, les eaux douces plus ou moins peuplées d'êtres, et çà et là des sources déposer du calcaire. Si l'on observe des lieux où aucune de ces circonstances se rencontre et où il ne se forme rien, ce sont des exceptions locales, mais nullement comparables à la supposition de grands dépôts cessant tout à coup dans deux ou trois bassins ou golfes pour commencer dans deux ou trois autres. D'ailleurs une conséquence nécessaire de ce système particulier de M. Deshayes serait d'attribuer à la formation du sol tertiaire un laps de temps bien plus grand qu'on ne l'a supposé jusqu'ici ; et si l'on voulait poursuivre cette supposition dans les terrains antérieurs, on arriverait pour la formation de la croûte terrestre à un laps de temps immense.

D'un autre côté, je pense que M. Deshayes n'a pas besoin pour le soutien de sa théorie de croire que les diverses parties de l'Europe ont été successivement couvertes de dépôts classés jusqu'ici par les géologues dans la même époque. Dans ce cas je verrais plus de probabilité dans la supposition émise il y a long-temps par M. de Raumer, que les formations dites géologiques, ou les coupures artificielles établies parmi les couches, n'ont pas été toujours générales, mais qu'il y a eu des momens, surtout à la fin de la période secondaire et pendant l'époque tertiaire, où une formation avait déjà lieu dans un pays, tandis que dans un autre les circonstances climatoriales ne favorisaient pas encore la production de dépôts semblables, déjà géognostiquement plus anciens pour la première contrée. Ainsi la craie pouvait se déposer avec ses fossiles caractéristiques en Angleterre et en France, tandis que dans le sud de l'Europe ou ailleurs il se formait encore du calcaire jurassique supérieur aussi avec ses fossiles caractéristiques. Poursuivant ce raisonnement lorsque le bassin parisien se comblait de dépôts, il serait alors possible qu'il se formait encore sur les bords de la Méditerranée et des îles alpines un terrain crayeux, supposition qui expliquerait alors les caractères particuliers de cette dernière craie, savoir ses assises arénacées, son grand système à Nummulites et Hippurites, et ses fossiles de genres et même d'espèces tertiaires. De cette manière il se serait toujours formé dans toute l'Europe des dépôts, comme l'existence de tout temps d'îles et de continens le rend probable. C'est aux zoologues à dire si une pareille hypothèse est soutenable ; néanmoins avant de l'étayer ou de la renverser, il faut mettre d'accord les déductions zoologiques avec les faits de superposition.

On a dit souvent que *les générations des corps organisés*

*qui ont successivement habité la surface de la terre étaient
d'autant plus différentes de la génération actuelle;* mais en
répétant cet axiome M. Brongniart s'est hâté d'ajouter qu'il
*fallait savoir distinguer et évaluer l'influence des distances
horizontales ou des climats sur les différences spécifiques*
(Ann. des Mines, 1821, p. 545.) Voilà l'objection principale
à laquelle M. Deshayes ne peut répondre et dont les observations géognostiques semblent tendre à prouver la justesse.
En effet, en Sicile et en Barbarie, les géologues sont d'accord de reconnaître le terrain subapennin. Mais si les fossiles de ces dépôts leur offrent en Italie plus de 50 pour
cent d'analogues, plus près de l'équateur les roches déposées à la même époque ne présenteront guère que des espèces vivantes encore dans les mers qui baignent les côtes de
ces derniers pays.

Il faut maintenant parler des *conséquences que la géologie
paléonthologique a eues sur les classifications proposées par
des géologues anglais, relativement à divers dépôts
européens.*

Ces savans, bien au fait de la succession de leurs nombreuses assises secondaires et tertiaires et des fossiles contenus
dans chacune d'elles, sont partis, comme Werner, de l'idée
que tout le monde devait être bâti comme la Grande-Bretagne, tandis qu'avant 1814 leur ignorance de la nature de
l'Europe continentale leur semblait faire croire tout l'opposé.

Cette manière de procéder nous a valu les classifications de
MM. Buckland, Conybeare et de la Bèche; travaux qui ont
chacun avancé la science, mais qui chacun renferment des
erreurs notables. Ainsi le calcaire jurassique de Cracovie y
figure comme de la craie, etc.

Plus tard nous voyons *MM. Sedgwick et Murchison vouloir étendre les sous-divisions du sol secondaire d'Angleterre à l'Écosse;* or si personne ne leur contestera qu'il y a
dans les Hébrides du grès bigarré, du lias et des roches jurassiques, puisqu'ils ne font que confirmer M. Macculloch et
d'autres géologues, d'un autre côté l'on doit désirer que
leurs découvertes sur certaines sous-divisions jurassiques sui-

la côte nord-est de l'Écosse soit vérifiée par d'autres observateurs, car si la plus grande partie de leurs conclusions peut et doit être juste, il est possible qu'il y en ait d'autres qui soient fausses, puisque le parallélisme des dépôts n'est guère établi que sur des rapprochemens minéralogiques et sur quelques fossiles.

Si je suis obligé de faire cette remarque sur des travaux qui ont l'air conciencieux et qui sont dus à des gens zélés et de talent, je dois *à fortiori* opposer mes humbles doutes sur cette série de dépôts intermédiaires et secondaires que, guidés par quelques fossiles, nos savans ont cru pouvoir reconnaître dans les grès rouges de l'île d'*Arran*.

Comme dans le cas précédent, je ne veux pas nier la possibilité que toutes leurs déductions ne soient justes, mais je trouve leur travail un beau résultat à vérifier.

D'abord MM. d'OEynhausen et Dechen ayant examiné les mêmes lieux, dans le même temps, n'ont pas osé être aussi hardis que nos savans anglais. Ensuite les fossiles du calcaire de montagne et du Zechstein ont un tel rapport que M. le comte Münster ne peut presque pas se décider à les séparer. Enfin le nombre des pétrifications d'Arran est trop restreint, et la connaissance que j'ai des localités me suggère ces doutes, qui sont loin de préjuger l'exactitude de ce travail difficile. Certes, s'il est complètement vrai, ce sera un des résultats les plus curieux de la zoologie géologique ; or l'Angleterre n'est pas si loin de l'Écosse que la chance des probabilités soit très forte contre la vérité des conclusions de nos estimables confrères.

Le *calcaire de la montagne de Saint-Pierre* a fourni à plusieurs géologues anglais une occasion de faire l'application des règles de la zoologie géologique puisées dans la connaissance des terrains d'Angleterre. Ils ont proposé les premiers d'y distinguer entre la roche crayeuse fondamentale et le vrai calcaire tertiaire un dépôt anormal à caractères particuliers, ou, autrement dit, à fossiles, qu'ils n'avaient pas rencontrés dans la craie d'Angleterre. C'est encore une de ces idées ingénieuses qui est à vérifier et dont la confirmation donnera une nouvelle valeur à la méthode zoologique. Pour

moi, je vois des probabilités pour croire que la roche c
souterrains de Maestricht est un dépôt tertiaire supérieur.

Un de ces savans, M. Fitton, a en même temps classé c
verses roches des mêmes contrées, et a placé dans le grès ve
à cause des fossiles, les *roches arénacées tertiaires et c
quillières du Grafenberg près de Düsseldorf, erreur q
M. Bronn vient de relever.* On a donc dans le même pa
deux exemples de classement faux ou du moins anormal, ba
simplement sur l'idée qu'il y a ou doit y avoir partout une d
férence notable entre tous les fossiles de la craie et du s
tertiaire, position qui me paraît *à priori* d'une improbab
lité très grande.

Poursuivant le même mode d'investigation, MM. Murch
son et Sedgwick se sont hasardés à classer les *dépôts de
Alpes et des plaines de l'Autriche, de la Styrie et de la B
vière,* d'après les fossiles, ou plus exactement, uniquemer
d'après les espèces déterminées par M. Sowerby. Ils en on
conclu que dans les Alpes de vastes lambeaux tertiaires son
séparés du calcaire jurassique par un dépôt non classé c
situé entre la craie et le sol secondaire ; ce terrain offrirai
un mélange d'espèces reconnues uniquement par M. So
werby, pour secondaires et tertiaires. De plus ils ont publié que
parmi les *dépôts crayeux ferrifères de la Bavière,* il y er
avait qui étaient tertiaires à cause de leurs fossiles indiqués
par M. le comte Münster. Enfin ils ont déclaré que les coquilles de la base du terrain tertiaire des plaines y démon-
traient la présence non seulement du sol subapennin, mais
encore celle de l'argile de Londres.

Voilà donc trois nouvelles opinions géologiques qui reposent sur des comparaisons de fossiles, et dont MM. Sowerby
et le comte Münster sont pour ainsi dire les garans, puisque
la détermination des fossiles est leur ouvrage. Il s'agit donc,
d'un côté, de vérifier ces déterminations, et de l'autre de voir
si la marche géologique est d'accord avec les conclusions
paléonthologiques. Malheureusement il ne paraît point que
ce soit le cas ; et de plus M. Deshayes, comme maître en
conchiliologie, s'oppose aux résultats de M. Sowerby.

Pour la première conclusion, ces messieurs font tellement

violence à la nature, qu'ils n'ont pas même l'approbation d'aucun conchiliologiste du continent; et pour les géologues connaissant les Alpes, ils n'osent croire qu'on puisse raisonnablement appeler molasse des massifs arénacés divers, associés au grand système à Nummulites, qui forme la base du sol crayeux des Alpes. Je le répète, dire qu'il y a dans le système crayeux du pied de l'Untersberg ou à Gosau plusieurs terrains se suivant d'une manière conforme, cela nous paraît une erreur toute semblable à celle par laquelle on a voulu partager le dépôt d'Aix en plusieurs formations; bref, c'est faire, si j'ose le dire, de la géologie de carrières, et non de la géologie alpine.

Mes objections sont encore bien plus fortes contre leur classement des minerais de fer crayeux, et ont été consignées dans le second volume du *Journal de géologie*. vol. III, p. 45, Quant à leur argile de Londres, existant en Autriche, j'ai aussi manifesté mes doutes à cet égard.

Lors même que ces messieurs auraient parfaitement raison sur tous ces points divers, ce que je ne crois pas, l'exposé actuel de leurs résultats reste maintenant une des meilleures preuves de mon connaissance bornée sur la distribution géologique des fossiles, et de l'impossibilité de classer les terrains uniquement d'après leur paléontologie. Si les observations subséquentes, faites dans ces pays et ailleurs, prouvent que le tort était de notre côté, M. Brongniart aura aussi raison d'avoir soupçonné que les *Diablerets* offraient du calcaire tertiaire, sans pourtant avoir visité ces lieux. Ainsi, on serait déjà arrivé à faire de la géologie comparative dans les Alpes de la manière la plus aisée et la plus commode.

Cette dernière opinion de M. Brongniart aiderait puissamment à débrouiller la géologie compliquée des Alpes septentrionales; elle a séduit au premier abord plus d'un géologue; mais sur place, on ne voit qu'à regret, qu'elle n'est guère admissible jusqu'à présent.

Après avoir donné les exemples précédens des erreurs géologiques, dans lesquelles peut conduire la méthode zoologico-géologique, il ne me reste plus qu'à faire observer que M. Woodward, dans son *Tableau des fossiles d'An-gleterre*, a poussé la doctrine en question aussi loin qu'on pouvait le désirer, puisque, d'après lui, chaque pétrification ne se trouverait que dans une seule formation, et même que dans une seule assise d'un terrain. Or, je le demande, si cette manière d'envisager les fossiles est soutenable, dans les sous-divisions nombreuses des calcaires intermédiaires, du muschelkalk, du calcaire jurassique, du grès vert et du sol tertiaire? N'y a-t-il pas, au contraire, plusieurs pétrifications qui sont reconnues traverser toutes les formations, ou au moins être communes à quelques unes d'entre elles?

Les conclusions de cette longue dissertation sur les mérites et les désavantages de la méthode paléontologique, appliquée à la détermination des terrains, sont donc que, généralement parlant, *ce mode d'investigation ne nous a fait connaître la position géognostique d'aucun terrain. S'il y a des exceptions à cette règle, ce sont les géologues eux-mêmes qui les ont faites en abandonnant la voie purement géognostique, pour suivre les comparaisons des animaux et des végétaux fossiles.*

Les erreurs produites par les deux méthodes ne sont pas en rapport numérique les unes avec les autres; l'avantage me paraît décidément pour les investigations purement géognostiques. *Mais les recherches paléontologiques n'en restent pas moins précieuses, puisqu'elles seules nous ont fourni une foule de renseignemens curieux et nécessaires sur l'état ancien du globe, et sur la manière dont les dépôts se sont formés.*

De plus, *les recherches de zoologie géologique ont été très utiles dans le classement de dépôts ou d'assises isolées, lorsqu'on n'est pas sorti d'un pays ou d'un bassin.* Il est même arrivé que *les caractères zoologiques ont suffi pour reconnaître certains dépôts* tels que le grès vert, ou divers calcaires tertiaires *dans des pays très éloignés, mais situés,* comme les États-Unis et l'Europe, *sous la même zone.* Probablement cette déduction n'aurait pas été si facile à faire, si on avait eu à comparer des fossiles de terrains placés sous des zones ou des latitudes différentes.

Sans la paléontologie, le classement véritable d'une partie des Alpes ou des terrains, très récemment modifiés, aurait été, sinon impossible, du moins rendu si difficile, qu'il aurait fallu bien plus de temps pour arriver aux mêmes conclusions. Néanmoins *ces résultats ont été obtenus jusqu'ici, non pas tant par des déterminations minutieuses d'espèces, que par la comparaison générale des genres.* On comprend que j'ai surtout en vue ici les classifications des dépôts dans les Alpes occidentales. Enfin, *l'observation de la continuité géométrique des couches, lorsqu'elle est possible, reste, comme l'a si bien affirmé M. de Beaumont, toujours le plus sûr guide, même dans les Alpes, puisque leur paléontologie paraît avoir une distribution particulière et anormale.*

QUATRIÈME PARTIE.

Il ne me reste plus qu'à m'occuper *des déductions géogéniques qu'on peut tirer des fossiles.* Or, je prétends que les partisans de la géologie zoologique ont restreint beaucoup trop les conséquences théoriques qui découlent de l'observation purement géologique de la croûte terrestre, tandis qu'ils ont cru trouver dans les pétrifications, et seulement dans ces dernières, les preuves d'évènemens souvent aussi clairement indiqués par la nature minéralogique et la succession de diverses roches.

Ainsi, dans son article sur l'importance des fossiles en géologie, M. Cuvier s'écrie : « *Sans les fossiles, l'on n'aurait* » *peut-être jamais songé qu'il y ait eu dans la formation du* » *globe des époques successives et une série d'opérations dif-* » *férentes. Eux seuls, en effet, donnent la certitude que le* » *globe n'a pas toujours eu la même enveloppe,* par la cer- » titude où l'on est qu'ils ont dû vivre à la surface avant » d'être ainsi ensevelis dans la profondeur. Ce n'est que par » analogie que l'on a étendu aux terrains primitifs la con- » clusion que les fossiles fournissent directement pour les » terrains secondaires; et s'il n'y avait que des terrains sans » fossiles, personne ne pourrait soutenir que ces terrains » n'ont pas été formés tous ensemble.

» C'est encore *par les fossiles, toute légère qu'est restée*

» *leur connaissance, que nous avons reconnu le peu que*
» *nous savons sur la nature des révolutions du globe.* Ils
» nous ont appris que les couches qui les recèlent ont été
» déposées paisiblement dans un liquide , que leurs variations
» ont correspondu à celles du liquide , que leur mise à nu a
» été occasionée par le transport de ce liquide, que cette
» mise à nu a eu lieu plus d'une fois : rien de tout cela ne se-
» rait certain sans les fossiles.

» *Nous sommes dans l'ignorance la plus absolue sur les*
» *causes qui ont pu faire varier les substances dont ces cou-*
» *ches se composent ;* nous ne connaissons pas même les
» agens qui ont tenu certaines d'entre elles en dissolu-
» tion , et l'on dispute encore sur plusieurs, si elles doivent
» leur origine à l'eau ou au feu. Au fond, l'on a pu voir ci-
» devant que l'on n'est d'accord que sur un seul point, savoir :
» que *la mer a changé de place.* Et comment le sait-on , si
» ce n'est par les fossiles? »

Passant des pétrifications marines aux ossemens de quadrupèdes, les paroles de M. Cuvier sont très remarquables :

« Des coquilles annoncent bien que la mer existait où elles
» se sont formées; mais leurs changemens d'espèce pourraient,
» à la rigueur, provenir de changemens légers dans la nature
» du liquide, ou seulement dans sa température. Ils pourraient
» avoir tenu à des causes encore plus accidentelles. Rien ne
» nous assure que dans le fond de la mer certaines espèces,
» certains genres même, après avoir occupé plus ou moins
» long-temps des espaces déterminés, n'aient pu être chassés
» par d'autres. Ici, au contraire, tout est précis ; l'apparition
» des os de quadrupèdes, surtout celle de leurs cadavres ,
» annonce, ou que la couche même qui les porte était autre-
» fois à sec, ou qu'il s'était formé une terre sèche dans le voi-
» sinage, et leur disposition rend certain que cette couche
» avait été inondée, ou que cette terre sèche avait cessé
» d'exister. C'est donc par eux que nous apprenons d'une
» manière assurée le fait important des irruptions répétées
» de la mer , et c'est *par leur étude approfondie que nous*
» *pouvons espérer de reconnaître le nombre et les époques de*
» *ces irruptions.* »

La plupart des espèces de quadrupèdes sont connues ; il y en a très peu à découvrir. « Nous sommes au contraire fort » loin de connaître tous les coquillages et tous les poissons » de mer, comme nous ignorons probablement encore la » plus grande partie de ceux qui vivent dans la profondeur ; » il est impossible de saisir avec certitude si une espèce que » l'on trouve fossile n'existe pas quelque part vivante. Aussi » voyons-nous des savans s'opiniâtrer à donner le nom de » coquilles pélagiennes aux cornes d'Ammon, aux Belemnites » et autres dépouilles testacées, qui n'ont encore été vues » que dans les couches anciennes, voulant dire par là que » si on ne les a point encore découvertes dans l'état de vie, » c'est qu'elles habitent à des profondeurs inaccessibles à nos » filets. (*Théorie de la terre, édit. de* 1830.) »

En lisant les premiers passages relatifs aux fossiles, un géologue ne peut-il pas sourire, et ne doit-il pas reconnaître, non pas avec M. Cuvier, qu'*aux fossiles seuls est due la naissance de toute théorie de la terre;* mais bien la naissance de sa *Théorie de la terre.*

Élaguant les roches volcaniques, *nous voyons en effet, tous les jours, se former sous nos yeux les dépôts neptuniens divers, qui constituent la croûte terrestre.*

Les grès, les argiles, les calcaires, voilà les grandes masses principales. Or, une alternative de roches arénacées et de roches calcaires a toujours indiqué et indiquera toujours au géologue une époque de charriage, de mouvement et une époque de dépôt. Ainsi donc, cette seule observation purement minéralogique, si facile à faire, a démontré de tout temps, et même dans celui où les fossiles passèrent pour des pierres figurées, que le globe n'a pas toujours eu la même enveloppe; que sa croûte a été formée par une série d'opérations différentes, ou par conséquent pendant des époques successives, et que la logique s'opposait à regarder comme formés dans le même instant des roches aussi dissemblables que le calcaire et le grès ou les argiles.

Les masses arénacées et calcaires sont presque les seules qui offrent des fossiles; donc ces précieuses reliques ne peuvent et n'ont pu nous apprendre les autres révolutions qui ont eu lieu sur le globe, et qui rentrent toutes dans le domaine igné. Or, *ces derniers dépôts, bien étudiés géognostiquement et chimiquement, ont fourni beaucoup d'aperçus qui ont servi à former une théorie rationnelle de l'origine de la croûte terrestre, et qui ont jeté un nouveau jour sur la formation des dépôts coquilliers.*

Nous ne sommes plus réellement dans l'*ignorance la plus absolue sur les causes qui ont pu faire varier les substances dont les couches se composent.* Neptune et Pluton se sont accordés comme deux parens qui avaient besoin l'un de l'autre, et le vulcanisme du globe nous a fourni toutes sortes d'éclaircissemens en rapport avec nos connaissances physiques et chimiques actuelles. S'ils s'en éloignent par hasard, c'est l'état imparfait de la chimie qu'il en faut accuser.

Dans la *distinction du sol primaire d'avec le sol secondaire*, on a employé les fossiles sans en avoir essentiellement besoin ; la superposition en disait déjà assez. Il y a plus, les géologistes anciens classaient infiniment plus rationnellement les dépôts en terrains à filons et terrains secondaires que ceux qui voulurent faire de l'absence des fossiles dans le sol primaire un caractère essentiel. Quelle preuve avons-nous en effet qu'il s'est formé un terrain dans un temps où il n'existait point encore d'animaux? Nous ne pouvons faire à ce sujet que des suppositions. Au contraire, ne devient-il pas tous les jours plus probable que ces masses de roches cristallines ne sont que des dépôts neptuniens altérés, et alors ne voit-on pas combien l'étude des fossiles a long-temps favorisé un classement erroné, et quelquefois facile à débrouiller par l'observation géognostique?

Dès le moment qu'on s'occupa réellement de géologie, on ne put manquer de faire attention aux fossiles. Ainsi les végétaux des houillères prouvèrent la destruction des plantes continentales ; les coquilles marines, d'anciennes plages délaissées, et ainsi de suite. Mais il y a une *distance immense de cette déduction toute simple à celles tirées de la comparaison des espèces fossiles dans les divers dépôts.* Ces dernières idées sont particulières, ont un intérêt à part, et conduisent à nous donner un aperçu des végétations qui ont successivement occupé le globe et des animaux qui ont habité à diverses époques sa surface. Ce sont des connaissances que la géologie ne pouvait pas nous donner, quoi, qu'elle pût déterminer l'ordre des dépôts et indiquer en général la manière dont ils se sont formés.

Passant aux *ossemens fossiles des quadrupèdes*, je ne comprends pas comment M. Cuvier peut espérer de reconnaître par ces derniers *le nombre et l'époque des irruptions de la mer*, car, supposant un moment que ce soit possible dans le sol alluvial et tertiaire, plus bas cela devient impraticable, ou bien on arrive à la conclusion absurde que toute la géologie est dans l'observation des couches superficielles du globe.

Je vais plus loin, et tout géologue qui a voyagé sait bien que si *M. Cuvier n'a pu parvenir, avec toute sa vaste science ostéologique, à établir aucune nouvelle division dans le sol alluvial, la géognosie proprement dite fournit des moyens certains d'y reconnaître des dépôts très divers, et d'établir même souvent entre eux de nombreuses différences d'âge.*

Ainsi le géologue examinant une grande vallée remplie d'alluvions, y distinguera non seulement des alluvions anciennes et modernes, mais il pourra voir encore dans chacune d'elles une succession de dépôts de cailloux, de sables, d'argiles et de tufs calcaires. De plus, il pourra distinguer chacun de ces dépôts par des caractères particuliers, et découvrir le même dépôt minéralogique sur plusieurs niveaux différens. Il acquerra donc une quantité de renseignemens intéressans, auxquels le zoologue n'a à lui opposer que les listes des ossemens reconnus jusqu'ici dans les alluvions anciennes et les alluvions modernes.

Certes, s'il y a des occasions où M. Cuvier a raison de dire que *l'étude de la partie minérale de la géologie, si utile pour les arts pratiques, est beaucoup moins instructive que la zoologie géologique*, ce n'est pas au moins dans ce dernier cas.

D'une autre part, *faire de la géologie au moyen des ossemens fossiles est une chose impraticable;* je l'ai déjà dit, et M. Cuvier le reconnaît lui-même en disant qu'on ne rencontre qu'infiniment rarement un squelette un peu complet, et les os isolés ne sont même nullement communs.

Les fossiles, et en particulier les ossemens, d'après M. Cuvier, prouvent que *la mer a changé de place*, et que les révolutions du globe ont en grande partie consisté en *déplacemens du lit de la mer, en irruptions de la mer* (édit. in-4°, p. 31-138). Or, d'après les faits, il semblerait que, s'il y a toujours eu des continens, les soulèvemens et les dépôts successifs de tout genre ont dû les augmenter et diminuer l'étendue des mers, si des écroulemens dans la voûte terrestre n'avaient pas pu contrebalancer jusqu'à un certain point cette diminution des eaux. Du reste, cette idée n'est adoptée qu'en partie par M. Cuvier dans une autre partie de son discours (édition in-4°, page 8), puisqu'il termine en supposant une *diminution universelle du niveau des eaux*, supposition que nous croyons inutile.

Les fossiles doivent prouver, d'après ce savant, *que les couches qui les recèlent ont été déposées paisiblement dans un liquide;* mais il y a mille exceptions à cette règle. Les ossemens, les grosses huîtres et les autres fossiles roulés dans divers agglomérats ou calcaires prouvent tout le contraire de cette proposition.

On aperçoit que M. Cuvier a toujours et uniquement en vue le bassin parisien, dont quelques particularités l'ont induit, lui et son savant collaborateur, à croire à des retraits et des retours de la mer. Outre le peu de fondement de cette théorie, l'idée n'est nullement nouvelle, puisque nous la trouvons produite pour des dépôts plus inférieurs par de très anciens auteurs, tel que Fuchsel. *M. Cuvier croit ne trouver que dans les fossiles les preuves que la surface du globe a passé par plusieurs révolutions, soit lentes, soit subites, et le mode de ces catastrophes;* mais les observations géognostiques amènent aux mêmes résultats, et quelquefois dans des cas où le zoologue est obligé d'avouer l'insuffisance de ses moyens pour déchiffrer les hiéroglyphes géologiques.

Ainsi les traînées de blocs superficiels indiquent non seulement de quel pays ils viennent, dans quelle direction ils ont été poussés, et comment ils ont été charriés; mais encore la rapidité avec laquelle ils ont été transportés.

Les fragmens des agglomérats divers se laissent très souvent tracer jusqu'à leur origine, et démontrent quelquefois un charriage très violent. Dans ce cas sont, par exemple, ces poudingues du grès vert des Alpes septentrionales, dont les débris sont venus surtout des Vosges et de la Forêt-Noire. Les argiles sont l'indication d'un sédiment vaseux; les argiles très feuilletées, celle d'un sédiment lent et successif; les fragmens des brèches, celle d'une action destructive qui a précédé cette formation. Enfin l'opposition de divers systèmes de couches redressées, et de celles-ci avec les masses horizontales, ont conduit tous les géologues, et même M. Cuvier (pag. 6), à des considérations du plus haut intérêt sur les révolutions ou les changemens survenus sur le globe.

Ne déprécions donc pas la géognosie proprement dite pour rehausser les résultats obtenus par la zoologie géologique. Les deux sciences conduisent souvent aux mêmes résultats, tandis que d'autres fois on n'arrive à une conclusion théorique qu'avec le seul aide de l'une d'elles, mais *vouloir appliquer la zoologie seule à la géologie pratique, supposant même nos connaissances plus avancées qu'actuellement, cela me paraît, dans beaucoup de cas, aussi absurde et souvent aussi impraticable que de demander à la minéralogie géologique des détails sur les créations qui ont précédé la nôtre.* Chacune de ces sciences a son but, ses moyens et ses résultats; une combinaison rationnelle de toutes deux doit être l'objet de nos efforts.

D'une autre part, *malgré les vues intéressantes et nouvelles déduites de la paléontologie, les règles de cette science me semblent trop souvent applicables plutôt en théorie qu'en pratique.*

M. Deshayes vient encore de donner un exemple frappant de la vérité de ma proposition. Jusqu'à présent on était convenu de caractériser les dépôts par les coquilles les plus communes dans les roches; or M. Deshayes rejette ce moyen de détermination comme trop sujet à erreur, et *veut fonder la caractéristique de ses formations sur les fossiles constans dans un même système de couches, lors même qu'ils y seraient rares ou seulement isolés.* L'on comprend très bien qu'il aura ainsi zoologiquement d'excellens moyens de classement; mais forcer le géologue à renoncer à ses moyens géognostiques pour un pareil instrument, c'est lui rendre la besogne, si ce n'est impossible, du moins très difficile et très longue. On prévoit donc qu'il pourra arriver que *les zoologues établissent par l'observation des fossiles de grandes divisions dans les dépôts, et négligent les sous-divisions reçues des géologues ; mais cela n'empêchera pas qu'en plein champ et pour les arts pratiques ces dernières resteront toujours d'utiles points de reconnaissance.*

Je vais plus loin, et je crois que si *les zoologues parviennent à déplacer de quelques toises ou quelques cents pieds la limite de certaines formations, ils n'auront pas le plus souvent innové;* mais attachant seulement plus d'importance que nous aux pétrifications, ils auront élevé ou baissé ces limites maintenant adoptées. Ainsi tout le monde sait que le grès bigarré se lie par alternance avec le Muschelkalk, et que sa partie supérieure contient les fossiles de ce dernier, comme, par exemple, à Soultz-les-Bains, etc. Maintenant M. Deshayes pourra se donner le plaisir de nous classer dans la zoologie particulière du Muschelkalk cette partie coquillière du grès bigarré, et alors nos deux dépôts géognostiques très naturels se trouveront accouplés de la manière la plus contraire à la nature minérale des roches.

Il me serait facile de poursuivre mon argument, puisque *M. Deshayes trouvera à appliquer son classement zoologique à tous les points où deux grands dépôts coquilliers se succèdent, soit par passage, soit par alternances.* Or c'est le cas de tous depuis le sol primaire jusqu'aux alluvions, et les seules exceptions du contact de la craie et du sol tertiaire, et de celui-ci avec les alluvions, disparaîtront même un jour, s'ils ne continuent pas à nous indiquer à ces deux époques des bouleversemens subits; tandis que les autres passages d'un terrain à un autre ne seraient dus qu'à des révolutions plus lentes et même souvent graduelles.

Si ensuite *M. Deshayes arrive par les caractères zoologiques à quelques grandes coupes, je ne crois pas que ses résultats ne soient autres que ceux déjà reconnus par les géologues,* qui savent très bien grouper, sous un point de vue général, les sous-formations en grandes formations. Du reste, que ces déductions concordent ou ne concordent pas avec celles des géologues, elles resteront toujours par leur origine peu applicables dans la pratique; car, je le répète, *la nature n'est pas un cabinet de fossiles.*

En théorie, et pour la géogénie des couches coquillières, les caractères d'époque de formation, tirés de l'analogie des corps organisés, pourront devenir et sont déjà de première valeur (Ann. des Mines, 1821, pag. 543); tandis qu'en pratique, et pour la géologie usuelle, ces caractères, dans le plus grand nombre de cas, ne l'emporteront point sur ceux déduits de la superposition et de la nature minéralogique des roches. On a encore beaucoup trop rabaissé la valeur des caractères minéralogiques; car nous les voyons employés même par les zoologues géologistes, et de plus ils ne sont surtout trompeurs que dans les cas des terrains bouleversés et altérés par la voie ignée, comme, par exemple, dans les Alpes.

La paléontologie me paraît donc être à la géognosie ce que la chimie minérale est à la minéralogie. Si cette dernière science paraît devoir rester toujours basée sur la crystallographie, elle peut gagner une infinité de détails intéressans de la chimie, et même souvent être étudiée plus aisément au moyen de cette dernière, surtout lorsque la chimie cessera d'être une science naissante et reposera sur des principes fixes. De même *la paléontologie arrivée à son apogée deviendra le fondement d'une grande partie de la philosophie géologique ou de la géogénie, tandis que dans la pratique on sera forcé de s'en tenir toujours à la géognosie proprement dite, ou à l'observation des superpositions.*

En minéralogie, les espèces véritables, à l'exception des isomorphes, seront toujours déterminées par la crystallographie; tandis que dans le groupement des espèces en genres ou en familles, on pourra employer la composition chimique, les caractères extérieurs ou ceux tirés des propriétés physiques, ou quelques uns seulement de ces caractères, ou enfin les combiner tous ou quelques uns d'entre eux seulement; mais personne ne peut nier que le classement le plus facile à saisir, celui qui parle de suite aux yeux, ne soit celui d'après les caractères extérieurs. De même *l'âge relatif des dépôts terrestres sera toujours basé sur leurs rapports de gisement, tandis qu'on pourra ensuite grouper ces masses diverses d'après des caractères minéralogiques, botaniques ou zoologiques, et même seulement d'après leurs dépouilles de mollusques, ou leurs restes de polypiers, ou bien leurs ossemens.*

Tous ces classemens sont possibles, personne ne peut le contester; ce n'est pas là la question : mais il s'agit de décider lequel de ces classemens conduit à la possibilité d'établir le plus de sous-divisions, et lequel d'entre eux est le plus facile à appliquer dans la pratique : or je n'en vois aucun qui puisse être mis en parallèle avec l'observation des superpositions.

M. Cuvier avoue lui-même que le sol primaire n'a pu être bien observé que par la géognosie; mais, faute d'en avoir fait une étude spéciale, il trouve que les couches à dépouilles fossiles sont plus intéressantes (pag. 139).

Je lui accorderai volontiers que l'étude des derniers dépôts est plus facile que celle des premiers, mais non pas sa proposition. Au reste, c'est élever la question, laquelle de la zoologie ou de la chimie est la science la plus attrayante. Heureusement chacun a son goût; mais, pour le géologue véritable, il doit étudier tous les dépôts, quels qu'ils soient, risque à rester au-dessous de sa tâche.

D'une autre part, *les terrains tertiaires et d'alluvions sont présentés avec raison, par M. Cuvier, comme offrant une infinité d'occasions de suivre les phénomènes de la nature dans ses opérations* (pag. 139); mais cela n'empêche pas que l'observation exacte des terrains plus anciens ne soit strictement nécessaire pour bien concevoir l'ensemble de ces phénomènes. Il est tout simple qu'en omettant un anneau de la chaîne des opérations successives de la nature, on ne veuille ni ne puisse reconnaître aucun rapport, aucune proportion entre les phénomènes anciens et les phénomènes modernes. Si MM. Cuvier et Brongniart sont de cet avis (pag. 20), cette question est encore en suspens devant le jugement du public. Plusieurs personnes sont déjà entrées dans la lice, et d'autres les suivront.

En attendant, je me permets de prendre acte d'un aveu échappé à M. Brongniart, qui est d'autant plus important qu'il a rapport à l'une des idées le moins généralement reçues, je veux parler de la comparaison qu'on peut établir entre les dérangemens produits encore par les agens souterrains et les redressemens des Alpes. *En peu de jours les terrains de la Calabre ont éprouvé*, dit M. Brongniart, *des dérangemens comparables à ceux qu'on voit dans les couches des Alpes (Annales des Mines, 1821, pag. 544).* S'il admet que des phénomènes si extraordinaires se continuent encore, comment peut-il nier la continuation d'autres actions bien moins grandes et bien plus faciles à concevoir?

Je suis et serai toujours le premier à applaudir aux conclusions ingénieuses auxquelles sont arrivés et arriveront les paléontologistes. Je me complairai dans ces tableaux pittoresques d'îles et de plaines couvertes successivement d'une grande diversité d'animaux et de plantes inconnues ; mais tout en y admirant le talent de MM. Cuvier et Brongniart, et d'autres savans, je ne pense pas que toute la géologie est renfermée dans ces aperçus, et que ceux-ci soient toujours d'une application usuelle.

. Enfin je suis heureux de pouvoir terminer cette longue polémique contre l'école zoologico-géologique, *en ne voulant reconnaître dans ses exagérations que le désir de voir la nature animée consultée davantage sous le point de vue de ses dépouilles fossiles, et en adhérant complètement aux vues de M. Brongniart à cet égard.* « Mon but, dit ce » savant, a été de faire voir que les débris des corps organisés » fossiles offrent des caractères propres à faire reconnaître » déjà certains dépôts dans des lieux assez éloignés les uns

» des autres, lorsque les caractères qu'on tire de la consis-
» tance, du mode de stratification, de la couleur, etc., ont dis-
» paru, et lorsque la superposition est, ou obscure, ou incer-
» taine, ou difficile à reconnaître. » (*Annales des Mines*,
1821, pag. 538.)

———————

Depuis la lecture de ce Mémoire à la Société géologique
de France, M. Deshayes y a déjà fait une courte réponse,
dans laquelle il définit une formation, un espace de temps
représenté par un certain nombre des couches de la terre,
déposées sous l'influence des mêmes phénomènes. Il pense
qu'on ne peut concevoir une période minéralogique, tandis
que tout le monde comprendra ce que c'est qu'une période
zoologique. La géologie minéralogique n'est pour lui que
l'art du mineur perfectionné, tandis que la géologie paléontologique est la philosophie de la science. Or, si j'ai reconnu
aussi que la paléontologie conduit à certaines idées géogéniques très importantes, je suis loin d'en conclure, comme
M. Deshayes, qu'il n'y a point de géologie sans zoologie.

LE DÉLUGE, LE DILUVIUM,

ET L'ÉPOQUE ALLUVIALE ANCIENNE (1).

Il y a des personnes qui pensent que les discussions sérieuses sur le déluge ne sont plus de notre siècle; je suis fâché de ne pouvoir pas me ranger de cet avis, puisque *je trouve cette idée reproduite dans la plupart des ouvrages géologiques, même les plus récens.*

Ainsi les *Anglais* ayant une grande tendance vers les méditations religieuses, et beaucoup d'ecclésiastiques anglais cultivant la géologie, on a tâché de tout temps dans leur pays, et on s'y efforce encore d'accorder les faits géologiques avec le récit mosaïque. Sans rappeler les Essais géologiques de Kirwan, les lettres de De Luc, et le Traité sur le déluge (*Treatise on the deluge*, 1768), par A. Catcott, etc., il me suffit de mentionner la défense du caractère de Moïse comme historien (*Vindication of the caracter of Moses as a historian*), par M. Townsend; les *Reliquiæ diluvianæ* de M. Buckland, publiés en 1822, et republiés en 1824; les Relations de la création (*Records of creation*), par M. Summer; l'Estimation comparative des géologies scientifique et mosaïque (*Comparative estimate of the geological and mosaical geology*, in 4°, 1822), par M. Granville Penn; la Philosophie religieuse (*Religiosa Philosophica*, in-8°, 1823), par M. Welch; les Remarques sur certaines parties de l'ouvrage de M. Penn, (*Remarks on certain parts of M* Granville Penn's estimate,* 1826), par M. Ch. Pleydell Neale Wilton; la fin de l'introduction de l'Esquisse de la Géologie de l'Angleterre (*Outlines of the Geology of England and Wales*), par M. Conybeare; le chapitre sur le déluge dans le Traité de géologie,

____

(1) Un extrait de ce mémoire a été lu le 23 décembre à la Société géologique de France.

Dr Ure (en 1829) ; l'Explication de la connexion de la géologie avec les livres saints dans le système géologique , de M. Macculloch (in-8°, 1831).

J'avoue qu'en France plusieurs des ouvrages précédens ne seraient pas réputés de bon goût : néanmoins l'idée du déluge mosaïque ou historique se retrouve dans beaucoup de publications nouvelles , telles que la Théorie de la terre, de M. Cuvier ; les Élémens de géologie, de M. d'Omalius ; le Mémoire sur les soulèvemens des montagnes, par M. de Beaumont, etc. En *Italie*, il a paru aussi de temps à autre , surtout à Rome , des mémoires pour accorder les observations géologiques avec les rapports de la Bible, ou pour combattre la prétendue incrédulité des géologues. Quant à l'*Allemagne*, depuis long-temps, son clergé des trois communions a sagement laissé de côté ces questions oiseuses, et les géologues qui ont adopté les mots de *diluvium*, de *post-diluvien et d'ante-diluvien*, n'y ont pas attaché leur sens véritable.

En résumé, l'on voit donc qu'*une dissertation sur le déluge n'est point encore un hors-d'œuvre, et l'emploi des expressions telles que celles qui précèdent, montrent assez ce qu'on a l'intention d'indiquer.* Nous ne sommes plus, il est vrai, au temps des Scheuchzer, des Woodward, des Buttner, etc. ; Voltaire, malgré tout son esprit, ne nous ferait plus croire que des coquilles fossiles sont des objets laissés par des pèlerins sur les grandes routes.

Nous voulons qu'on respecte la morale, et les préceptes religieux, comme les bases de la société ; mais nous sommes encore loin d'avoir extirpé toutes les superstitions et toutes les fausses idées auxquelles l'ignorance de tant de théologiens sur les sciences physiques et naturelles a attaché une importance ridicule, et qui n'ont rien de commun avec les règles de conscience de tout honnête homme. Plus le clergé sera instruit, plus la religion s'épurera, et servira au bonheur des hommes au lieu d'avoir tourné trop souvent à son détriment.

Les livres saints n'ont pas été écrits pour nous apprendre la structure du globe, ou les moyens qui ont été employés à sa construction. Séparons donc de la religion les sciences naturelles, qui n'y ont de rapport qu'en tant que leurs découvertes contribuent à agrandir le domaine de la nature, et à en faire ressortir les produits si variés et si merveilleux.

Je crois d'abord devoir me laver du *reproche d'incrédule*. Je serais bien fâché qu'on pût me croire assez stupide pour nier qu'une inondation, ou qu'une catastrophe a eu lieu dans le monde, ou plutôt dans la contrée habitée par les hommes anté-diluviens. Pour moi, ce fait me semble aussi historique que le règne de César à Rome. Au contraire, le reproche d'incrédulité vient s'adresser directement à mes adversaires, qui, sans cesse le mot de *diluvium* à la bouche, arrivent à des conclusions contraires aux chroniques du peuple juif.

Ainsi, par exemple, l'existence annoncée d'ossemens humains anté-diluviens, leur fait hausser les épaules de pitié. M. Cuvier ne dit-il pas que les pays aujourd'hui habités et mis à sec par la dernière révolution avaient déjà été habités auparavant, *sinon par des hommes*, du moins par des animaux terrestres (édit. in-4°, pag. 138) ; et que « la race afri-» caine a échappé à la grande catastrophe sur un autre point » du globe que les races caucasique et altaïque, (p. 107). »

Ne soyons donc pas étonnés que des théologiens tels que M. Ignace Paradisi (1) taxent de pareils géologues, et M. Cuvier en particulier, de matérialistes et d'imposteurs.

Il est vrai qu'il y a un autre passage dans lequel M. Cuvier « ne veut pas conclure que l'homme n'existait point du tout » avant le déluge, » (pag. 68) ; mais comme il en admet plusieurs, cette phrase peut rester douteuse, surtout pour un théologien.

On pense généralement dans le monde que les découvertes

____

(1) Osservazioni sopra il discorso del sig. barone Cuvier, su le rivoluzioni del globo; in-8°, Florence, 1827. La traduction de la Théorie de la terre, de M. Cuvier, avec des notes, 2 vol. in-8°, avec des planches, Florence 1828; et Riflessioni su le rivoluzioni del globo; in-8°, Rome 1830.

géologiques tendent à confirmer cette grande inondation, dont on croit retrouver des traces dans les annales ou les traditions d'un grand nombre de peuples; cependant je suis convaincu que *l'idée vulgaire d'un déluge universel est er-ronée, et qu'il y a eu plusieurs déluges sur la terre, dont celui de Moïse est un des plus considérables, ou un de ceux qui a laissé le plus de souvenirs traditionnels.* J'ose même élever des doutes sur l'idée que la tradition d'un déluge, retrouvée chez plusieurs peuples et sous des climats divers, puisse se rapporter avec certitude au seul et unique déluge de Noé.

Des hommes célèbres ont attaché, il est vrai, leur nom à l'opinion contraire, et ont voué leurs veilles pour la prouver. C'était bien naturel que les théologiens, croyant saisir dans la nature des faits semblables à ceux mentionnés dans leurs livres sacrés, se soient appliqués à l'étude géologique; mais un bien petit nombre l'ont fait avec succès. La plupart ont déraisonné de la manière la plus étrange, et presque aucun n'a senti toute la différence qu'il y avait entre des conclusions scientifiques tirées de l'observation de la nature et celle déduites des écrits de prophètes ou de législateurs qui s'adressaient à un peuple ou à plusieurs peuples, et qui ne connaissaient qu'une petite portion du globe terrestre.

En effet, veut-on faire correspondre les traditions mosaïques avec les connaissances géologiques, l'on n'a que deux manières logiques de le faire, *il faut prendre tout au pied de la lettre dans la Bible, ou n'y voir toujours que des allégo-ries dans le genre oriental;* car *choisir un terme moyen c'est tomber dans l'absurde,* puisqu'on n'a plus de règle de conduite. Si on veut tout interpréter allégoriquement, on entre dans le vaste champ des hypothèses, qui peuvent seules séduire des imaginations vives; et si l'on s'en tient au pied de la lettre, l'on arrive insensiblement à des conséquences absurdes et même en contradiction manifeste avec les écrits mosaïques. Un exemple frappant de ce dernier résultat nous a été fourni, il y a peu d'années, dans une curieuse brochure d'un chambellan intime du pape, M. le comte Jean

Fortuné Zamboni (1). Notre savant chanoine, et secrétaire de l'académie de la religion, a été amené à avancer que le monde avait été créé comme nous le voyons, c'est-à dire que Dieu aurait formé en même temps dans le règne minéral les substances et les roches dans leur état parfait, décomposé et réaggrégé, et dans les autres règnes non seulement des individus de tous les âges, mais encore des individus malades, morts et en pourriture.

L'idée d'un déluge universel mosaïque ou historique n'est pas soutenable ; telle est l'opinion de la plupart des géologues du continent (2), et les preuves de l'absurde sont si évidentes que dès long-temps le clergé luthérien a abandonné la partie ; enfin dernièrement le clergé anglais, le plus tenace de tous, a rendu les armes. Il a reconnu enfin, par l'organe de MM. Sedgwick et Conybeare (3), que s'il y a eu des déluges, ils n'ont pas été généraux, et que le déluge mosaïque, dût-il avoir eu lieu tel qu'il est rapporté, n'a pu en aucun cas produire les alluvions anciennes ou le prétendu *diluvium*.

Plus d'un savant a voulu *établir par des calculs faits sur la masse des alluvions et la formation actuelle de ces dépôts, qu'il y avait eu un déluge universel ou historique il y a quatre ou cinq mille ans.* On a surtout basé de semblables déductions sur le limon déposé annuellement par le Nil, le Pô ou le Rhin, sur l'ensablement de certains ports, sur l'éloignement où certaines villes jadis maritimes se trouvent maintenant de la mer, et sur les débris accumulés au pied de certains escarpemens. Supposant un moment qu'on pût calculer approximativement *la quantité moyenne du limon charrié annuellement par une rivière quelconque,* pour dé-

(1) Discours sur la nécessité de mettre en garde les gens simples contre les artifices de quelques géologues récens, qui sous le voile de leurs observations physiques osent nier l'histoire de la création et du déluge, in-8°, publié en italien à Rome, en 1821, et en allemand à Vienne, en 1823.

(2) Voyez une notice de M. de Férussac, dans le *Bulletin univ.*, février 1827.

(3) Voyez le discours de M. Sedgwick à la Société géologique de Londres pour 1831, et *Ann of philos.*, mars 1831.

duire d'un dépôt semblable le nombre d'années nécessaires pour sa production, il faudrait que ces alluvions fussent déposées dans un réservoir où aucune cause quelconque ne pût en diminuer la masse. Or il n'en est point ainsi : le long des fleuves et à leur embouchure une foule de circonstances tendent à altérer ce prétendu chronomètre du charriage fluviatile annuel. Les matières se tassent, les parties desséchées deviennent pulvérulentes, et sont enlevées par les vents ; d'autres portions sont reprises par les eaux dans les inondations subséquentes, et portées dans la mer ou amoncelées çà et là ; tandis que des changemens dans la direction des courans, soit fluviatiles, soit marins, dénudent des espaces jadis couverts d'alluvions. L'appréciation exacte de toutes ces circonstances accessoires rend même très difficile, si ce n'est impossible, tout calcul de la quantité moyenne du charriage annuel d'une rivière.

Ensuite n'a-t-on pas souvent *confondu les alluvions anciennes ou le diluvium avec les dépôts fluviatiles récens?* Or, lors de l'époque de la première formation, l'Europe jouissait d'un climat totalement différent, ce qui base donc tout calcul sur des données très différentes. Je suis loin d'être le premier qui ait montré peu de foi à de semblables *résultats fondés en grande partie sur l'interprétation de passages de divers auteurs anciens.* C'est une véritable controverse d'érudits qui paraît loin d'être épuisée, témoin cette attaque récente de M. Letronne sur les effets exagérés des attérissemens du Nil. (*Bull. univ., sect. des scienc. nat.,* juin 1831, p. 283.) On se rappelle aussi que la distance de la mer à la ville de Damiette a été citée, par M. Cuvier (*Théorie de la terre,* pag. 70), comme « un chronomètre de la masse des alluvions » fluviatiles produites pendant moins de six siècles. » Or M. Reinaud a prouvé qu'après le départ de saint Louis les émirs égyptiens, voulant prévenir une nouvelle invasion du même côté, rasèrent Damiette, et fondèrent une nouvelle ville dans l'intérieur des terres (1).

(1) **Extraits des historiens arabes relatifs aux guerres des croisades**, p. 477 et 481.

Quoique les recherches historiques sortent du cercle ordinaire de mes études, j'aurais pu citer encore d'autres exemples d'erreur, mais je m'arrête pour laisser le champ libre à un véritable érudit. Certains passages des anciens auteurs nous étant opposés par nos adversaires comme des preuves sans réplique, le lecteur apprendra avec d'autant plus de plaisir que M. Letronne a rassemblé sur toutes les questions relatives au déluge tous les documens qu'ont pu lui fournir les ouvrages et les monumens des anciens. Pendant que ces feuilles passent à l'impression, il est occupé à montrer dans ses leçons publiques, au Collége de France, combien on avait mal interprété les traditions des peuples et les anciennes chroniques. Au lieu de déluge universel il admet plusieurs inondations locales, telles que celles de Deucalion, de Noé, etc., dont le souvenir s'est perpétué chez les peuples voisins des lieux où elles ont eu lieu. Plus tard ces catastrophes, embellies par les poètes, ont été confondues, mal à propos, les unes avec les autres, et l'on s'est efforcé de faire concorder les fables les plus grossières ou de ramener sans saine critique les traditions des divers peuples à une seule origine. Il est même arrivé qu'on a pris des fictions mythologiques pour des souvenirs de déluge. Enfin la vaste érudition de cet académicien lui a fourni aussi les moyens de prouver la fausseté des calculs basés sur les alluvions des fleuves. Comme ce savant arrive par l'histoire précisément aux mêmes résultats que moi, je ne pouvais désirer un meilleur appui à mes opinions basées uniquement sur la géologie. Je renvoie donc le lecteur soit aux ouvrages anciens sur cette matière, tels que celui de Lenglet (Introduct. à l'Hist. ou Recherch. sur les dernières Révolutions du Globe, in 8° 1812); le mémoire de Freret, etc., soit à celui dans lequel M. Letronne consignera ces recherches, et où l'on apprendra par les détails de géographie géodésique et d'histoire ancienne les lieux où les divers déluges locaux ont probablement eu lieu et les causes premières géologiques de ces inondations.

Géologiquement parlant, je crois que des aperçus fondés sur des documens historiques ou des passages de divers auteurs sont *les bases les plus mauvaises pour établir un cal-*

cul sur les alluvions fluviatiles, car l'ensablement des ports ou l'éloignement de la mer d'une ville jadis maritime dépend encore d'une foule de circonstances soit naturelles, soit produites par l'homme, or comment apprécier toutes ces choses à leur juste valeur? Ne voyons-nous pas les géologues en désaccord sur l'origine de pareils faits, arrivés cependant depuis moins de mille ans, comme le prouve la controverse de MM. Robberds et Taylor sur les côtes, les ports et les rivières du Norfolk? Néanmoins nous voulons nous aventurer à juger des choses qui dépendent d'accidens peut-être quelquefois très naturels, mais arrivés il y a deux, trois ou quatre mille ans.

L'augmentation des dunes, un changement dans le lit d'une rivière, un canal creusé ou approfondi, une ville déplacée, le même nom donné à deux localités voisines, des barques prises pour des vaisseaux, de mauvaises cartes, des fables ou des allégories mal expliquées, peuvent donner lieu aux plus grandes méprises.

S'il est avéré que *les continens continuent d'éprouver des soulèvemens locaux,* l'on aurait encore dans cette action une cause jusqu'ici non appréciée et bien apte à produire des changemens importans dans le contour des côtes.

Les *calculs basés sur les talus de débris accumulés au pied des escarpemens* sont encore sujets à mille erreurs. Ainsi on en a fait sur les blocs qui couvrent le pied du mont Salisbury-Craig à Edimbourg : or cette localité a été balayée par des courans marins et fluviatiles, elle est à côté d'une grande ville, elle était jadis non loin d'habitations romaines ou celtiques, elle est formée par des roches se décomposant lentement, et elle est couverte maintenant de carrières. Elle ne peut donc servir que d'exemple pour le genre d'altération lente des roches doléritiques intactes. Si elle était placée sur le bord d'une eau courante, sa destruction serait tout autre. Bref, établir des calculs sur de pareilles localités me paraît aussi ridicule que d'en faire de semblables sur la butte de Montmartre sans tenir compte ou même en s'efforçant vainement de tenir compte des changemens produits par les exploitations, l'agriculture et les habitations des hommes.

Maintenant qu'on est occupé à relever géodésiquement tous les pays, et que l'imprimerie enregistre journellement une foule d'observations géologiques, ces travaux ne pouvant plus se perdre, il est évident que dans un millier d'années on pourra remarquer sur la surface terrestre des dégradations bien évidentes. Pour le moment actuel l'on ne peut guère faire que des théories plus ou moins ingénieuses.

Admettant néanmoins que les faits historiques démontrent que tout est si nouveau sur la terre, cela ne prouve pas que les continens sont si récemment émergés. Il en résulterait seulement que *les traditions humaines ne remontent pas au-delà d'un certain nombre de siècles.* Le monde, les phénomènes actuels, la nature animée et même l'homme, ou, si l'on veut, une race particulière ou éteinte d'êtres humains auront pu exister auparavant, sans que nous ne puissions jamais espérer d'obtenir quelques renseignemens sur les milliers d'années qui se sont écoulés avant l'époque qu'atteint notre plus ancienne tradition. Il est même indifférent pour le géologue que M. Champollion ou les Chinois aient raison ou tort de reculer ce dernier instant. La terre a été peuplée d'animaux bien plus anciennement. Pouvons-nous raisonnablement décider à quelle époque l'homme a commencé à fouler le sol terrestre?

La notion d'un déluge se trouve, dit-on, dans les monumens ou les chroniques de beaucoup de peuples de l'ancien et du nouveau continent. Cette coïncidence d'idées n'est-elle pas explicable par les émigrations des peuples qui paraissent bien s'être portés de l'Asie, soit vers l'Europe, soit vers certains archipels et même dans l'Amérique. Mais si ce déluge avait été universel, tous les peuples s'en souviendraient. Or, M. Cuvier lui-même croit entrevoir des nations qui n'en ont pas conservé de tradition. (Théorie, édition in-4°, p. 107.)

Ensuite, admettant l'idée plus rationnelle que ce déluge n'a été qu'une catastrophe ou une inondation arrivée dans l'Asie occidentale ou même dans l'Afrique centrale, ou bien que divers pays ont subi des inondations dont le souvenir a été rattaché postérieurement à un déluge universel, *ne serait-il pas possible que Moïse, initié à la science des Égyptiens, et entouré de tant de dépôts coquilliers, ait voulu exprimer allégoriquement que la mer avait séjourné jadis sur toute la terre ou du moins sur la plus grande partie du globe?*

Plusieurs personnes ont eu cette idée, tel que M. Walferdin, membre de la société géologique de France, etc.; je vois que M. Letronne l'emploie aussi pour déchiffrer les origines de la notion d'un déluge.

Si l'océan avait inondé toute la terre, ainsi que ses plus hautes montagnes, on devrait retrouver partout les alluvions ainsi produites; or, *le prétendu diluvium ne couvre que de grandes plaines, les bords des grands fleuves et des rivières, et quelques plateaux peu élevés;* ou bien, si on le trouve *à des niveaux considérables, il encroûte des bassins séparés,* et ne s'étend point de ces lieux directement vers la mer, ou bien les soulèvemens sont là pour expliquer les cas exceptionnels. Dans les grandes chaînes, nous ne voyons dans les gorges et sur les pentes des montagnes que de grandes masses de débris non arrondis, dont l'âge précis est le plus souvent très difficile, si ce n'est impossible à assigner. *Des amas de cailloux roulés sur les hautes montagnes et hors du lit des cours d'eau est un fait qui n'a jamais été observé,* tandis que *les soulèvemens paraissent avoir produit dans plusieurs chaînes d'énormes débris, qui couvrent en fragmens angulaires surtout les pentes des plus hautes sommités.* Les granites du Hartz et de l'île d'Arran, les Pyrénées, les Alpes, le Tatra offrent des exemples de ce genre, et quelquefois même ces masses, au lieu d'être projetées, forment, sous la forme des salbandes, des espèces de brèches autour des matières épanchées du sein de la terre. La décomposition est venue ensuite arrondir ces fragmens, et en augmenter le nombre.

Lorsque des chaînes ont été soulevées postérieurement à tout le sol tertiaire, et que ce mouvement a été fort considérable, une immensité de blocs ont été projetés et dispersés par le mouvement imprimé aux eaux. Tout le monde sait que c'est là l'origine des blocs erratiques ou d'une partie de ces blocs dans l'Europe septentrionale et de la Suisse, tandis que dans le nord des Etats-Unis, des fendillemens subits ont pu produire l'écoulement d'immenses mers intérieures, et aussi la dispersion de blocs dans certaines directions. Or différentes circonstances ou divers obstacles ont nécessité le dépôt de quelques uns de ces débris à des hauteurs considérables, vu l'élévation dont ils partaient; mais jusqu'ici aucun géologue du continent n'y a cherché un argument en faveur du déluge historique.

Les géologues anglais sont les seuls savans qui aient voulu comprendre dans leur diluvium les blocs épars en Angleterre, et situés quelquefois sur des niveaux assez élevés pour ce pays. Reconnaissant souvent le lieu natal éloigné de ces pierres, ils y ont cru voir une preuve de l'élévation de l'océan et de la force des courans qui ont balayé leur île. Or, il faut toujours se rappeler que les plus hautes sommités d'Angleterre n'atteignent pas 4,000 pieds, et que leur hauteur moyenne varie de 2 à 3,000 pieds; maintenant, ces blocs n'existent pas sur les crêtes, mais ils ne nous sont indiqués que dans les plaines, sur les petits plateaux et sur quelques basses sommités. Ensuite, parmi ces masses, ils oublient d'en déduire celles produites par les soulèvemens des montagnes.

Tous ces faits sont extrêmement naturels, et rentrent dans ceux que nous observons ailleurs en Europe. Les montagnes de la Grande-Bretagne ont éprouvé de grandes dégradations; ce pays a été déchiré et séparé violemment du reste de l'Europe; des portions en ont été submergées, et d'autres soulevées récemment : voilà toute l'explication des phénomènes.

Le *diluvium d'Angleterre n'est autre chose que les alluvions anciennes de tous les autres pays examinés jusqu'ici.* M. Lyell a voulu renverser la théorie diluvienne, en prouvant que le diluvium d'Angleterre n'existe pas en Auvergne. Il est tombé dans une grave erreur. Si les alluvions anciennes de ce pays, comparées à celles d'Angleterre, présentent des différences, cela dépend de la situation respective des deux pays lors de ces dépôts et des modifications particulières de configuration extérieure et de niveau qu'ils ont éprouvés, chacun de son côté.

L'on s'est beaucoup appuyé sur les restes d'êtres marins contenus dans le diluvium, pour prétendre que c'était le produit d'un déluge universel. Le raisonnement pouvait être spécieux dans les siècles passés, vu l'état de la géologie et de la zoologie ; mais on doit s'étonner de voir de semblables propositions énoncées par des savans si distingués que plusieurs géologues éminens d'Angleterre.

En effet, les fossiles marins n'existent réellement dans le *diluvium* que sur les bords actuels de la mer ; partout ailleurs, les alluvions anciennes n'ont offert que des débris de végétaux et d'animaux terrestres. C'est, en un mot, un dépôt fluviatile ou d'eau douce, et non point un dépôt marin.

Ces dernières années, M. Gilberton a découvert dans plusieurs endroits, près de Preston, dans le Lancashire, des graviers diluviens à coquilles marines, à 3oo pieds sur la mer ; une marne alluviale couvre le pays sur une étendue de sept lieues. (*Journ. de géologie, mars* 1831.) Plus tard, M. Trimmer a trouvé des bancs de cailloux granitiques et crayeux avec des fossiles marins dans le Caernarvonshire sur les pentes de la vallée d'Ogwen, et même au sommet du Mont-Moel-Tryfane, à 1ooo pieds sur la mer. (*Proceedings of the geol. Soc. of London*, 1831, n. 22 p. 331.)

Ces faits, présentés par deux localités voisines, sont très curieux ; il est bien prouvé que ces coquillages sont marins, et qu'ils ont leurs analogues dans le canal Saint-George ; mais ils ne sont nullement une preuve du déluge de Noé, comme le voudraient quelques Anglais.

C'est un accident local, résultant probablement d'un soulèvement postérieur à ces dépôts ; donc cela ne peut pas être le produit d'une inondation générale, qui devrait contenir, non seulement beaucoup des productions marines et terrestres de l'époque anté-diluvienne, mais encore des restes des races humaines, des produits des arts et de leurs habitations.

Enfin, les espèces perdues d'animaux ensevelis dans les alluvions anciennes démontrent clairement et simplement par la zoologie que le diluvium n'est pas le produit du déluge mosaïque, dût-il même avoir eu lieu, comme quelques personnes le conçoivent.

Si le contraire était la vérité, les ossemens du prétendu *diluvium* n'offriraient que les restes des animaux existans encore actuellement; plus ceux des singes et des hommes dont on ne veut pas entendre parler. Sans cela il faudrait encore recourir à un miracle pour métamorphoser presque entièrement la ménagerie du patriarche Noé. Or voir entrer dans les salles de l'arche des mastodontes, d'énormes éléphans, des tapirs très grands, des ours d'une dimension prodigieuse, bref des races animales gigantesques, et n'en déposer sur l'Ararat que des miniatures; certes c'est une féerie trop bizarre pour avoir été omise comme une des particularités les plus singulières du déluge. Faire comme certains méthodistes anglais, des suppositions paradoxales sur la quantité de nourriture des animaux enfermés dans l'arche, sur la grandeur de ce bâtiment, sur les prédilections de Noé pour certains animaux, etc.; voilà des suppositions de mauvais goût, des folies qui sembleraient n'être plus de **notre** siècle, et qui se publient cependant dans le pays se prétendant le plus avancé dans la civilisation.

Après avoir ainsi débattu la question du déluge et du diluvium, on devrait croire qu'aucun homme éclairé ne se serait pas aventuré à soutenir de pareilles rêveries. *Telles sont cependant les notions singulières que n'ont cessé de propager des têtes bien organisées, tant en Angleterre qu'en France.* M. Buckland, homme aussi savant et ingénieux qu'estimable, a intimement lié cette idée à son beau travail sur les cavernes, qui lui a valu une des médailles d'or de la Société royale de Londres. Ce même système est un des piliers de la Théorie de la terre de M. Cuvier. Selon ce grand zoologue, « s'il y a » quelque chose de constaté en géologie, c'est que la surface » de notre globe a été le théâtre d'une grande et subite ré- » volution, dont la date ne peut remonter beaucoup au-delà » de cinq ou six mille ans. » (*Théorie de la terre*, édit. in 4°, pag. 138.) Dans un autre passage, le même savant déclare que « le déluge universel a été commun à tous les peuples » (pag. 86); et dans un troisième, il prononce lui-même sa condamnation en ces termes : « Le diluvium forme la preuve » la plus sensible de l'inondation immense qui a été la der- » nière des catastrophes du globe. » (Edit. in-4°, pag. 141.)

M. Brongniart est plus réservé lorsqu'il s'agit du déluge mosaïque, parce qu'il connaît infiniment mieux que M. Cuvier la géologie ; néanmoins il semble s'associer jusqu'à un certain point à l'idée de son collègue, puisqu'il fixe au moins à quatre mille ans le commencement de la dernière période géognostique. (*Tableau des terrains*, pag. 9.)

Supposant un moment un malheureux géologue lançant dans le public un opuscule ridicule sur la zoologie, certes, dût-il être du style le plus coulant et flatter le palais des ignorans ou des gens du monde, M. Cuvier ou les zoologues renverraient à ses carrières le malencontreux auteur. De cette certitude, il en résulte donc que M. Cuvier sortant de son anatomie ne doit donc pas s'étonner d'entendre taxer, un peu durement peut-être, sa géologie (entendons-nous bien) « le résultat d'une promenade autour de Montmartre. » (*Revue d'Edimbourg.*) Ce zoologue si distingué semble si sûr de son fait, que les éditions de sa théorie se succèdent sans qu'il veuille prendre la peine de profiter des travaux des autres pour corriger ses erremens, ou au moins pour discuter les observations contradictoires. Ainsi les travaux de MM. Constant Prevost, de Buch, de Beaumont et d'autres, sont comme non avenus. Se fiant sur son autorité, il croit qu'elle subsistera toujours ; mais dès que malheureusement l'étincelle de cette âme ingénieuse se sera éteinte, les personnes qui n'osent maintenant contredire M. Cuvier, par respect, ou pour leur avantage particulier, seront les plus acharnées à se dédommager de leur long silence ou de leur obligation de le garder. Pour moi, toujours prêt à défendre le mérite calomnié des personnes, mais peu enclin à plier ma conscience aux caprices de qui que ce soit, je crois mieux servir et la science et un des chefs de l'école zoologico-géologique en l'attaquant de front et pendant sa vie. Cette liberté me paraît un complément indispensable de la liberté civile.

Le savant auteur du *Tableau des terrains* voudrait faire

entendre que « nous sommes entrés depuis quatre mille, au
» moins, dans un état de repos qui peut avoir encore une
» longue suite de siècles, et qui est constaté par toutes les
» observations et toutes les notions historiques. » (*Tableau,*
pag. 9.) Il prétend que « la supposition d'une formation de
» couches solides sous la mer actuelle est une pure hypo-
» thèse. » (*dito,* p. 60.) Je ne lui contesterai pas que l'é-
poque alluviale moderne paraît moins féconde en dépôts que
la période alluviale ancienne ; mais je ne puis pas adopter
pour cela que cette première époque soit caractérisée par un
repos absolu. M. Brongniart semble faire une pure hypothèse
pour étayer un système.

Il se forme toujours sous la mer, comme sur la terre, des
masses d'origine ignée, et des dépôts aqueux, chimiques ou
mécaniques, qui ne nous paraissent, comme à M. Prevost,
qu'une continuation des opérations de la nature dans les temps
antérieurs. Les circonstances seules ont changé ; la température générale du globe a baissé, les phénomènes ignés et électriques ont diminué, et les divers dépôts ont ainsi diminué
ou se sont modifiés. D'ailleurs l'auteur nous énumère lui-
même les formations qui ont encore lieu sous nos yeux, et
il entrevoit même (page 30) la possibilité que « toutes les
» parties de la terre ne sont pas devenues habitables à la fois,
» et que si le niveau de l'Océan n'a pu changer dans un lieu
» sans changer dans un autre, la formation des terrains sous-
» marins, des élévations de continent, des sublimations, des
» filons métallifères, etc. », ont pu continuer dans quelques
parties, tandis qu'elles avaient cessé ailleurs. D'après cela, cet
état de repos n'est donc plus pour lui qu'un état de tranquillité comparé à d'autres périodes, où il se formait infiniment plus de dépôts. Nous sommes donc d'accord sur les
faits, quoique nous différions sur les termes.

« Mais je ne puis pas lui accorder que depuis les temps
» historiques les plus reculés on n'a aucun exemple authenti-
» que de grands phénomènes géologiques, tel qu'un abaisse-
» ment de la mer, une formation de couches sous-marines
» étendue, puissante, et qu'on ne peut citer aucune forma-
» tion d'une étendue de quelques myriamètres de porphyre,

» de gypse, aucune couche sous-marine ou sous-lacustre de
» calcaire compacte renfermant des débris organiques réelle-
» ment pétrifiés, c'est-à-dire, dont la nature chimique, dont
» même la texture cristalline ait changé, etc. (p. 3o). Je pense
que « si tout ce qu'on cite d'analogue s'est montré sur une
» plus petite échelle » (p. 3i), les résultats sont néanmoins
comparables. Des abaissemens de la mer ont eu lieu sous
nos yeux, si l'on veut entendre par là le soulèvement des
continens, comme par exemple sur les côtes du Chili. Les
sondages dans les détroits et les mers étroites y ont indiqué
des bancs de sable, de cailloux, d'huîtres, de coquilles, etc.
(Comparez avec ce que dit M. B. à la page 6o). Du gypse
s'est formé par l'action des pyrites décomposées sur du calcaire, en Moravie et ailleurs par d'autres causes.

M. Brongniart admet lui-même la formation de calcaire
marin non loin des côtes dans l'époque alluviale, puisqu'il
croit que le calcaire coquillier de Basse-Terre à la Guade-
loupe a été formé et mis à sec pendant la période saturnienne (p. 9i). Or, comme les fossiles sont, d'après
M. Brongniart, identiques avec ceux des mers voisines, je
ne vois pas ce qui nous dit que cette formation et ce dé-
laissement datent plutôt de l'époque alluviale ancienne que
du commencement de la période jovienne. Ensuite il parle
dans un autre passage *de ce qui se fait dans le fond des
mers dans le monde actuel* (p. 2o1).

M. Brongniart nous apprend lui-même que des dépôts
lacustres se sont formés de nos jours en Écosse (p. 13g).
De plus on a cité dans les tourbières des bois carbonisés, des
noisettes changées en spath calcaire et en quarz (1), du bois
silicifié, des troncs d'arbres qui se métamorphosent petit à
petit en masse de grès dans la Nouvelle-Hollande et en
Afrique, etc. Je trouve donc avec M. Brongniart «que les
» phénomènes qui se passent sous nos yeux peuvent nous
» rappeler ceux plus grands de la période précédente et
» même nous faire entrevoir leurs causes (p. 32). L'activité
» des volcans et l'action mécanique et chimique des eaux

(1) On en conserve dans le musée du Yorshire.

» actuelles est la suite en petit des mêmes phénomènes qui
» ont agi plus puissamment pendant la période alluviale an-
» cienne ou saturnienne» (p. 32). Enfin je prends acte de
cet aveu que «les minéraux, les roches et les terrains de la
» période jovienne n'offrent souvent aucune chronologie cer-
» taine» (p. 33), et je l'applique à l'impossibilité de séparer
cette période des alluvions anciennes; fait que le savant auteur m'accorde presque, puisqu'il avoue l'extrême difficulté
« d'établir cette ligne de démarcation qui résulte uniquement
» de l'époque de leur formation» et qu'il ajoute que malgré
les règles qu'il croit avoir été solidement établies par M. Sedgwick, il y a des cas où la distinction devient impossible;
car dire que «dans le plus grand nombre de cas ces moyens
» sont sûrs pour distinguer ces dépôts» (p. 34), c'est reconnaître qu'il y a cependant des circonstances où ils ne
sont pas suffisans. Enfin il admet qu'il y a «mélange des deux
» dépôts dans quelques lieux» (p. 40); et il dit que les calcaires formés aux deux époques sont impossibles à séparer,
et que ceux de l'époque alluviale moderne peuvent même
contenir des animaux éteints. Certes si chacun de ces terrains
d'alluvion ancienne et moderne offrait partout des couches à ossemens ou coquillages ou à débris de l'espèce humaine, ou de
ses arts, etc., ce serait la véritable *pagination*, si je puis m'exprimer ainsi, de la série des dépôts. Mais ces accidens
auxquels nous cherchons à toute force à rattacher notre
classification, sont des raretés, et le plus souvent des amas
immenses de cailloux, de sables et de marnes forment les
deux sols en question, et la nature des débris ou leur grosseur *péponaire*, ou *ovulaire*, ou bien *miliaire*, ne décide
fréquemment rien : on n'a plus que la ressource de l'observation des stratifications contrastantes. *Lorsque tous ces élé-*
mens manquent, trouver les limites de pareils dépôts res-
semble à des recherches telles que celle du mouvement
perpétuel ou de la cadrature du cercle. Je le répète, cette
distinction n'est rigoureusement possible que dans des cas
particuliers, et c'est à ces derniers que sont applicables les
règles posées par M. Sedgwick.

11

La nature des roches ne peut pas guider dans la classi-
fication des dépôts d'alluvions et je ne puis même admettre avec M. Brongniart que le travertin compacte et solide
indique sa formation pendant l'époque alluviale ancienne
ou au commencement de celle où nous sommes (p. 43).

Quant à cette *idée de placer le commencement de la période*
moderne alluviale à quatre mille ans, c'est une hypothèse reproduite, comme nous l'avons vu, sans le moindre fondement,
et même tout-à-fait contraire aux idées adoptées par l'auteur
et en particulier à celles sur le diluvium.

De plus M. Brongniart admet la possibilité que la période
alluviale moderne ou jovienne ait commencé plus tôt dans
certaines parties de la terre que dans d'autres : donc la fixa-
tion du commencement de cette époque à quatre mille ans
ne s'appliquerait qu'à une partie du globe et non à toute sa
surface.

Enfin, *comme les dépôts tertiaires supérieurs ou quater-*
naires sont liés aux alluvions anciennes, celles-ci passent
aux sédimens plus modernes de la manière la plus évidente,
lorsque les circonstances sont favorables, et l'on voit ainsi
que les mêmes forces motrices et productrices existent encore, mais que leur puissance, et par suite leurs effets, ont
seuls été modifiés par divers changemens climatoriaux et
autres. D'une autre part, lorsqu'un lac ou une mer de l'époque alluviale ancienne s'est écoulé par suite d'un fendillement volcanique ou du creusement d'un canal d'écoulement,
il est évident que les alluvions modernes y occupent un niveau plus bas qui les distingue alors de la plupart des autres
dépôts semblables, mais placés sur des plans plus élevés.
C'est aussi ce caractère que M. Brongniart met en avant
pour séparer les travertins anciens et modernes (p. 44).

Lorsque le soulèvement d'une chaîne a donné une forte
impulsion à une masse d'eau située dans son voisinage ou
vomie de la terre, comme le supposent dans quelques cas
MM. Brongniart et Rozet (*Tabl. de terr.* p. 123), il est possible que les alluvions de pareilles débâcles occupent des
niveaux fort supérieurs à ceux des rivières actuelles. Tout

soulèvement doit naturellement déverser sur la terre des torrens d'eau, puisque ce liquide y remplit de grands réservoirs et existe partout.

De plus, il est fort probable que d'énormes torrens d'eau acidule sont sortis du globe à la suite des phénomènes ignés et des soulèvemens. Les érosions observées sur les rochers et les sources minérales encore existantes appuient cette idée; mais lorsque M. Brongniart croit reconnaître dans les baies profondes, les *fjords*, les fentes qui ont laissé échapper ces torrens (p. 123), il me semble qu'on ne doit pas aller si loin et que ces vallées ne sont que des effets de déchiremens. Dans tous ces modes de formation des matières alluviales, ces dernières ayant pu, pendant les différentes périodes, être arrivées des mêmes localités, il sera encore impossible, çà et là, de tracer la limite entre des dépôts dont les matériaux seront identiques, et qui n'offriront qu'exceptionellement des caractères zoologiques. M. Sedgwick lui-même après avoir cru trouver des distinctions paléontologiques, a reconnu encore récemment les difficultés énumérées. (Voyez son discours à la Soc. géolog. de Londres, en février 1831.)

M. Brongniart esquive d'une manière particulière toutes ces difficultés ou plutôt il nie nettement le déluge mosaïque, «en plaçant le commencement de l'époque jovienne à la »naissance du genre humain» (p. 28), et en regardant le diluvium, non comme le produit du déluge historique, mais comme un autre état des continens. Or, d'après le même savant, il est clair que ce dernier cataclysme aurait eu lieu dans l'époque jovienne, puisque des hommes ont existé avant que Noé entrât dans son arche; mais il n'en parle pas parmi les phénomènes de cette époque, donc il nie le déluge de Moïse, et est en parfait désaccord avec les théologiens-géologues d'Angleterre.

Mes conclusions sont donc que, 1° *si beaucoup de parties de la terre ont été sujettes à des inondations, jusqu'ici on n'a pas découvert de preuves d'un déluge universel tel qu'il est indiqué par Moïse et adopté par beaucoup de savans;*

2° *Que les alluvions anciennes, ou le diluvium, ou même*

seulement des portions de ces dépôts ne peuvent provenir du prétendu déluge historique; enfin, 3° que, vu la connexion intime entre les alluvions modernes et les alluvions anciennes et entre celles-ci et les dépôts plus anciens, les phénomènes géologiques actuels ne sont qu'une suite de ceux qui ont eu lieu autrefois.

OBSERVATIONS
SUR LE SOL TERTIAIRE,

TEL QU'IL EST CONÇU

PAR M. BRONGNIART.

—

Dans son utile Tableau des terrains, M. Brongniart a modifié quelques unes des idées qu'il avait émises antérieurement sur certains points géologiques du sol tertiaire. Il a ainsi reconnu les progrès de la science, et il a voulu les suivre. Plus son autorité, en fait de terrains tertiaires, est grande, plus ses jugemens doivent être commentés, et pesés avec précaution, quand les faits semblent être contre lui. Voilà ce qui m'engage à exposer mes doutes, en reconnaissant combien M. Brongniart a avancé la sience, et a été utile de tout temps aux géologues qui l'ont approché et ont joui de son cabinet.

Un des points les plus importans sur lesquels M. Brongniart ait cédé, qui soit maintenant devenu plus clair, c'est la *séparation de l'argile plastique ou de son terrain argilo-sableux d'avec les autres dépôts tertiaires si nombreux d'argile à lignites.* Il n'y cite même plus aucune trace de lignite (p. 6), et aucun débris organique (p. 182); il reconnaît que ce n'est qu'un petit dépôt d'*amas couchés sur des surfaces de roches dans des cavités de ces dernières* (p. 182). Enfin il admet non seulement qu'il y a de l'argile plastique sous la craie (p. 183), mais encore que l'argile figuline accompagnant les lignites tertiaires, *ne diffère que très peu de l'argile plastique* (p. 177). D'après ces aveux si clairs, et si dignes d'un homme ami de la vérité, il faut croire que M. Brongniart était encore dans ses anciennes idées lorsqu'il écrivait qu'*il y a entre le calcaire grossier et la craie un terrain composé d'argile pure et de bois bitumineux, accompagné de corps organisés terrestres ou fluviatiles* (p. 185), et ailleurs, lorsqu'il parlait *de l'argile plastique et de ses débris organiques d'eau douce* (p. 194). Au reste, je ne relève cette apparente contradiction que pour faire mieux ressortir la véritable et dernière classification à laquelle notre savant confrère s'est arrêté.

D'un autre côté, une fois qu'il sépare l'argile plastique des argiles à lignites, nous sommes en droit de lui demander les preuves que l'argile à lignites de Cologne et l'argile plastique de Grossalmerode en Hesse appartiennent à son groupe argilo-sableux. Dans les deux localités l'on trouve des caractères qui sont contraires à ceux qu'il nous donne pour ce groupe ; ainsi il y a des fossiles à Cologne ; les poissons du Dusodile en sont très connus, et il y a même dans les argiles des dents de mastodonte, décrites par M. Noggerath. Ainsi, ce sont tout-à-fait les caractères zoologiques du groupe *protéique* ou tertiaire supérieur, au moins tels que M. Brongniart nous les donne. Quant à Grossalmerode, c'est une pure ressemblance minéralogique qui peut aussi bien tromper dans ce cas que dans celui de l'argile plastique du sable vert. Au moins aucune indication certaine ne nous dit que ce rapprochement est juste, tandis que l'association de cette argile avec du lignite, comme aussi au Meissner, est contraire aux caractères donnés par M. Brongniart. Ensuite, comme il n'admet dans l'argile plastique « qu'un dépôt mécanique extrême- » ment fin sur lequel l'action chimique a eu quelque in- » fluence » (p. 181), il me paraît, d'après mes humbles connaissances, qu'il y a des argiles plastiques ou des argiles figulines très peu différentes des précédentes, dans des formations autres que celles où M. Brongniart en cite. Ainsi les lignites du terrain tertiaire supérieur en offrent quelquefois, comme à Wolfseck en haute Autriche, en Bohème, etc., et il y en a dans les parties du Keuper, immédiatement sous le lias du Cobourg méridional (Kipfendorf). N'y en aurait-il même pas dans le sol alluvial ?

Les argiles plastiques, considérées minéralogiquement, me semblent un dépôt de débris très fins, provenant des terrains granitiques ou siénitiques ; il est naturel que lorsque ces derniers n'étaient pas dans le voisinage, cette roche n'ait pu se former, et il s'est déposé d'autres composés minéralogiques. Pourrait-on donc raisonnablement y voir un dépôt de source, malgré ses caractères de roches arénacées? Si nous sommes dans l'erreur, nous la reconnaîtrons aussitôt qu'elle nous aura été signalée.

Quant à son *terrain marno-charbonneux, c'est un dépôt subordonné à divers étages du sol tertiaire*, ou si l'on veut, seulement au calcaire parisien; ainsi, M. Brongniart a d'autant plus tort de l'appeler un *terrain* (p. 176), qu'il met cette expression en parallèle avec tous les mots de *grande formation* (p. 4). De plus, il reconnaît lui-même qu'il groupe dans ce dépôt des assises diverses, puisqu'il dit qu'il est tantôt subordonné au calcaire grossier, tantôt tout-à-fait indépendant de lui, et qu'il se trouve aussi bien dans sa partie inférieure qu'au milieu de ses couches (p. 177). Or, je le demande, si l'on appelle la grauwacke ou le grès bigarré une grande formation, doit-on raisonnablement rapprocher de ces divisions des dépôts si subordonnés que de semblables assises marno-charbonneuses? C'est donc une dépendance pure et simple du calcaire parisien ou tritonien, dont le premier membre est l'argile plastique, dépôt minime et ne méritant plus le nom de terrain, puisqu'il manque même dans une partie du bassin de Paris, comme dans le département de l'Oise. Si l'argile plastique de Paris n'offre pas de coquillages d'eau douce, il y en a dans les argiles placées au milieu des sables verts, sous le calcaire grossier de cette dernière partie du bassin parisien (Beauvais).

Mon idée paraîtra une hérésie, quoique bien simple, et conforme à d'autres faits du même genre. Ainsi l'argile subapennine est surmontée de sables et de calcaire moellon; dans ces derniers il y a, surtout inférieurement, quelques assises d'argile identique avec l'argile micacée subapennine. Personne ne s'est encore imaginé de séparer ces couches subordonnées des sables et du calcaire, pour en faire un groupe ou un terrain. Au contraire, tout le monde s'est plu à reconnaître que ces alternats étaient, comme entre d'autres dépôts, les points de passage ou de liaison, et que les couches argileuses les plus supérieures s'éloignaient le plus de la nature des argiles subapennines, et se mélangeaient le plus de sable et de calcaire, et *vice versá*.

Maintenant, je le demande, n'en est-il pas de même pour l'argile plastique et les couches argileuses, quelquefois à sable et à lignites du calcaire parisien? N'est-il pas clair qu'au dépôt limoneux et argileux très pur, a succédé par intervalles un dépôt limoneux plus mélangé de parties calcaires, qui a enveloppé des lignites et des coquilles d'eau douce, parceque accidentellement ces objets ont été charriés dans la mer, tandis qu'ils ne l'étaient pas lors du dépôt de l'argile plastique?

M. Brongniart n'avoue-t-il pas lui-même que *la distinction de cette argile d'avec son terrain marno-charbonneux est quelquefois presque impossible* (p. 179), et que d'ailleurs la différence minéralogique des deux argiles est très peu différente (p. 177), et qu'elles contiennent les mêmes minéraux (Sélénite, Pyrites). Enfin, ne dit-il pas expressément que *son terrain marno-charbonneux est quelquefois tout-à-fait au-dessous du calcaire tritonien* (p. 177); mais c'est la place assignée à l'argile plastique, dont ces deux argiles ne font qu'un seul dépôt.

Du reste, aurait-on jamais pensé en Angleterre à séparer l'argile de Londres de l'argile plastique, sans la distinction établie par M. Brongniart? Un dépôt argileux marin du haut en bas, mais plus plastique ou sableux dans la partie inférieure que dans la partie supérieure, a-t-il jamais été séparé en deux, ou a-t-il jamais pu former deux terrains? De plus, l'argile plastique de Londres offre des fossiles et même des coquilles d'eau douce; or le rapprochement de cette argile avec celle de Paris ne pouvait avoir lieu que lorsque M. Brongniart réunissait encore avec celle de Paris toutes les argiles tertiaires à lignites.

Enfin, si l'argile plastique d'Angleterre est reconnue non identique avec celle de Paris dans l'état de nos connaissances, je défie M. Brongniart de nommer dans toute l'Europe une seule localité, hors du bassin parisien, où elle existe incontestablement; s'il en avait eu à nommer d'autres que les deux

dont nous avons contesté le classement rationnel, il les aurait certes citées.

Je crois donc pouvoir conclure, sans mériter le nom d'in-
novateur, que l'argile plastique n'existe pas plus que la
marne charbonneuse comme terrain ou formation, mais
qu'elle n'est dans le bassin de Paris que le premier membre
(non toujours présent) d'un dépôt marin surtout calcaire, qui
contient intercalées des assises argileuses peu dissemblables,
et assez souvent à lignites ou coquilles d'eau douce avec ou
sans fossiles marins. Dans ma classification je ne fais que suivre
les préceptes de mon ancien maître, M. Jameson, et certes si
l'école de Werner a un mérite, c'est d'avoir inculqué à ses élèves
les vrais fondemens de la science, ou la distinction des formations, des dépôts et des couches. Quant au *calcaire parisien* ou
tritonien, je suis obligé de dire que, d'après ce que j'ai vu et
lu, ce dépôt ne paraît exister dans toute l'Europe qu'autour
de Paris, probablement sur le pied sud des Alpes, dans quelques
localités très circonscrites du nord-ouest de l'Allemagne (Ever-
sen, Lemgo), et d'après M. Jouannet même près de Bordeaux.
Ailleurs le calcaire qu'on lui a comparé en Allemagne recouvre des lignites; donc ce caractère seul le placerait plus
haut, d'après M. Brongniart.

C'est du terrain tertiaire supérieur seul qu'il est permis de
dire ce que M. Brongniart croit devoir admettre pour le calcaire parisien; savoir, qu'*il s'étend depuis la partie occidentale de la France jusque vers l'extrémité orientale de
l'Europe* (pag. 185). Je pense que déjà M. Brongniart a reconnu son erreur, de citer, comme localités du calcaire tritonien, la Bretagne, les Landes, Montpellier, la Bavière,
l'Autriche et la Hongrie (pag. 190). Au moins pour les trois
dernières localités, ce sont MM. Beudant, Prevost et moi qui
pouvons seuls être les véritables auteurs de cette méprise;
donc, puisque nous la reconnaissons, M. Brongniart nous
suivra d'autant plus volontiers que M. Deshayes est aussi de
notre avis.

Pour la *molasse rouge* de la Suisse (pag. 190), elle n'offre
pas le moindre caractère propre à la faire placer en parallèle
avec le calcaire tritonien. C'est un système de marnes endur-

cies, grises et rouges, sans fossiles, avec des lits rares de grès à poix minérale, et elles sont couvertes en stratification concordante et contrastante par la molasse à lignites, gypse et coquilles d'eau douce de Genève (Nant de Verni). Elles plongent, d'après M. Necker, sous le grès à fucoïdes des Voirons, et y passent même à Juvigny; tandis qu'elles recouvriraient, suivant lui, le grès vert de la perte du Rhône. Croyant avoir revu dans les Carpathes un système de couches semblables dans le sol arénacé secondaire récent, je serai assez enclin à y voir, comme M. Necker, des dépendances du grès à fucoïdes, si d'autres observations ne viennent pas démontrer le contraire. J'attendrai donc que M. Brongniart veuille bien nous développer les motifs de sa classification.

La même faute que M. Brongniart fait en parlant de la distribution du calcaire parisien, il la renouvelle lorsqu'il avance que *les quatre alternatives de terrains tritonien, paléothérien, protéique et épilymnique, peuvent se suivre depuis le bassin de Paris jusqu'en Hongrie* (pag. 190), et lorsqu'il veut appliquer les accidens du bassin parisien, si particulier en Europe, à ceux des bassins si différens *de l'Aar, d'Ulm, de la Bavière, de la Hongrie et de la Lombardie* (pag. 194.), on peut même lui contester la proposition que dans beaucoup de lieux, hors du bassin de Paris, le calcaire tritonien soit surmonté de son terrain paléothérien (pag. 186). J'avoue que je ne connais aucun point hors de Paris où pareille chose se voie; car même en Angleterre le gisement n'est pas tout-à-fait identique, et le cas de Bordeaux n'a pas encore été détaillé suffisamment. D'ailleurs depuis que les ossemens du gypse de Montmartre se trouvent dans le calcaire tritonien, on n'a plus que les caractères minéralogiques pour rapprocher de ce gypse celui du Puy en Velay. Pour celui d'Aix, il offre déjà des caractères zoologiques fort douteux, et il y manque, comme au Puy, le calcaire tritonien. D'ailleurs plusieurs bons observateurs sont d'accord pour placer ce dépôt d'Aix dans le sol tertiaire supérieur.

Ensuite, dans la Lombardie, nous ne connaissons pas de dépôt d'eau douce, et à peine quelques coquilles d'eau douce fort rares. En Hongrie et en Bavière, il n'y a qu'un dépôt d'eau douce formé dans des anciens lacs, dont les bords sont souvent encore visibles; il y a des couches de mélanges de fossiles d'eau douce et marins, mais ce ne sont que de petits accidens du sol tertiaire supérieur. Quant à la vallée de l'Aar, elle ne m'a paru offrir que ce dernier terrain.

Les quatre alternatives de Paris sont des exceptions à une règle générale, et non point le cas sur lequel l'on devait modeler la classification des dépôts tertiaires de tous les bassins. Leur étude si bien faite a causé ce contre-sens (pag. 175), comme celle du zechstein d'Allemagne a embrouillé si long-temps les classemens géologiques. Le sol tertiaire supérieur domine dans le plus grand nombre des bassins tertiaires d'Europe. Le terrain épilymnique est assez peu fréquent hors du bassin parisien, ou, au moins, il y apparaît sans ses accessoires, les meulières. Si le terrain paléothérien ou gypseux est comparable jusqu'à un certain point avec des portions du sol tertiaire de la France centrale, et avec les parties inférieures gypseuses et salifères du système protéique des bassins méditerranéens, il n'existe tel qu'il est décrit qu'à Paris. Enfin le calcaire tritonien est presque propre à Paris, et l'assertion si importante de M. Brongniart, que *dans les collines subapennines le terrain tritonien se confond avec le terrain protéique* (pag. 171), paraît reposer uniquement sur sa description de la montagne de Superga, près de Turin. Or ce mémoire met-il hors de doute l'existence du terrain tritonien? n'en désirerait-on pas avoir la confirmation?

Dans le chapitre du *sol tertiaire supérieur*, M. Brongniart, toujours trop préoccupé des parties inférieures de son édifice, me paraît avoir proposé plusieurs fausses classifications. D'abord il met en parallèle le Nagelfluh du Rigy et de Salzbourg avec celui de la molasse, deux dépôts que je crois, avec MM. Studer et Keferstein, des choses bien distinctes. La molasse contient des couches d'agglomérats, et jusqu'à présent les anciens Nagelfluhs du Rigy indiquent leur plus grande ancienneté en se trouvant en cailloux dans le Nagelfluh plus récent de la molasse. Nous croyons même qu'il faut séparer celui du Rigy du sol tertiaire, tandis qu'à Salzbourg il y a un agglomérat alluvial, un autre crétacé ou de l'âge du Rigy, et un troisième qui appartient peut-être à la molasse.

Ensuite M. Brongniart ne se plaît à placer les lignites de la molasse que dans la partie inférieure de ce dépôt (pag. 148), ou du système *protéique* (pag. 158 et 188), et il voudrait comparer ces assises inférieures à son terrain paléothérien ou gypseux de Paris (pag. 146).

En Suisse les lignites se trouvent à des étages fort différens de la molasse, témoin les différentes couches contenues dans l'Albis et le bois bitumineux d'Usnach comparé au lignite de Kapfnach. En Bavière il y en a aussi à trois ou quatre étages, et en haute Autriche il est de même très facile d'en observer dans les parties les plus supérieures des molasses. Enfin dans le bassin tertiaire de la Bavière, en basse Autriche (Saint-Polten, etc.), en Hongrie (Sarisap), en Styrie et Carinthie, il y a des lignites ou bien des bois bitumineux dans les sables supérieurs à la molasse. Les lignites de Sienne en Italie ont environ la même position. Je ne comprends pas pourquoi M. Brongniart a passé ces derniers sous silence, puisqu'ils sont mentionnés dans mon tableau synoptique des formations, publié en allemand en 1827. Au lieu de reconnaître, comme M. Brongniart, quatre ou cinq dépôts (p. 15) de lignite, j'en trouve à divers étages dans trois groupes tertiaires, savoir, dans les sables tertiaires supérieurs, dans l'argile subapennine et dans le calcaire parisien ; et de plus dans cinq ou six groupes secondaires, tels que le grès vert, l'argile de Kimmeridge, le calcaire à nummulites d'Istrie, l'argile d'Oxford, les marnes du lias, et même dans la partie inférieure du Keuper. Nous savons bien que ces derniers lignites offrent aussi des combustibles qui, sans être de la houille grasse, ont des caractères intermédiaires entre le jayet et cette dernière ; mais ils sont accompagnés aussi quelquefois de lignite véritable.

La comparaison des molasses inférieures avec le terrain gypseux de Paris me paraît juste théoriquement, si on peut penser que ces deux dépôts se sont faits environ à la même époque, mais non point si l'on cherche à déduire cette similitude des caractères zoologiques ou minéralogiques. Au reste, M. Brongniart ne paraît avoir voulu exprimer que ma pensée, puisqu'il dit qu'*il ne s'agit nullement d'établir le moindre rapprochement entre la molasse et le gypse de Montmartre* (pag. 160).

D'un autre côté l'on est très étonné de voir M. Brongniart prétendre que les lignites de la molasse ou du terrain *protéique* sont des dépôts lacustres, et invoquer dans *ce cas la succession des générations d'animaux comme le moyen le plus sûr et peut-être le seul pour déterminer les époques géognostiques* (p. 159 et 290). Cependant ce savant développe fort bien ailleurs les caractères des divers dépôts d'eau douce (p. 166). Il reconnaît que le calcaire fétide qui accompagne les lignites de la Suisse est dépourvu de tubulures sinueuses (p. 165 et 168), et que c'est un dépôt mécanique qui, *s'il ne renferme en général que des débris de corps organisés terrestres ou d'eau douce, peut aussi avoir envel oppé quelques débris d'une autre origine* (p. 169). Dans la même page il explique très clairement comment des dépôts pareils peuvent s'intercaler entre des couches formées dans des golfes de mer ou à l'embouchure des rivières. Il parle explicitement de ces mélanges de fossiles marins et d'eau douce (p. 169, 186 et 188), et il trouve que certains calcaires marins à coquilles d'eau douce, comme celui de Mayence (p. 170, 174 et 185), forment le passage entre les dépôts purement marins et ceux proprement d'eau douce.

Quoiqu'il ait donné lui-même tous les élémens pour résoudre le problème, M. Brongniart, la structure du bassin parisien en tête, nous dit positivement qu'*on a cru reconnaître sous les lignites suisses d'abord un terrain lacustre plus ou moins épais et ensuite un terrain de calcaire parisien* (p. 159) ; faits dont la vérité déciderait la question et dont il ne nous manque que les preuves.

D'abord le calcaire parisien est inconnu dans tous les pays de molasse ou d'argile subapennine, et si une partie de la molasse, la portion autour du lac Léman, offre des coquillages d'eau douce, ces fossiles ne se trouvent pas seulement près des lits de lignites , mais aussi dans quelques lits argileux (Pressy près de Genève). Ainsi il avait déjà tort de dire qu'*il n'y a point de coquilles lacustres au milieu même de la molasse* (p. 148). Ces coquillages ont été charriés par les eaux fluviales, comme il le reconnaît pour le palmier de Lausanne (p. 148). Mais il ne découle pas de ces faits que même la molasse du Léman soit un dépôt lacustre, car les coquillages en question n'y sont pas assez nombreux et n'y sont pas déposés comme dans un dépôt lacustre.

Ces fossiles y sont fortuitement comme les lignites, comme les coquilles d'eau douce ou terrestres éparses si souvent dans le sol tertiaire supérieur du sud de la France, de l'Autriche, de la Styrie, de la Transylvanie et de la Gallicie, ou dans certains grès verts. Enfin considérer dans un grand terrain marin comme la molasse, chaque couche de lignite ou chaque couche à coquilles d'eau douce comme un dépôt lacustre, c'est vraiment tomber dans des suppositions si compliquées et si difficiles à concevoir, qu'une pareille hypothèse paraîtrait même devoir être rejetée, dût-on même n'avoir pas d'autres raisons pour ne pas l'admettre ou d'autres explications bien plus satisfaisantes et simples pour la remplacer.

Cette idée de M. Brongniart provient uniquement de sa théorie sur le dépôt gypseux de Paris. Il le classe dans le second groupe de sa première division des terrains lacustres, savoir, celle où l'on ne voit point dans les roches de ces tubulures ou canaux sinueux; circonstance remarquable qui, si elle était présente, changerait tout-à-fait la question. Il reconnaît que dans ces points de contact avec le sol marin il y a mélange de fossiles d'eau douce et marins (p. 188). Mais il s'appuie sur quelques Lymnées très rares trouvées dans le gypse (p. 186) et surtout sur les marnes à coquillages d'eau douce de Saint-Ouen et de Pantin. Or les fossiles d'eau douce n'y sont pas plus ni même si abondans que dans le calcaire de Mayence qu'il classe avec moi dans les dépôts marins. Certes si une solution saline comme celle qui a déposé le gypse et la strontiane de Paris a dû tuer ou éloigner les animaux marins, elle a dû aussi produire cet effet sur les coquillages d'eau douce, mais cet effet qui a privé le gypse de fossiles n'a pas empêché que ces derniers coquillages amenés accidentellement par les rivières ont pu se conserver dans les lits marneux déposés pendant les instans où la solution était faiblement acidule ou avait précipité tous ses sels. Un hasard a pu même conserver intact dans le gypse marneux un coquillage fluviatile, de même que des carcasses flottantes d'animaux y ont laissé leur squelette et ont souvent une enveloppe marneuse. Il est aussi naturel que, vu le peu de durée de ces momens où la solution était peu saline, les animaux marins n'aient pas eu le temps de reprendre possession de leurs anciennes stations, de manière que la présence de coquilles d'eau douce dans les marnes, dessous, dessus ou dans le gypse, nous paraît un accident de charriage fluviatile facile à comprendre. C'est aussi la raison pour laquelle les fossiles d'eau douce y sont par paquets et non par lits continus. L'existence de bancs coquilliers marins dans la même position le serait plus difficilement, à moins de supposer une succession de dépôts formés pendant des durées de temps fort inégales.

Maintenant si M. Brongniart veut contester à M. Constant Prevost que le gypse de Montmartre remplace dans une partie du bassin une grande portion du calcaire parisien, cela ne change rien à notre manière de raisonner; dût-il même réussir à convaincre son adversaire d'erreur et me prouver que j'ai eu grand tort de parler du gypse comme d'un dépôt subordonné au calcaire parisien (p. 200). Sortons une fois pour toutes de cette mauvaise route, n'attachons pas tant d'importance à quelques coquilles d'eau douce et n'appelons terrain d'eau douce que ceux que M. Brongniart a si bien caractérisés comme tels (p. 166).

On ne sera pas étonné que je ne me sois pas encore occupé des *ossemens du gypse*, leur présence y est devenue même zoologiquement d'aucune valeur, puisqu'on les a reconnus (comparez p. 172) non seulement dans les couches argileuses du calcaire parisien, mais même dans le milieu de ce calcaire; or les premières sont, de l'aveu même de M. Brongniart, des dépôts accidentels de mélanges (p. 170); donc pourquoi refuser de placer les os du gypse dans la même catégorie de dépôts? De plus, suivant M. Brongniart, la *présence du ter-*

rain paléothérien dans le calcaire moellon des terrains pro-
téiques de Montpellier n'est pas une anomalie aux généra-
lités reconnues dans les formations et elle ne détruit aucune
idée reçue ni n'ôte aucune valeur aux caractères zoologiques
(p. 2o3). Sans m'embarrasser si cette assertion s'accorde avec
celle dans laquelle il est dit que *la succession des générations*
est le moyen le plus sûr et peut-être le seul pour déterminer
les époques géognostiques (p. 15g), je la saisis comme une
preuve avérée que le charriage de ces carcasses d'animaux
ou d'ossemens a duré sans interruption pendant toute l'époque tertiaire, et que les mêmes espèces ont vécu durant tout
ce temps sur la terre. Il me semble donc qu'il faut absolument renoncer à cette hypothèse d'un lac gypseux environné de rivages habités par des animaux n'ayant existé qu'à
l'époque paléothérienne: la théorie était ingénieuse, mais les
faits l'ont renversée.

Si je combats ainsi une théorie favorite de M. Brongniart,
je suis prêt à me ranger de son côté, lorsqu'il trouve plus
rationnel de faire sortir les acides nécessaires pour produire
le gypse et la strontiane des entrailles de la terre (p. 196)
que de les faire arriver, comme M. Constant Prevost, de fort
loin, sans qu'ils aient laissé de traces de leur passage. Il
me semble tout naturel que vers les mêmes époques environ et à la suite des grands phénomènes volcaniques anciens de l'Auvergne, des émanations aqueuses et acides se
soient fait jour aussi bien par les immenses fentes reconnaissables en partie dans les vallées de la Loire et de l'Allier, qu'assez
loin de l'Auvergne. La formation du canal de la Manche n'in-
dique-t-elle pas même que le bassin parisien n'était pas loin
d'un des points de l'Europe affectés par les agens volcaniques? Ces phénomènes n'étaient qu'une répétition de ce qui
avait eu lieu plus anciennement après les grandes éruptions.
C'est cette sortie irrégulière des acides qui a produit ce mor-
cellement du terrain paléothérien sur lequel M. Brongniart
s'appuie (p. 156).

Je crois pouvoir ajouter que ma manière d'expliquer la
formation marine du gypse résout toutes les difficultés que
M. Brongniart élève lui-même sur le retour de la mer dans

un bassin d'eau douce, afin de rendre compte du dépôt des *sables supérieurs de Paris*, formation qui a requis le séjour prolongé de l'eau de la mer, comme l'attestent les Balanes.

Ce bassin serait resté salé jusqu'au commencement de l'époque du calcaire d'eau douce supérieur, le seul qui ait les caractères assignés par M. Brongniart à ce genre de terrain. Lors du dépôt du calcaire parisien les fleuves amenaient dans le bassin des limons, des débris de végétaux et d'animaux et quelques fossiles d'eau douce : le limon s'est mêlé avec les débris des coquilles et des corps marins, et a formé le calcaire dans les lieux où nous le voyons, tandis qu'il s'est déposé seul ou mélangé de gypse, de strontiane sulfatée, et de silex, dans les localités où ces dépôts avaient lieu et où il n'y avait pas d'animaux marins. Lorsqu'il n'a pas été charrié assez loin dans la mer parisienne, le limon calcaire avec ses matières accessoires s'est accumulé dans les lieux où les courans fluviatiles et marins les ont portés principalement. Ainsi il s'est formé dans la partie inférieure des dépôts parisiens non pas des alternatives de produits marins et d'eau douce, mais un dépôt marin contenant de nombreuses couches à coquilles fluviatiles et mélangées, çà et là, avec des coquillages marins. Étant des accidens locaux, le nombre de ces mélanges ne peut être déterminé qu'approximativement. On connaît déjà trois à quatre localités de ces associations de fossiles marins et d'eau douce dans le calcaire grossier ; savoir : dans le grès de Beauchamp et d'Ézanville, dans la partie supérieure du massif gypseux et dans les sables verts inférieurs près de Beauvais. Comme des exemples de bancs simplement à coquilles d'eau douce, on peut citer, les couches marneuses à paludines dessus et dessous le grès de Beauchamp dans la descente de Maffliers (1), les roches coquillières de Saint-Ouen sous le gypse, et certaines couches marneuses coquillières (Lymnée, Planorbe) du gypse, un peti lit à paludines au milieu des marnes à huîtres de Montmartre et le calcaire siliceux qui est décidément sur le gypse

(1) M. Brongniart a oublié de mentionner le lit à paludines sous le grès. (Voyez *Description des environs de Paris*, pl. 1 A, fig. 8.)

et non au-dessous de lui, comme on peut s'en assurer dans les fortifications faites sur les hauteurs près de Nogent-sur-Marne, de Fontaine-aux-Bois et de Rosny. Or, les coquilles, quoique souvent effacées dans ce calcaire, n'y paraissent pas une rareté. Enfin la couche à Cythérées est peut-être encore un accident fluviatile.

Ainsi s'expliqueraient clairement ces enchevêtremens du gypse et du calcaire dont M. C. Prévost a parlé, les coquillages d'eau douce isolés dans le calcaire grossier (Cyrène à Passy) et ceux du gypse, les lits d'argile à lignites du calcaire, ses végétaux et ses animaux, ainsi que ceux des assises gypseuses et les masses siliceuses communes aux deux dépôts. Le dépôt du calcaire siliceux serait aussi un accident local d'une eau saumâtre assez imprégnée de silice, les eaux minérales auraient distribué la silice irrégulièrement. La formation saline et silicieuse ayant cessé ou les sources souterraines s'étant épuisées, les dépôts auraient recommencé à être partout de même nature; des bancs marneux à huîtres et des sables achevèrent alors le sol tertiaire de Paris, et plus tard le bassin se changea en entier en lac et commença seulement alors à former le bassin parisien, car, avant cette époque, il s'étendait fort au-delà de ces limites et il communiquait avec les bassins actuels de la Touraine ou de la Loire, du Calvados, de l'Angleterre, et même peut-être de la Belgique et du nord de l'Europe.

M. Brongniart désirant aider le géologue par l'indication des caractères zoologiques des divers dépôts tertiaires, a exposé les particularités propres à faire distinguer le terrain *protéique* ou supérieur, du terrain *tritonien* ou inférieur (p. 152). Je suis fâché d'avouer que ces distinctions zoologiques ne paraissent pas plus satisfaisantes que les différences minéralogiques, et qu'en les appliquant à un grand nombre de bassins, les exceptions à la règle deviennent presque aussi nombreuses que les cas qui s'y plient.

Ainsi, si le terrain protéique offre, non pas supérieurement, comme M. Brongniart le dit (p. 152), mais dans ses parties moyennes supérieures assez de galets et de grès, M. Brongniart oublie les sables, et l'on voit qu'il n'a en vue que les bassins de Paris et de Londres, en parlant de galets de silex. D'ailleurs, le calcaire parisien, y compris l'assise appelée *l'argile plastique*, contient aussi des poudingues et des grès.

Les moules des coquilles du calcaire parisien seraient dans le sol supérieur un bon caractère, si elles étaient fréquentes; mais elles y sont, comme les ossemens, des raretés.

Si les fossiles cités par M. Brongniart comme caractéristiques du terrain supérieur n'existaient pas dans le calcaire parisien, nous aurions encore un bon horizon géologique, puisque ces prétrifications y sont assez abondantes partout ou au moins dans certains lits; mais malheureusement il n'en est pas ainsi : donc, on ne peut plus que s'appuyer sur leur fréquence plus ou moins grande dans un dépôt que dans l'autre. Dans ce cas sont « les Cérithes cordonnées, les Cythé- » rées, le *Pectunculus pulvinatus*, l'*Ostrea flabellula* et quel- » ques autres petites huîtres » (p. 152).

Les indications dans les *parties inférieures du sol supé- rieur, de beaucoup de paillettes de mica, de lits de marne argileuse et calcaire à grandes huîtres, d'os de cétacées, no- tamment de Lamantins, de Clypéastres et de peu d'autres Échinites*, sont utiles, mais tout-à-fait relatives à nos connais- sances bornées; d'ailleurs, si les molasses et les argiles sub- apennines offrent du mica, il y en a aussi dans les sables qui leur sont supérieurs. Les ossemens sont des raretés de grand prix pour le géologue de cabinet, et de peu de valeur pour celui qui fait de la science en plein champ, d'autant plus que M. Brongniart se garde bien de dire que ces os de Lamantins ne se rencontrent que dans ce dépôt. Cette dernière obser- vation s'applique aussi aux Clypéastres. Si l'on cite des bancs d'huîtres, pourquoi ne pas citer de grands peignes, des ba- lanes?

Il n'y a donc que les espèces qui pourraient établir quel- que différence zoologique réelle entre le sol tertiaire infé- rieur et supérieur. C'est, comme M. Brongniart le dit, *au moyen de listes aussi complètes qu'il sera possible de les faire, qu'on pourra arriver à obtenir des caractères tirés de rapports numériques, à défaut de caractères absolus* (p. 369). Cette tâche est, si ce n'est pas impossible, du moins actuellement très difficile, puisque M. Brongni art a réuni sous le même tableau les fossiles de ces deux époques. Or, en tenant compte des espèces non classées définitivement et du terrain thalassique en général (p. 380), puis des espèces du Plaisantin, non classées dans le sol supérieur, ensuite des espèces de Bordeaux, de Dax, du Roussillon, de Turin, de l'Anjou, de la Bretagne, de Mayence, placées à tort dans le calcaire tritonien, et de celles du grès vert de Traunstein, et des Diablerets, comptées parmi les fossiles tertiaires, on peut se former des listes de fossiles qui pourront, pris en masses, aider à déterminer l'âge tertiaire d'un dépôt, s'il renferme beaucoup de fossiles et qu'on ait pu en récolter un grand nombre.

Du reste, l'on est surpris de voir omis dans ce tableau des fossiles qu'il serait fort important de signaler, tels que la *Crania abnormis* des faluns de Bordeaux, les Vaginelles des argiles subapennines, etc. On pourrait aussi désirer de savoir les raisons géologiques pour la séparation du dépôt de Bolca et de Salcedo d'avec le calcaire à Nummulites et à tufa trappéen coquillier. Si ce dernier appartient au sol inférieur, le premier en fait aussi partie, puisque les couches à poissons et plantes ne sont qu'un accident dans le calcaire à Nummulites, comme à Paris l'argile à lignite du calcaire grossier. M. Brongniart a eu un moment d'hésitation et de doute ; c'est le seul moyen de nous expliquer pourquoi les poissons de Bolca sont placés dans son terrain protéïque (p. 382), et les Fucoïdes, excepté le *Taeniopteris Bertrandi*, et toutes les plantes qui les accompagnent dans son calcaire tritonien (p. 393). En un mot, M. Brongniart sera, je crois, le premier à reconnaître que l'imperfection de son Tableau, qu'il n'a pas dépendu de lui de rendre plus satisfaisant, pourrait conduire à d'étranges résultats si on voulait le prendre à la lettre, pour base unique de détermination des dépôts tertiaires.

Quant aux caractères que M. Brongniart assigne à son terrain protéïque, tels que d'offrir *peu de Madrepores et point de Nummulites* (p. 153), je ne crois pas qu'il ait raison, car le calcaire moellon de l'Autriche, de la Hongrie et de la Transylvanie renferment des assises puissantes, composées uniquement de Nummulites, tandis que d'autres masses ou des sables fourmillent de polypiers (Eisenstadt en Hongrie). Ce sont les argiles subapennines, qui paraissent peu riches en polypiers, à l'exception des Turbinolies, etc.; mais ils abondent dans les sables et les calcaires tertiaires supérieurs. Nous ajouterons que M. Brongniart a même tort de dire qu'on ne connaît pas de Nummulites dans la molasse, p. 148, car il y en a au moins en Gallicie.

Enfin, il nous reste à répondre à M. Brongniart sur la manière dont il se figure la position des bassins tertiaires lors de leur remplissage. Certes, je ne sache pas que quelqu'un ait prétendu que ces bassins formaient exactement des caspiennes, et autant que j'ai pu le comprendre, on s'est représenté les choses environ comme M. Brongniart (p. 201). C'étaient des bassins communiquant avec l'océan, ou seulement de grands golfes, qui ont reçu des produits différens, suivant les localités et leur distribution géographique. Ainsi on a appelé bassin celui de la Méditerranée, puisqu'il ne communique que par un endroit peu large avec l'océan, et j'appelle golfe celui de Gascogne. Maintenant, que la mer Méditerranée ait communiqué, lors de l'époque tertiaire, avec l'océan par le Languedoc et la Gascogne, et avec la mer Baltique par la Mer-Noire et la Russie, cela ne m'empêchera pas de dire que tous les dépôts méditerranéens ont eu lieu dans un bassin assez bien fermé, tandis que le dépôt tertiaire de Bordeaux aurait toujours eu lieu dans une espèce de grand golfe.

D'un autre côté, en Europe, il y avait à l'époque tertiaire plusieurs autres bassins à issues encore bien plus étroites que la mer Méditerranée : tel est celui qui s'étendait de Grenoble et Chambéry, par la Suisse et la Bavière, jusqu'au fond de la Hongrie. Il est de toute évidence, que ce bassin n'a pu avoir d'issue (supposant toutes choses en général comme aujourd'hui, ce qui est assez probable) que par Grenoble ou le Fort de l'Écluse, la fente de Bingen, près de Francfort, et celle entre Panchova et Orschowa dans le Bannat.

Si on peut présumer que deux ou trois de ces défilés n'ont

été formés que dans la période alluviale, l'on voit qu'il y aurait eu là presque une caspienne. Ensuite, le bassin de la Bohême paraît n'avoir eu aussi qu'une issue dans la mer du Nord, ou a même formé une véritable caspienne pendant l'époque tertiaire, et pour cela le sol tertiaire y est réduit à un dépôt d'argile à lignite sans fossiles marins. Il est donc même possible que, comme les bassins de l'Allier et de la Loire, il ait formé pendant toute l'époque tertiaire un bassin, non seulement isolé, mais aussi plus élevé que d'autres.

Ce sont cependant ces deux faits si clairs que M. Brongniart rejette, puisqu'il dit qu'*il ne peut pas admettre des bassins entourés de manière à en faire presque autant de caspiennes, dans lesquelles les phénomènes et les productions auraient été différens, qui se seraient trouvés à différentes hauteurs, et dans lesquelles les phénomènes géologiques auraient eu des durées très diverses* (p. 202).

La *structure et la forme des dépôts tertiaires* n'étayent pas, dit-il, cette manière de voir; cependant, quelle différence n'observe-t-on, et ne fait pas remarquer M. Brongniart, entre le bassin de Paris et celui de la Suisse, entre celui de l'Auvergne et celui de Londres, etc. Puisqu'il veut bien me faire l'honneur de citer ma carte d'Europe, comme preuve de l'étendue du sol tertiaire, je prends la liberté de l'y renvoyer, pour s'assurer de la conformité de leur distribution avec l'idée qu'il combat.

La nature actuelle des choses, loin d'être défavorable à cette opinion, est toute en sa faveur ; ainsi nous voyons encore l'une à côté de l'autre des mers ayant des niveaux un peu différens, tels que la mer Méditerranée et la mer Rouge, la mer Caspienne et la mer Noire, la mer Pacifique et la mer des Antilles, et supposant ces mers desséchées, nous aurions dans chacune des dépôts particuliers de bassins circonscrits. Les différences de niveau ont été jadis plus grandes, parce que les soulèvemens actuels des continens ne sont que peu de chose en comparaison de ce qui a eu lieu. On doit supposer que M. Brongniart part du principe de M. de Buch, que toutes les chaînes ont été formées pendant l'époque alluviale, et que l'Europe a été alors inégalement soulevée. Il dit

au moins explicitement que c'est pendant l'époque saturnienne ou alluviale que *la plupart des montagnes ont été
élevées, et que les couches ont été soulevées, inclinées,
courbées et brisées* (p. 64). Les écrits de Stenon, de Heim,
de Jobert, de Beaumont et les miens contiennent assez de
preuves, qu'au contraire, proportion gardée de l'étendue
des continens, le nombre de montagnes qui ont été élevées
et celui des couches qui ont été redressées, a été moindre
dans l'époque alluviale que dans les périodes précédentes. Dans
la supposition de M. de Buch, il est évident que les bassins
auraient eu le même niveau partout; mais alors le sol tertiaire,
au lieu de se trouver réparti en bassins, devrait couvrir
toute l'Europe. Or, M. Brongniart ne va pourtant pas si loin
que M. Martin (*Of the Denudation of Sussex* 1828), qui
voudrait former les bassins seulement après l'époque tertiaire; M. Brongniart admet qu'il y avait déjà des bassins à la
fin de l'époque crayeuse et même auparavant. Mais s'il y avait
des bassins ou des golfes, il y avait des crêtes de partage.
Et qu'est-ce qui empêche qu'il n'y eût même, çà et là, des
caspiennes véritables?

En examinant les bassins tertiaires de l'Europe, l'on acquiert la certitude qu'ils étaient fermés en grande partie de
toutes parts; ainsi, sans la chaîne jurassique, les molasses
suisses se seraient prolongés dans la Franche-Comté. Sans le
Jura allemand, la Forêt-Noire, les vallées du Necker et du
Mein supérieur, ne seraient pas exemptes de dépôts tertiaires; sans la ceinture circulaire des montagnes de la Bohême,
ce pays offrirait un mélange du sol tertiaire d'Autriche et du
nord de l'Allemagne; sans les Carpathes, le bassin d'Autriche, de Hongrie et de Gallicie seraient tout-à-fait identiques;
sans les Alpes, on se saurait s'expliquer la différence des dépôts tertiaires sur leurs revers nord et sud; sans les chaînes
de l'Allemagne septentrionale, la différence minéralogique
du bassin de cette contrée et de ceux du sud du même pays,
resteraient un problème; sans les falaises crayeuses de l'Angleterre, on aurait bien plus lieu encore de s'étonner de
voir l'argile bleue de Londres se déposant en même temps
que le calcaire parisien.

On ne peut point me répondre toujours que les alluvions apportées par les rivières devaient différer d'un golfe à un autre, puisque je cite des exemples, comme le Necker, où il ne s'est rien formé, et comme la Bohême et l'Auvergne, où n'y a qu'une seule espèce de dépôt. Ensuite il y aurait encore le fait inexplicable du calcaire parisien sur le bord sud des Alpes et de la molasse sur son revers nord.

D'un autre côté, l'étude des redressemens des couches a conduit naturellement MM. Heim, Jobert, de Beaumont et moi, à reconnaître par différentes voies des soulèvemens dans des temps fort différens; donc il y a eu à toutes les époques des niveaux différens, et des montagnes ou des chaînes, et par conséquent il est naturel que, plus le nombre des soulèvemens s'est accru, plus les chaînes et les niveaux sont devenus nombreux, et par suite les cavités. Parmi ces dernières, celles qui étaient restées au niveau de l'Océan, ou dont le fond était plus bas, formaient des golfes ou des baies plus ou moins mal fermées, tandis que des mers intérieures remplissaient celles dont le fond était plus élevé que l'Océan, ou qui avec un fond bas étaient séparées de la mer par une chaîne, ne donnant issue qu'à un petit cours d'eau. Probablement les soulèvemens de l'époque alluviale ont hâté le changement de ces bassins salés en lacs d'eau douce, ou leur entier écoulement. Il est de toute évidence aussi que dans quelques contrées le soulèvement du pays a été suivi d'une retraite subite de toute l'eau de la mer, et alors il s'est établi simplement des cours d'eau, ou bien dans les circonstances favorables, une digue a permis l'accumulation des eaux, et il s'est formé un ou plusieurs lacs d'eau, douce comme en Auvergne. Si en effet cette contrée n'avait pas eu déjà lors du dépôt du calcaire parisien un autre niveau que les environs de Paris, il s'y serait formé du calcaire marin. M. Brongniart en conviendra, du moment qu'il renoncera à voir dans le gypse de Montmartre un dépôt d'eau douce, car c'est d'après cette théorie que, trouvant en Auvergne un terrain véritable et uniquement d'eau douce, il croit pouvoir en conclure que les deux bassins avaient le même niveau.

DESCRIPTION

DE DIVERS GISEMENS INTÉRESSANS DE FOSSILES,

DANS LES ALPES AUTRICHIENNES.

—

Depuis les observations de MM. Keferstein et Lill, le dépôt coquillier à Gosau avait piqué d'autant plus vivement ma curiosité, que ses fossiles semblaient promettre un point de départ pour le classement du système du calcaire alpin. De plus, MM. Partsch et Keferstein, ainsi que moi, nous avions observé des roches semblables dans plusieurs autres points des Alpes d'Autriche et du Salzbourg. Je résolus donc, en 1829, de visiter soigneusement toutes les localités connues de ce dépôt, et de voir s'il était lié au système salifère des Alpes, et s'il appartenait au sol tertiaire ou secondaire. Ce projet a été complètement exécuté, à l'exception du point de Lunz, que je n'ai point revu. Par un hasard heureux, MM. Murchison et Sedgwick ont traversé vers la fin du même été le Salzbourg, et avertis par M. Lill, ils ont porté leur attention sur la vallée de Gosau, ce qui a donné lieu non seulement à une intéressante controverse entre ces messieurs et moi, mais encore à un second voyage de M. Murchison en 1830. Ayant discuté dernièrement la valeur zoologique des roches en question, je ne m'occuperai dans les notes suivantes que de leur position et de la description de leur nature, de leurs accidens et de leur étendue géographique.

Jusqu'à présent les roches coquillières dont je viens parler n'ont encore été reconnues sur le revers nord des Alpes qu'en Tyrol au Sametjoch, sur le pied nord du mont Untersberg; près de Salzbourg, dans les vallées d'Abtenau et de Gosau, dans le ravin d'Eisenbach sur le lac de Gmunden; près d'Aussée, à Windish-Gersten, à Hieflau, à Palfau, à Gams, à Hinter-Laussa, à Lunz et sur le pied du mont Wand, non loin de Vienne. Sur le pied sud des Alpes, MM. Keferstein et

Partsch les ont retrouvés dans le bassin de la Drave en Carinthie, savoir, à Gutharing, Althofen, etc.

Il ne paraît pas qu'on doive y réunir une localité très coquillière qui se trouve entre Buchenstein et Saint-Cassian, dans la juridiction d'Enneberg, sur les frontières du Tyrol méridional et septentrional. Cette contrée formait, du temps des dépôts secondaires moyens, un cul-de-sac ou fond de golfe où les coquillages ont pu se conserver plus aisément qu'ailleurs. M. le comte Munster porte à près de cent trente espèces les fossiles qu'il s'est procurés de ces localités, et parmi ces cent trente espèces il y en a cent de nouvelles : ce sont très probablement des pétrifications du calcaire jurassique, du Muschelkalk et du grès bigarré ; telle est du moins l'idée que j'ai pu m'en former par le peu que j'en possède. Leurs tests pétrifiés et non calcinés les éloigne déjà à la première vue des coquillages de Gosau et de semblables localités ; leur conservation parfaite est néanmoins très remarquable. Jusqu'ici en Tyrol, cette contrée, les environs de Seefeld, la vallée de Lavatsch au nord des mines de sel de Hall, le Sametjoch, ainsi que les environs de Schwatz et de Lofer, sont les endroits qui se recommandent surtout à l'étude des paléontologistes.

NOTICE

SUR LES ENVIRONS DE HALLEIN, DANS LE PAYS DE SALZBOURG, ET COURSE DE HALLEIN A GOSAU PAR LA VALLÉE D'ABTENAU OU DU LAMM.

Hallein (1) est situé au pied de la montagne salifère le Durrenberg et sur la rive occidentale de la Salza. En montant aux mines de sel par le chemin des piétons, et en entrant dans les galeries inférieures, l'on voit clairement se succéder de bas en haut, et avec une inclinaison assez forte au sud-est, 1° des assises marneuses, alternant avec des grès marneux gris, contenant des impressions de fucoïde (F. *intricatus et*

(1) Voyez pl. 1, fig. 1.

furcatus), et quelquefois à stratification ondulée ; 2º une grande masse de calcaire gris, jaunâtre, blanchâtre et rougeâtre, qui devient çà et là siliceux ou contient des nodules de silex corné ; il forme de grands escarpemens, qu'on a traversés en partie dans la galerie la plus inférieure ; 3º des marnes grises et rougeâtres avec du gypse compacte et fibreux, et du sel le plus souvent disséminé ; 4º des masses de calcaire compacte non coquillières en partie, magnésiennes non stratifiées, et en masses verticales. Ces dernières forment, d'après feu M. Lill, les crêtes de Buchstadt, de Reitgult, d'Hallerbichl, de Pfaffenbichl, de Kollerer-Lehen, de Waschlkopfel, et le mont Hahnrain.

Comme ces dépôts paraissent reposer sur une surface fort inégale, il n'est pas étonnant de retrouver les assises à fucoïdes au nord de la montagne salifère, et sur le chemin de voiture qui conduit de Hallein à Durrenberg : les impressions y sont assez abondantes et les couches y inclinent assez fortement. Ces mêmes masses marneuses occupent une grande épaisseur dans les hauteurs nord de Hallein, et les rochers calcaires de Barnstein, maintenant isolés et d'une forme bizarre, semblent n'y constituer que des amas (1).

Le calcaire interposé entre ces roches et le dépôt salifère ne paraît pas avoir offert jusqu'ici de fossiles distincts dans la mine, ni à côté de la galerie inférieure ; mais il en contient beaucoup au sud-est et nord-ouest du sol argilo-salifère, savoir dans les hauteurs appelées Wallbrunn et Madlkopf d'un côté, et Egelskopf, Rasmerhohe et Ramsaukopfel de l'autre. Le mont Wallbrunn est connu depuis long-temps par ses amas de *Monotis* (M. *salinarius et inœquivalvis*), espèces confondues ensemble, par M. de Schlotheim, sous le nom de *Pecten salinarius*. Il y a aussi des Térébratules qui sont, d'après M. Lill, plutôt dans le calcaire grisâtre, tandis que le fossile précédent est dans une roche blanchâtre. Au Ramsaukopfel le calcaire rougeâtre est rempli, çà et là, des fossiles suivans, savoir, de petites Orthocères, de Goniatites, d'Encrinites,

____

(1) Voyez la coupe pl. 4, tom. I, du *Journal de Géologie*, ou plutôt la belle coupe de M. Lill, dans le *Zeitschrift für Miner.* 1830.

des Térébratules, d'autres bivalves, d'une univalve voisine des Cérithes ou des Turritelles, de différens polypiers, et, d'après M. Lill, d'Avicules et de Belemnites. Auprès de l'église de Durrenberg, il y a aussi une masse de ce calcaire rouge ammonitifère.

Le gisement de l'amas salifère n'a été bien décrit que par M. Lill (1) : il remplit une cavité en forme de baquet alongé, dont la largeur est de 600 toises, et la longueur sur le plus haut horizon de 500 toises. La masse salifère est enveloppée, d'après M. Lill, comme celle d'Ischel, dans une croûte d'argile gypsifère et de marne schisteuse noirâtre et luisante. Sa position supérieure au calcaire décrit devient évidente dans trois points des mines, savoir : 1° non loin de l'entrée de la galerie la plus inférieure (*Erbstolln*) où l'inclinaison est au sud-ouest ; 2° dans la galerie le *Lindenerschaftricht*, où l'inclinaison est au sud-est et où elle indique que le calcaire de *Wallbrunn* situé au nord-ouest de l'amas salifère passe sous lui ; 3° dans une portion de la galerie principale supérieure à la précédente. Le calcaire compacte y alterne avec la marne grise gypsifère, et incline à l'est, puis au sud-est et un peu plus loin l'argile salifère vient se placer distinctement sur ces alternats. De plus, dans la galerie appelée *Untersteinbergstolln*, l'on trouve dans le calcaire des nids ou filons de gypse ; il s'introduit entre les feuillets ondulés du calcaire ; et après un espace de quelques toises en boiserie, on voit la marne salifère qui repose très probablement sur les masses précédentes. Dans la galerie plus élevée du *Grimberschaftricht*, l'on observe du calcaire rougeâtre à nids de marne et un peu plus loin vient la marne salifère et dans un autre lieu une masse de gypse est posée sur le calcaire compacte et rouge.

Si le point de la superposition de l'argile muriatifère sur le calcaire à Orthocères paraît ainsi bien démontré, il règne encore de l'obscurité sur ses rapports avec les calcaires supérieurs et avec les montagnes du Zinken et du Lercheck, situées l'une à l'est et l'autre à nord-ouest de l'amas en ques-

(1) Voyez le *Zeitschrift fur mineral*, octobre 1830.

tion. Dans la galerie tout-à-fait supérieure du *Teufenbach*, il y a un endroit où l'on remarque distinctement la marne gypsifère inclinant assez fortement au nord-ouest et surmontée d'un calcaire compacte assez siliceux, dont elle n'est séparée que par un lit de marne endurcie schisteuse. Comme ce point est unique, il faut s'en défier d'autant plus que dans les mines voisines de Berchtolsgaden j'ai cru observer de grands amas d'un calcaire gris dans les marnes salifères supérieures. D'un autre côté il ne faut pas perdre de vue que l'exploitation ne peut pas approcher très près des rochers calcaires dérangés du Buchstadel, etc., parce qu'on craint d'y rencontrer trop de fissures pleines d'eau, et que l'extraction du sel ne payerait pas les frais d'une pareille entreprise.

Quant à la question de la position du Zinken, il paraît avoir déjà occupé souvent les directeurs de ces mines, dont deux grands objets de recherche sont la découverte des véritables rapports des mines de sel de Hallein et de Berchtolsgaden et la puissance de ces amas. Le Zinken est une montagne boisée, pointue, et composée de calcaire compacte gris clair à rognons siliceux. M. Lill représente dans ses coupes de Hallein les couches de cette montagne comme verticales ou très inclinées, soit au sud, soit au nord, de manière à former avec les alternats supérieurs de marne et de calcaire une espèce d'éventail. D'après cela, le Zinken serait une proéminence calcaire dépendante du calcaire alpin inférieur (1), placée sous la masse salifère. En 1829, M. Lill avait fait pousser une galerie contre cette montagne, depuis la partie supérieure des mines ; elle avait déjà 40 toises lorsque je l'ai visitée ; je ne sais pas si ce travail important a été continué. D'un autre côté, dans le Larosgraben, l'on trouve des marnes gypsifères et des grès couverts par un calcaire compacte blanchâtre, qui est au pied du Mont Zinken.

Entre le Zinken et la chaîne du Goll, composée de calcaire alpin inférieur, les montagnes sont formées d'alternats

---

(1) Les mots de calcaire alpin sont employés ici pour indiquer simplement du calcaire secondaire moyen des Alpes ; tout le monde sait maintenant que cette dénomination ne s'applique plus au Zechstein.

de marne calcaire, de grès marneux et d'agglomérat à ciment arénacéo-marneux gris, et à fragmens de quarz et de calcaire compacte. Ces roches remplissent une cavité en couches en arc de cercle, et offrent dans certains lits plusieurs espèces d'Ammonites, dont une est assez elliptique, de longs Hamites, des Bélemnites, des Lépadites (Syn. *Tellinites problematicus et solenoïdes, Schloth.* ou *Aptychus* de Meyer).Le bois appelé *Abbtswald*, sur la côte orientale des montagnes, est surtout riche dans ce genre de fossiles. Sur le versant opposé, dans l'Alpe appelée *Unter Ahorn*, j'ai rencontré dans les marnes, des Posidonies, des petites Ammonites, un *Trochus*, de grandes bivalves, voisines des Mytiloïdes, ainsi que des Fucoïdes.

Le calcaire du Zinken, inclinant sur son côté méridional au sud, est recouvert par les alternats d'agglomérat et de grès fin du Stokerauerhohe, où l'inclinaison est au sud-est. A ces roches succèdent des marnes avec quelques lits de grès grossier gris verdâtre, à débris de coquilles; plus haut, viennent les alternats de calcaires marneux coquilliers, de calcaires arénacés et de grès marneux à silex corné de la forêt d'Abbtswald. En montant de là à la montagne appelée Trockenthau-Alpe, on revoit au-dessus des roches précédentes du calcaire compacte marneux, à particules de lignite, et dans celle du Rossfeldalp, montagne plus élevée et au sud, du calcaire marneux, un peu silicifié et verdâtre. La montée rapide du Hahnenkamm est formée par des calcaires noirâtres, du calcaire marneux à lits de calcaire grisâtre à silex, inclinant au sud-ouest sous 10°, et évidemment supérieur à toutes les roches énumérées. Le haut de la crête ou de la muraille appelée Hahnenkamm (crête de coq) est formé par du calcaire compacte gris. En redescendant de là à une crête appelée Buchsenkopf, on revoit le calcaire gris à silex, et après la source appelée Hoflbrundel, ce calcaire est recouvert de calcaire blanchâtre, et dans ces deux localités, l'inclinaison des couches, au lieu d'être au sud-ouest, est au nord-est, de manière qu'il est évident qu'elles font suite aux alternats de calcaire gris à silex du col d'Eckartssattel, et aux couches qui forment le mont Eckartsfurst, et séparent le col en question de la chaîne du Goll. Ces dernières sont formées de marne et

de calcaire siliceux à parties verdâtres, comme au-dessous de
la cime de Rossfeldkopf, ces roches inclinant au nord-nord-
est sous 50°, reposent sur des alternats de marne et de grès
inclinant aussi au nord-nord-est sous 35 à 40°, et plus bas des
calcaires compactes grisâtres s'intercalent dans les marnes;
et enfin dans le mont Spielbuchel le calcaire compacte gris s'appuie distinctement sur le calcaire alpin inférieur du mont Goll.

Les couches de cette dernière montagne laissent voir une
singulière diversité apparente d'inclinaison le long des parois
de rochers dans le vallon qui descend du col d'Eckarssattel à
Golling.

Les dernières roches qui forment près du Goll le passage
du dépôt arénacé au dépôt calcaire, descendent jusqu'au fond
de la vallée de la Salza, et l'on peut surtout les étudier aisément à la cascade de Schrambach. Le calcaire y est très
compacte, à grains fins, presque lithographique et feuilleté; sa
teinte grisâtre claire est variée par des infiltrations ferrugineuses jaunâtres qui y forment, çà et là, des figures dendri-
tiques. Il alterne avec du calcaire marneux qui le recouvre,
et contient des Ammonites? dont l'existence ne se décèle
que par des lignes noires pour leurs contours, et des points
foncés à zones concentriques pour le siphon.

Il me reste encore à dire quelques mots des montagnes au
nord du dépôt salifère de Hallein. Le sytème des marnes et
des grès inférieurs au calcaire à Orthocères, forme la plus
grande partie de ces montagnes, jusqu'à la vallée étroite de
l'Ache. Sur sa rive nord et au pied de l'Untersberg, l'on trouve
dans la gorge, au nord du lieu appelé Pass Thurm, des alternats de calcaire marneux foncé et de marne grise inclinant au nord-ouest sous 60°, et plongeant décidément
et manifestement sous le calcaire de l'Untersberg, qui y est
bréchiforme, magnésien et plein de fentes à murs polis.
Dans un point, une protubérance ou un amas de calcaire
produit un contournement dans les couches marneuses.
Dans la même gorge, un peu plus à l'est, l'on voit du calcaire marneux gris noirâtre alterner avec du calcaire gris
veiné de blanc, plonger sous du calcaire alpin rougeâtre,
surmonté du même calcaire magnésien. A un quart de lieue

plus à l'est, dans une autre gorge, le Weissenbach graben, l'on trouve sous une muraille de calcaire alpin, incliné au nord, des marnes gypsifères, tandis qu'à l'ouest, à Schellenberg, il y a de belles coupes d'alternats contournés de marne et de calcaire en partie de teintes bigarrées; comme le calcaire à Orthocères n'est pas présent, il est très possible que ce système fasse partie des assises tout-à-fait supérieures du dépôt salifère, ce qui est du reste un point fort délicat à décider. D'autre part, si le calcaire à Orthocères n'était qu'un amas, les couches arénacées inférieures et les roches salifères ne formeraient le plus souvent qu'un seul et même ensemble.

Je m'en rapporte à la carte pour donner une idée de l'étendue du terrain salifère dans la vallée de Berchtolsgaden, dépôt qui se distingue souvent de celui de Hallein par sa teinte rougeâtre, et qu'on voit se confondre avec lui entre Schellenberg et Berchtolsgaden. Cette idée, du moins, me sourit davantage que la supposition de deux dépôts salifères voisins, mais d'âges différens. Néanmoins, il est probable qu'entre les deux cavités salifères il y a des crêtes calcaires plus ou moins considérables.

J'aurais ainsi achevé de donner une idée de la composition des montagnes arénacéo-salifères sur la rive occidentale de la Salza, entre la chaîne du calcaire jurassique alpin inférieur ou du Goll, et celle du calcaire alpin récent ou de l'Untersberg.

La rive du côté opposé de la rivière est bordée par de grandes masses du calcaire à Orthocères, Goniatites, Ammonites et Polypiers; et les montagnes Selattberg, etc., sont surtout formées par les assises calcaires arénacées inférieures à cette roche. Il paraîtrait que les grès y sont en moindre quantité, et par suite de l'horizontalité des couches ou de leur inclinaison peu considérable, elles occupent une place plus grande. Les amas gypso-salifères sont inconnus dans ces montagnes, tandis qu'on les retrouve très près du pied du Tannengebirge ou d'une haute chaîne du calcaire alpin inférieur. M. Lill s'occupait activement de l'étude de ces montagnes, encore vierges pour le géologue, lorsque la mort l'a ravi à ses amis et à la science. Il croyait y avoir trouvé des fossiles ayant des analogies avec ceux du lias, et y avoir découvert un petit sys-

tème arénacé placé environ entre le calcaire lithographique
de Schrambach et le calcaire du Goll (1). Ce dernier man-
querait sur la rive gauche de la Salza, ce qui serait une preuve
de plus à l'appui de l'idée que tous les dépôts arénacés des
Alpes calcaires sont plutôt des amas que des masses continues.

Pour aller de Hallein à Gosau par la vallée du Lamm, l'on
quitte à Kuchel les bords de la Salza, et l'on monte le vallon
appelé le Hertergraben. Dans le bas, il y a des argiles qui
paraîtraient salifères d'après les sources salées de ce lieu;
plus haut viennent des alternats de marne schisteuse grisâtre,
et de calcaire compacte gris jaunâtre; puis des marnes gypsifères, du calcaire noirâtre, et de nouveau des alternats de
marne grise ressemblant au *Planerkalk*, et de calcaire foncé
à Ammonites, moules de bivalves, fucoïdes et corps vermi-
culaires. Toutes ces roches inclinent au sud-ouest, et sont
au pied nord de la montagne de Schwarzenberg, composée
de calcaire compacte.

Après cette montée on arrive au vallon circulaire de Mooseck, qui est rempli de marne gypsifère et salifère, dépôt
inclinant au sud, et paraissant reposer sur des marnes grises
à bancs de calcaire marno-siliceux foncé. Ces dernières roches
recouvrent à leur tour des alternats de marne grise, d'agglomérat à cailloux de calcaire jurassique alpin et de quarz, et
de grès gris à parties végétales noirâtres. Il y a des fucoïdes
et des moules d'Ammonites.

Au-dessus de cette cavité se trouve la vallée de Weitenau,
qui est remplie de marnes calcaires grisâtres, inclinant au sud-
ouest sous 40°, et offrant quelques contournemens; elles ont
l'air de plonger sous la montagne de Schwarzenberg qui forme
le long de la vallée une muraille calcaire, tandis qu'elles s'ap-
puieraient sur les montagnes calcaires situées sur le côté nord
et opposé de la vallée.

En descendant à l'Aubach les marnes calcaires se lient au
calcaire supérieur au moyen de calcaire rougeâtre, alternant
avec de la marne endurcie grise et bizarrement inclinée, de

(1) Voyez *Journal de Géologie*, juillet 1830, p. 297.

manière à paraître s'appuyer çà et là contre le calcaire, au lieu de plonger sous lui.

Au lieu dit le Lammbach-Schmidt, le calcaire incline au nord-ouest et au sud de Strubhof avant Seebach, le bord du Lamm est formé de schiste marneux, rougeâtre, recouvert de Nagelfluh alluvial. Ces roches rappellent involontairement le système arénacé rouge, qui est placé à Werfen sous toute la masse du calcaire des Alpes. L'âge réel de ces masses n'en reste pas moins incertain. Les pentes des montagnes sur le bord nord de la vallée offrent des amas gypseux comme près de Moosa-hausel, où l'on monte par le ravin appelé *Strubgraben*. De semblables dépôts se trouvent dans le Rigausberg, dans le vallon du Rigausgraben, près de Tanzberg dans le Ratochs-berg, et encore plus haut dans la vallée entre le Russberg et le Meselberg. L'âge de ces gypses doit rester très problématique jusqu'à ce qu'on ait bien déterminé tous les détails de la série des roches secondaires du Salzbourg. Si l'on ne consultait que la position géographique et l'inclinaison, ils pourraient corres-pondre, ainsi que les schistes rouges, au dépôt salifère de Hallein et de Berchtolsgaden, et l'on pourrait même s'étayer de cette espèce de cavité en bateau que ces roches remplis-sent entre deux massifs calcaires depuis Mooseck. D'une autre part, on peut élever des objections contre cette opinion, parce que le système arénacé rouge, inférieur au calcaire des Alpes, est aussi gypsifère et même salifère, et peut reparaître en-deçà des premières chaînes de calcaire secondaire. Les fossiles sont de telles raretés dans ce dépôt, et ce sont des impressions si imparfaites de bivalves, que vraiment on ne peut en attendre beaucoup d'éclaircissemens pour le moment.

Très près de Tanzberg sur la côte sud du Lamm, et dans le petit ravin appelé *Taubensulzengraben*, des marnes gyp-sifères grises et rougeâtres sont couvertes de couches faible-ment inclinées, et composées de marne rouge et noirâtre, alternant avec des grès impressionnés à Calamites et Fucoïdes palmés. Ces roches renferment des lits de marne noire, assez bitumineuse pour être appelée *Brandschiefer*, et contenant des bivalves et des univalves turriculées calcinées : ce sont des fossiles tels que ceux que je vais décrire à Gosau. La partie supérieure de ce dépôt est occupée par des marnes calcaires fétides brunâtres à parties végétales et à coquillages, et enfin par des agglomérats à fragmens de calcaire jurassique des Alpes et à débris de polypiers. Sur les lieux je n'ai pas vu la possibilité de séparer les roches coquillières d'avec les gypses.

Des alluvions très épaisses couvrent les hauteurs probablement gypseuses qui sont entre le Lamm et Abtenau, et qui occupent le milieu d'une vaste vallée bordée au sud par la haute chaîne du Tannengebirge, composé de calcaire alpin inférieur, inclinant au nord ; tandis que vers le septentrion, il y a aussi des montagnes de calcaire probablement de divers âges. Cette vallée a été évidemment une fois le fond d'un vaste lac. En abandonnant la vallée de Lamm à la jonction du Russbach et de cette rivière, on remarque au pont sur le Russbach des alternats de marne schisteuse grise et rouge, et de grès verdâtre micacé ; ces couches inclinent au nord-ouest, et rappellent les roches qui supportent à Werfen, sur le côté sud du Tannengebirge, tout le calcaire secondaire des Alpes. On peut être d'autant plus entraîné à cette idée qu'on voit du gypse au-dessous de ces grès, et un peu plus loin des rochers de calcaire compacte noir, inclinant au nord-est, et offrant des impressions de bivalves voisines des moules.

Le gypse redevient dominant sur le bord du torrent, puis tout-à-coup l'on rencontre successivement du calcaire rougeâtre à grandes Huîtres, et alternant avec du schiste marneux rougeâtre ; puis des agglomérats calcaires à débris de coraux et à points verts, des grès jaunâtres marneux et coquilliers, des grès semblables à fragmens de calcaire jurassique des Alpes, des alternats de marne endurcie schisteuse rougeâtre et de grès, des grès marneux gris à coquillages et à parties végétales, ainsi qu'à amas d'agglomérats. Toutes ces roches sont très fortement inclinées (sous 80°), d'abord au nord-est, puis au nord, et elles ont l'air appliquées contre les hautes murailles de calcaire compacte fendillé gris ou blanchâtre qui forme le Russbachergebirge ; enfin, au bas du torrent profond qui descend du Russberg sur le côté nord de la vallée, la route passe sur des alternats de calcaire compacte et de schiste rougeâtre ; et enfin sur du calcaire secondaire des Alpes gris fendillé et inclinant à l'est.

Il est évident que le classement des roches précédentes, prises isolément, était impossible ; mais liées avec celles que je vais décrire dans le bassin de Gosau, il devient certain que ce sont des dépôts très récens qui recouvrent, le calcaire alpin d'une manière non conforme, et qui ont été redressés en même temps que lui.

DESCRIPTION DU BASSIN DE GOSAU.

Le bassin elliptique de Gosau est environné de montagnes élevées de calcaire jurassique alpin (1). Au sud, s'élèvent les crêtes sauvages du Steingebirge, qui font suite au Tannengebirge ; au nord, sont le Brettkopf, le Nieder-Callenberg et le Gross-Rossenkogl ; à l'est, le Hohe-Alpenberg, le Modereck et les montagnes à l'ouest des mines salifères de Hallstadt ; enfin, le côté occidental de notre vallée est le seul qui soit bordé de montagnes moins élevées et moins escarpées. Les montagnes d'Aslau-Winkel, de Zwiselberg et de Hennerberg, lient cette dernière crête avec le Steingebirge, sans s'élever à la hauteur considérable de cette dernière chaîne, qui se présente le plus près qu'on en puisse approcher, comme une immense muraille, surmontant les sommités précédentes. Au nord du Hennerberg, la crête occidentale de Gosau s'abaisse jusqu'au col de Gschitt, où elle se réunit au Russberg.

Les eaux de la vallée de Gosau n'ont d'issue que par la profonde crevasse du Rettengraben, qui va du village inférieur de Gosau au lac de Hallstadt ; mais il y a lieu de croire que jadis elles s'écoulaient par le col de Gschitt, et qu'un vaste lac occupait le bassin de Gosau et communiquait avec celui de la vallée du Lamm.

Les raisons pour cette opinion sont tirées de la formation en apparence récente de la fente actuelle d'écoulement, de l'existence de deux lacs dans la partie supérieure de la vallée, des traces de la hauteur ancienne du niveau de ces derniers ;

____

(1) Voyez pl. 1, fig. 1 et 2.

enfin, du prolongement des dépôts récens de Gosau, dans la vallée du Lamm, par le col Gschitt.

Toutes les montagnes énumérées comme enclavant notre bassin, sont composées de calcaire jurassique alpin inférieur, à l'exception des montagnes surmontant les mines de sel de Hallstadt. Ce calcaire est généralement compacte, blanc grisâtre ou blanchâtre, gris foncé dans le Steingebirge, et çà et là rougeâtre. Les fossiles y sont surtout apparens dans le voisinage du sel.

La proximité du calcaire salifère et des dépôts récens et coquilliers de Gosau avait fait attribuer à ces derniers un âge beaucoup trop ancien; ce sont les doutes émis à cet égard par MM. Partsch, Keferstein et Lill, qui m'engagèrent à examiner en 1829 soigneusement cette contrée.

Le terrain problématique occupe des deux côtés de la vallée une suite de montagnes ou seulement de crêtes, et se voit même dans le fond de la vallée, soit dans les torrens, soit dans une petite éminence, près du village supérieur de Gosau. Sur le côté oriental, il occupe principalement le mont Ressenberg, tandis qu'il forme la plus grande partie des montagnes à l'ouest de la vallée et le pied des crêtes calcaires qui bordent son côté septentrional.

L'examen de ces dernières me parut l'étude la plus propre à m'assurer de la position des roches de Gosau, à l'égard du calcaire alpin. Les pentes des montagnes y sont sillonnées de l'est à l'ouest par sept ravins appelés le *Bernbach*, le *Ferbergraben*, le *Kreutzgraben*, *l'Igelbach* ou le *Kaltenigelbachgraben*, le *Reitgraben*, le *Wegscheidgraben*, appelé aussi *Klausgraben* ou *Krigereitgraben*; enfin, le *Russbach*.

Au haut du grand ravin appelé *Kreutzgraben*, l'on voit distinctement le calcaire alpin compacte gris-brunâtre, recouvert par un agglomérat grossier rougeâtre à fragmens de calcaire alpin, et inclinant au sud, sous 25 à 30°. Dans un point, la dernière roche paraît avoir rempli une fente presque verticale dans le calcaire à parties spathisées. On peut suivre cet agglomérat sur les bords de ce profond ravin; et vers le milieu de son cours, qui a peut-être une demi-lieue, l'on remarque dans cette roche plus ou moins grossière des couches de 20 à 3o pieds de grès marneux compacte gris , à parties argileuses gris-noirâtre , et à impressions de plantes, qui me semblèrent terrestres et monocotylédones, ainsi que des grès gris clairs à débris de coquilles. Supérieurement à ces assises, il y a dans les agglomérats des grès rougeâtres à fragmens calcaires, des marnes, et l'on y remarque, çà et là, des fragmens de polypiers, peut-être même des Nummulites, et des débris de coquillages. Toutes ces couches plongent évidemment au-dessous des assises puissantes de marne argileuse grise et coquillière, qui sont à la sortie de ce ravin. Cette dernière roche a une apparence tout-à-fait tertiaire, et ses escarpemens rappelleraient ceux de la marne subapennine, si les roches de Gosau étaient un peu plus tendres, et si l'on n'y voyait pas des nodules et des bancs de calcaire marneux endurci, ou même de marne arénacée. Les fossiles y sont indistinctement dans les parties dures ou tendres ; les uns sont simplement calcinés ; dans ce cas sont les nombreuses bivalves et univalves, tandis que les polypiers et les Hippurites sont pétrifiés (1).

Dans les autres ravins cités, l'on retrouve, plus ou moins , les mêmes roches, à l'exception du premier, le Bernbach, qui est coupé dans le calcaire alpin gris. Les aggrégats rouges donnent au Ferbergraben la même teinte bizarre, et contrastante avec celle des murailles plutôt blanches du calcaire alpin contre lequel ils s'appuient. La même roche se prolonge à l'ouest du Kreutzgraben, à travers tous les autres jusqu'au Russbach , et elle forme de vastes pentes rocailleuses entre ce torrent et le col Gschitt. D'après des observations de M. Lill, il y a aussi des lambeaux de calcaire à Hippurites, à l'est du Russbach. M. Murchison , qui a vérifié ce fait, nous l'exposera en détail dans le volume des Transactions géologiques qui va paraître.

Les marnes coquillières ne se voient pas dans le Ferbergraben, et ne sont vraiment abondantes que dans les ravins de l'Igelbachgraben , du Reitgraben et du Klausgraben. Elles

---

(1) Pour l'énumération des fossiles , voyez le *Journal de Géologie,* tome III, p. 58.

existent aussi sur les pentes du Russbach, où les eaux pluviales en enlèvent les fossiles, et les disséminent dans les
ruisseaux. La sortie de l'Igelbachgraben est surtout très favorable à la récolte des petites coquilles; car, en général, ailleurs on est obligé trop souvent de ne recueillir que ce qui
a été lavé et roulé par l'eau, tandis qu'ici des escarpemens
coquilliers sont mis à nu. Dans le Reitgraben, les marnes
et les grès alternent avec une inclinaison au sud-ouest. Dans
la proportion inférieure du Wegscheidgraben, les marnes
grises précédentes sont suivies de puissantes assises de marne
noirâtre à petits filons spathiques et presque sans fossiles, au
moins en apparence. Ces couches sont toutes inclinées très
faiblement au sud; il devient clair que leur angle d'inclinaison diminue à mesure qu'on s'éloigne du bord nord de la
vallée; nous allons même voir que l'horizontalité presque parfaite les caractérise plus au sud.

Malheureusement les montagnes entre le col Gschitt et le
Hennerkogl sont boisées, et leurs pentes couvertes d'alluvions,
de manière que, pour étudier la suite des roches, il faut se
transporter de l'autre côté de la vallée dans le mont Ressenberg. Cependant un ravin, le Glasselgraben, situé entre Gosau et Ebenalm, permet de se faire une idée approximative
de la nature de leur partie inférieure. On observe des alternats de marne grise et rouge, de grès marneux et de calcaire
marneux compacte gris de fumée. Les lits sont horizontaux
ou très faiblement inclinés au sud. Il y a aussi des grès sur la
surface desquels on remarque des proéminences, qui ressemblent à de gros fucoïdes. Des alluvions occupent le lit supérieur du ravin, dans lequel on observe un grand nombre
de blocs de calcaire jurassique alpin gris à entroques, etc.,
de manière que ce calcaire paraîtrait se prolonger à
l'ouest de Gosau, et sous les dépôts récens, depuis le pied
occidental du col de Gschitt au mont Aslau-Winkel.

En se dirigeant obliquement vers cette dernière haute
sommité, l'on trouve, çà et là, des escarpemens où l'on peut
étudier les roches; ainsi, à Moosklaus, l'on rencontre des
calcaires marneux gris clair, qui, vu l'horizontalité du dépôt,
et la différence du niveau des deux stations, sont bien certai-

nement supérieurs aux roches précédentes. Plus haut, on trouve des alternats de marne grise calcaire ou blanchâtre ressemblant au *Planerkalk*, et de grès marneux fin, dont on fait des pierres à aiguiser. L'on remarque dans les marnes des morceaux de grands *Catillus* et des parties brunâtres ou noirâtres qui ont l'air de débris de poissons, et comme dans le *Planerkalk*, il y a des flammes ou taches alongées grises foncées qui ressortent sur le fond clair, et qui pourraient bien provenir dans les deux roches de plantes marines rendues méconnaissables. Plus au sud, et à un niveau encore plus élevé, l'on trouve au pied de la sommité appelée *Brunnkopf* des alternats horizontaux de marne grise et de grès compacte assez grossier et gris ; enfin, sur cette cime étroite et aplatie, des marnes calcaires rosâtres, rouges et grises, très faiblement inclinées au sud.

La cime la plus voisine au sud est le *Hohekogl*, qui est aussi composée des mêmes marnes. Ces roches plongeant légèrement au sud, doivent passer sous celles qui forment dans la même direction le mont voisin, le *Hennerkogl*. Dans ce dernier, on remarque des marnes grisâtres, des grès fins et des agglomérats calcaires fins, ces dernières roches inclinant faiblement à l'ouest.

Plus au sud, toute trace de ce dépôt disparaît, et l'on voit s'élever très près des roches mentionnées, un calcaire alpin compacte, fendillé, magnésien, ou fétide grisâtre, ou gris brunâtre. Il compose le mont Zwiselberg, par lequel on arrive jusqu'au calcaire compacte noirâtre et fétide, et au calcaire magnésien gris du Steingebirge, où les couches sont fortement inclinées au nord, et en apparence presque verticales.

Vis-à-vis du mont Ebenkogl, et à une demi-lieue du premier lac de la vallée supérieure de Gosau, la pente très rapide du Hennerkogl sert à la descente des bois et est toute nue. Sur le côté nord de cet escarpement il y a un ravin très profond, dont les bords formant deux murailles, laissent apercevoir toutes les couches de la plus grande partie du Hennerkogl. L'on a le plaisir d'y revoir tous ces alternats de grès et de marne calcaire, et surtout le système marneux rouge et gris clair qui les recouvre. Malheureusement il est impossible d'escalader ces précipices, et il est même convenable d'avertir que l'ascension du Hennerkogl, par ce côté et le long de ce ravin, est dangereuse pour quiconque a des vertiges ; car, outre la raideur extrême de la pente et la vue des précipices, il y a une muraille de rochers qu'il faut franchir par une petite échelle, et justement au-dessus du point le plus profond du ravin.

D'une autre part, cette course est très satisfaisante pour se faire une juste idée de la manière dont les couches horizontales du dépôt problématique viennent butter contre les assises inclinées du calcaire alpin inférieur. Ce dernier forme de grands rochers sur le côté sud de la pente sus-mentionnée, depuis le pied des montagnes jusqu'au Zwiselberg, tandis que, arrivé au haut du ravin effroyable, l'on voit les marnes calcarifères supporter successivement des grès marneux gris, des agglomérats, des calcaires fins à débris de coraux et à Nummulites et des alternats de grès, et d'agglomérats semblables, et inclinant toujours faiblement au sud. Mais les rochers à côté ne sont que du calcaire jurassique alpin à silex.

Sur le bord oriental de la vallée de Gosau, j'ai examiné successivement toutes les montagnes pour connaître l'étendue de notre dépôt problématique. D'abord le Rehnabilg, monticule isolé au milieu de la vallée de Gosau, près du village supérieur, m'a offert la brèche à fragmens de calcaire alpin et d'Hippurites, que je décrirai sur le pied de l'Untersberg. Cette découverte, et la circonstance des Hippurites trouvés roulés ou brisés dans les marnes coquillières, m'ont fait soupçonner que le calcaire à Hippurites pourrait bien exister encore en place dans quelques points de ces montagnes. Je le regarde presque comme contemporain des aggrégats rouges déjà décrits.

Entre le pied de l'Hennerkogl et le mont Ebenkogl, l'on trouve dans le torrent quelques couches redressées de marne calcaire récente ; mais le lit du torrent est déjà principalement occupé par le calcaire alpin compacte blanchâtre qui forme tout l'Ebenkogl. Cette montagne rocailleuse et pénible pour le géologue, présente à son sommet deux gorges ou crevasses principales, le grand et petit *Klamm*. Sur sa pente tournée contre le lac appelé Vordersee, et à plusieurs centaines de pieds sur ce dernier, il y a des petits amas de boue calcaire à fragmens de calcaire, détritus qui s'est consolidé au point d'être exploité comme une craie. Tout insignifiante que soit cette exploitation, la formation de ce limon blanc n'en reste pas moins un fait intéressant, et il est bien possible que l'ancien niveau élevé des eaux du lac y ait contribué. À présent il ne se forme plus rien de semblable. Dans le même pays, M. Lill nous a déjà décrit un dépôt alluvial analogue sous certains rapports; il se trouve dans la gorge du Rekensberg-graben, entre Hallein et l'Ach; mais ce dépôt est stratifié; les deux couches de marne calcaire y renferment des Hélices et des Lymnées, et ces marnes alternent trois fois avec de la tourbe et des lits de cailloux.

Le pied nord de l'Ebenkogl repose déjà sur une élévation appelée Strupfhigl, et composée de calcaire alpin gris bru-nâtre.

Plus au nord se trouve le pied des hautes montagnes de Modereck. C'est entre le calcaire alpin de ces dernières et du mont Leitkopfkogl qu'est placé le mont Ressenberg. Le ravin de Schulergraben ou Janzerbach est entre la montagne de Modereck et le Ressenberg, et celui appelé Frauhofgraben sépare ces deux dernières montagnes du Leitkopfkogl, tan-dis que le côté nord du Leitkopfkogl est bordé par le Retten-graben, et son côté est par le profond vallon du Brillgraben, qui monte dans les montagnes de Modereck et dans celles à l'ouest des mines de sel de Hallstadt.

Le Leitkopfkogl est composé de calcaire jurassique alpin gris blanchâtre à portions siliceuses; les cimes très élevées, nues et sauvages du Modereck appartiennent aussi à ce système, quoiqu'il soit probable, d'après la position de ses roches, leur division en assez minces couches et leur faible inclinaison au nord, qu'elles font déjà partie du calcaire alpin supérieur au sel. Le mont Ressenberg est entièrement arénacé. En y mon-tant par le ravin du Frauhofgraben, l'on remarque à l'en-trée de la gorge des alternats de marne rouge et grise, et plus haut un grand système de marnes grises ou grises bleuâtres inclinant faiblement au sud et renfermant des bancs de grès marneux. C'est, en un mot, les mêmes roches que dans l'Igel-bach, et les fossiles y sont tout aussi abondans. Les Catilles, les Inocérames, les Gryphées, les Huîtres, les Trigonies, les Cucullées, les Panopées, ont surtout été trouvées dans ce lieu. Il y a au milieu de ces roches de faibles traces de lignite, et M. Partsch y cite une résine fossile. Vis-à-vis de l'escarpement coquillier situé sur la côte sud de la gorge, l'on trouve au-dessus de ces roches des couches de grès plus ou moins calcaire et endurci. Elles sont appliquées contre le calcaire de la montagne boisée du Leitkopfkogl, et elles paraissent en être séparées comme ailleurs, par des aggloméraats rougeâtres qu'on trouve dans le ravin du Sattelgraben.

Un peu plus haut, et au sud, exactement au-dessus des roches coquillières, sont des carrières très considérables où l'on fabrique des pierres à aiguiser. Ces exploitations offrent de bas en haut des alternats de grès marno-calcaire gris avec de la marne gris brunâtre. Ce sont les pierres à bâtir, tandis que les pierres à aiguiser sont prises dans une vingtaine de couches de grès marneux gris à grains plus ou moins fins et alternant avec de la marne calcaire compacte et grise. Chacun de ces lits de grès a un à un et demi ou même cinq pieds de puissance, et ils renferment des débris nombreux de végétaux peu reconnaissables. Je n'y ai pas cru observer de fucoïdes, mais bien des plantes terrestres.

La gorge du Brillgraben se divise en deux branches; en remontant celle qui est à l'ouest l'on arrive au pied d'une haute muraille de calcaire alpin; escarpement appartenant au Leitkopfkogl, et appelé *Brillwand*. Dans ce lieu on voit de la manière la plus évidente la partie supérieure du dépôt arénacé du Ressenberg reposer en couches horizontales sur le calcaire jurassique alpin incliné (1). Ce lieu n'est pas loin des carrières et surtout d'un chalet, le Schemetzcepelhütte, au haut du ravin du Sattelgraben; mais des précipices à pic empêchent d'examiner les points du contact.

En allant des carrières de pierres à aiguiser à Vordergruben

____

(1) Voyez pl. 1, fig. 4.

ou au pied du Modereck, l'on se trouve bientôt sur une espèce de plateau bosselé et assez boisé. Près du lieu appelé Vordergruben, à environ une demi-lieue des carrières, l'on trouve des rochers considérables d'une brèche calcaire très compacte et à pâte blanchâtre ou rosâtre. Les fragmens sont du calcaire jurassique alpin, et ils sont si fortement cimentés, qu'on croirait au premier abord que ce n'est pas une brèche. Ces roches ressemblent, au reste, aux brèches à Hippurites de l'Untersberg, et elles forment des couches inclinées au sud-est sous 15 à 20°, et dans un endroit au sud-ouest. D'après ses rapports de position avec un agglomérat calcaire rouge et un grès grisâtre et rougeâtre, la brèche a l'air de surmonter ces dernières roches. Puis, en allant à l'est on la trouve recouverte dans la partie des montagnes appelée Schwarzkogl par les couches suivantes presque horizontales, savoir: du calcaire marneux gris, du calcaire arénacé rougeâtre, du grès marneux gris à impressions, du grès marneux gris jaunâtre, de la brèche calcaire compacte et rougeâtre, d'un agglomérat calcaire plus grossier, d'un calcaire arénacé gris, de la brèche calcaire gris clair, de l'agglomérat à fragmens de calcaire alpin rouge et à calcaire à Nummulites, et du grès marneux à particules ou traces de lignite. Cette dernière roche s'étend jusqu'au ruisseau de *Kaubrundel*, et incline faiblement au sud-est. En deçà du ruisseau, au nord et à l'est, l'on ne voit plus que du calcaire jurassique alpin compacte gris blanchâtre ou rougeâtre, et il paraîtrait même que cette roche ressort au milieu des couches horizontales précédentes. Le calcaire rouge et gris à silex et à polypiers forme aussi au nord-ouest le haut escarpement rougeâtre appelé *Hohekamm* ou *Rothewand* et la pente orientale du vallon de Brillgraben.

Quant aux limites du calcaire jurassique alpin et des brèches sur le pied du Modereck, elles doivent être près de Vordergruben et du Schwarzkogl, parce qu'on y est déjà très élevé et près des derniers chalets, et que le sol est couvert de blocs de calcaire alpin. Les bois et les prairies marécageuses empêchent de fixer exactement ces limites.

Les rapports de position des brèches calcaires et des grès

exploités sont difficiles à établir ; néanmoins d'autres localités des Alpes montrent que les premières roches occupent la base du système, ce qui est même évident dans la vallée de Gosau, puisqu'elles existent à Ober-Gosau dans le fond de cette cavité. Doit-on supposer que les brèches sont superposées aux pierres à aiguiser? ou la coupe du Brillwand et les bords de cette gorge toute composée du calcaire alpin, rendent-elles probable que le pied du Modereck a présenté au dépôt problématique une pente fort douce ou même une espèce de petit plateau sous-marin, de manière que les débris du calcaire alpin auront pu s'y accumuler et être cimentés en couches horizontales, tandis que d'autres débris auraient roulé plus loin jusqu'au fond de l'espèce de mer de ce temps-là?

On pourrait encore se demander si le soulèvement des Alpes a pu contribuer à donner cette position aux brèches, si les Alpes de Gosau ont été soulevées postérieurement à la formation du dépôt récent ; ce mouvement n'a guère redressé les couches de ce dernier, si ce n'est sur un point, entre le pied de l'Hennerkogl et de l'Ebenkogl ; mais il est même possible que cet accident soit tout-à-fait local. Partout ailleurs les couches seraient encore dans leur position primitive, à moins qu'on ne veuille regarder l'inclinaison de 25° des agglomérats du bord nord de la vallée comme incompatible avec la présomption qu'il n'y a pas eu de dérangement.

NOTICE

SUR LES ENVIRONS D'AUSSEE EN STYRIE (1).

La vallée de Gosau étant séparée des mines de sel de Hallstadt par de hautes montagnes calcaires, on a lieu de s'étonner qu'on ait jusqu'ici confondu deux dépôts aussi différens que nos roches coquillières et celles qui, près du sel, offrent des Ammonites, des Nautiles, des Encrines en morceaux, des Orthocères, des Halobies (Bronn), des Térébratules, des Bélemnites, des Echinidées, etc. Cette erreur

(1) Voyez pl. 1, fig. 3.

paraît être provenue de ce que tous les géologues, peu nombreux, qui ont visité la vallée de Gosau, y sont descendus des mines de Hallstadt, et ont conclu que les roches coquillières de Gosau appartenaient au calcaire salifère et alpin, parcequ'elles paraissent à un niveau moins élevé que le calcaire alpin supérieur au sel, et qu'elles semblent de ce côté faire corps avec la masse de ce calcaire. L'étude des Alpes est si difficile et si fatigante qu'on doit bien excuser de pareils erreurs.

D'un autre côté les environs des mines de sel d'Aussee et d'Ischel ont été cités comme offrant quelques uns des fossiles caractéristiques des roches de Gosau, tels que les Cyclolites et plusieurs Polypiers, et même des coquillages calcinés. Pour vérifier cette idée j'ai étudié, aussi soigneusement que je l'ai pu, les localités en question. D'abord je me suis assuré que le dépôt de Gosau n'était pas présent sur le côté occidental de la vallée qui va du lac de Hallstadt à Ischel; mais au sud-est d'Alt-Aussee, MM. de Rosthorn et Murchison ont retrouvé, soit le calcaire à Hippurites, soit des lambeaux des roches coquillières de Gosau (1). Je possède de ce dernier dépôt d'Aussee des Nérinées, des Cérithes, des Natices, des Peignes, des Arches, des Turbinolies, des Cyclolites, et divers autres Polypiers, espèces existant toutes à Gosau.

Je crois devoir placer encore sous le sel les grès et les marnes près d'Ischel, puisqu'en montant à la mine de sel d'Ischel l'on voit distinctement des alternats de grès marneux, de marne et de calcaire légèrement siliceux, et qu'on y rencontre quelques fossiles, et, d'après M. Keferstein, même des Natices. Or il est évident par les travaux souterrains, que la masse marneuse gypso-salifère (*Hasselgebirge* du mineur), avec son enveloppe marno-gypsifère (*Lebergebirge* du mineur), recouvre les roches précédentes inclinées au sud. On sait qu'au-dessus du gîte salifère bosselé et irrégulier, il n'y a plus que des montagnes de calcaire jurassique alpin, compacte, stratifié et coquillier, à silex corné et pyro-

(1) Voyez *Journal de Géologie*, avril 1831, p. 36.

maque (1). Des spicules d'Alcyons remplissent, çà et là , les silex.

Plus loin, au sud de ces mines, se trouve une espèce de grand vallon évasé et marécageux, appelé *Rossmoss,* et descendant vers Goissern. Je n'ai pu y voir inférieurement que du calcaire alpin, et supérieurement des affleuremens de grès marneux et de marne calcaire, quelquefois ammonitifère, comme près de Hallein.

Des roches semblables paraissent former les pentes des montagnes à l'est de la route de Goissern à Saint-Agatha. Une crète de calcaire alpin forme le Rechkogl, près de ce dernier village. J'ai déjà signalé ailleurs le petit monticule isolé dans la vallée, et appelé Arakogl. (Voyez *Journal de Géologie,* mai 1830, p. 56.) Cette sommité est formée de calcaire alpin, compacte, gris et fendillé, courant du nord-nord-ouest au sud sud-est, et inclinant à l'ouest-ouest-sud, et cette roche repose sur du calcaire noir et des alternats d'un schiste argilocalcaire, micacé, rouge ou verdâtre, et inclinant au sud.

De l'autre côté et à l'est du village, l'on entre dans un grand torrent bordé de gypse, et formé par la réunion des torrens appelés le Leislingbach et le Zlansbach, coulant l'un du nord au sud, et l'autre environ de l'est à l'ouest. Au rapport des paysans et des vendeurs de fossiles du pays, ces torrens charrient des coquillages semblables à ceux de Gosau. Dans celui nommé le Leislingbach, je n'ai trouvé que des pétrifications du calcaire salifère, savoir : des Polypiers (Astrées, etc.), de belles Orthocères, des Goniatites, des Ammonites, des Encrinites, et des débris, soit de ce calcaire, soit de grès et de calcaire ruiniforme, comme on en voit au-dessous du sel de Hallein et à Abbtswald. Les roches en place ne m'ont aussi offert que ces mêmes dépôts.

Dans le Zlansbach, la marne grise et rouge gypsifère est suivie et couverte de calcaire gris. Dans la branche de ce torrent, appelée le petit Zlansbach, le gypse abonde ; mais dans l'autre branche, le grand Zlansbach, qui est la plus méridio-

(1) Il est assez particulier que ce calcaire à Alcyons et Polypiers n'ait pas l'air d'offrir de ces grosses univalves turriculées, voisines des Phasianelles, qui caractérisent le calcaire sur le sel de Hall en Tyrol.

nale, le lit du torrent est bordé d'alternats de marne schisteuse grise ou noirâtre, à petits filons spathiques, et de calcaire compacte grisâtre. Ces couches ondulées inclinent généralement au nord. Plus haut on se trouve au pied sud d'un grand escarpement calcaire, appelé le *Potscher-Wand*. Le calcaire alpin y est compacte, grisâtre, inclinant au nord ou nord-est, et surmonté de calcaire gris à silex.

Après avoir passé ce point, le torrent se partage en deux branches, où l'on ne voit partout que des alternats de marne et de calcaire marneux, inclinant au nord-est. De plus, dans la branche la plus méridionale, le Habersangraben, et au nord-est du Moosberg, la marne grise, à petits filons spathiques, court du nord-ouest au sud-est, est très inclinée, et renferme des bancs minces de calcaire marneux gris brunâtre, et à taches noirâtres ou fucoïdes. D'autres lits semblables, plus endurcis, offrent des fossiles, tels que des Dentales, des Entroques, et surtout divers Polypiers, ainsi que des débris d'univalves.

Enfin, vers les sources de ces torrens, s'élèvent les montagnes de calcaire compacte, superposé sur l'amas salifère d'Aussee, savoir les montagnes pelées du Sandling, d'Unterkirchen, et du Raschberg ou Lieslingkogl. L'inclinaison des couches du Sandling est au sud-ouest; celle des couches du Raschberg au nord-est, et dans ce dernier il y a du calcaire blanc, gris et rouge. Ces montagnes, ainsi que le Schaibling, reposent non seulement sur l'amas salifère, mais encore sur les alternats de marne et de calcaire à fucoïdes, que nous venons de décrire, et qui environnent la masse muriatifère et gypsifère. D'un autre côté, ces dernières roches, qui rappellent tout-à-fait, comme M. Lill l'a déjà dit, les roches d'Abbtswald, près de Hallein, recouvrent le calcaire alpin inférieur du Potscherwand, du Plinsberg, du Habersankogl, montagnes qui font suite aux hautes crêtes du Sagstein, du Loser, du Tresselberg et du Tresselstein. L'inclinaison est au sud-est dans le Loser.

En combinant mes observations, faites sur les montagnes entre Aussee et Ischel, il semble que le calcaire alpin y forme une cavité à surface irrégulière, sur laquelle est venu se

placer le grand système des marnes et des calcaires à fucoïdes, avec des amas salifères, et ensuite ces dernières roches
ont été couvertes par de puissantes assises de calcaire jurassique alpin, qui forme maintenant des sommités pelées et
blanchâtres (Sandling, Rosenkogl) dans cette espèce de bassin. Cette manière de concevoir la position des dépôts rend
compte des inclinaisons opposées du système salifère à Aussee et Ischel, et des niveaux différens, et des inclinaisons
variées, observées entre ces deux points dans les affleuremens des roches à fucoïdes, ou des masses salifères. Enfin,
l'examen des environs d'Aussee ne m'a pas laissé de doutes
que les fossiles particuliers à la vallée de Gosau, et d'autres
dépôts semblables, ne se trouvaient pas dans le calcaire alpin
de cette contrée, quoique les roches associées avec le sel ou
qui lui sont inférieures, offrent, soit dans le haut du grand
Zlanbach, soit dans le Lupitschbach des pétrifications et surtout des polypiers qui peuvent induire, au premier abord,
en erreur.

Ces derniers fossiles sont la plupart de grands et beaux
polypiers, empâtés dans le calcaire alpin, tels que des Astrées, des Fungites, des Pavonies, des Monticulaires, des
Cariophyllies ou Lithodendron (Goldfuss), des Cnemidium
(G), des Anthophyllum (G.). Leurs espèces sont en grande
partie différentes de celles de Gosau, et je ne crois pas qu'il
existe dans le calcaire alpin d'Aussee des Cyclolites et des
Méandrines. Quant aux autres fossiles, il n'y en a pas, à ma
connaissance, qui soient calcinés, et ils sont très peu nombreux; je doute même fortement qu'il y ait des Placunes, et
les pétrifications si caractéristiques à Gosau, ces Cerithes,
ces Nérinées, etc., manquent complètement aux mines de
sel d'Aussee.

Cependant, je dois ajouter qu'il y a entre les pétrifications
du calcaire alpin et celles du calcaire à Hippurites, du grès
vert, et du dépôt de Gosau des ressemblances de genres ou
de familles. Ainsi, je crois m'être assuré, soit entre Lofer et
Saint-Johann, soit à Golling dans le Salzbourg, soit sur le
bord du lac de Hallstadt, vis-à-vis de Hallstadt, que des fossiles voisins des Hippurites (si ce n'est identiques avec ces

derniers), se rencontrent dans le calcaire alpin. Des Diceras se voient aussi bien dans le calcaire alpin vis-à-vis de Hallstadt et dans celui de Rossmoos près d'Ischel, que dans le calcaire à Échinidées, subordonné au grès vert du Grundten en Bavière. Des bivalves voisines des Pinnes ou des Catilles existent dans le calcaire marneux de Rossmoos, des bords du lac de Hallstadt, et dans le grès sous le sel de Hallein.

Si l'on pouvait admettre dans le dépôt de Gosau l'absence des Ammonites et des Bélemnites, l'on aurait ainsi un caractère zoologique très tranché entre ces roches et le calcaire alpin; or, en Autriche ce serait (à une exception près peut-être) le cas; mais d'un autre côté, la liaison des roches de Gosau avec le grès vert pourrait ailleurs détruire même cette différence zoologique.

NOTICE

SUR LE PIED SEPTENTRIONAL DU MONT UNTERSBERG, ENTRE REICHENHALL ET SALZBOURG.

Le pied septentrional du mont Untersberg (1) est occupé par des dépôts récens appuyés contre le calcaire alpin supérieur à Nautiles, polypiers, etc., formant cette montagne à cavernes, à lacs souterrains et *Proteus anguineus*.

A Glanek, l'on voit déjà ressortir des couches très inclinées d'un grès marneux gris bleuâtre ou jaune brunâtre, dont la composition minéralogique et les fossiles, telles qu'une Trigonie voisine du *T. costata*, de petites bivalves rappellent tout-à-fait les roches de Piesting en basse Autriche.

Les carrières de marbre de l'Untersberg sont depuis longtemps célèbres; ce n'est pourtant pas de cette montagne que proviennent toutes ces tables de marbre rougeâtre, grisâtre et blanc jaunâtre, qu'on voit dans le pays de Salzbourg. Ces roches remplies de polypiers, quelquefois ammonitifères, bélemnitifères, à Orthocères et Goniatites, sont exploitées surtout à Adneth et dans la vallée d'Ober-Alm, entre Hallein et Ebenau.

(1) Voyez pl. 1, fig. 1.

Au mont Untersberg, on exploite au contraire des brèches calcaires plus ou moins compactes, et à débris d'Hippurites. Ces roches, un peu poreuses, se laissent exploiter en grands blocs, tailler et creuser assez aisément. L'on ne voit près d'elles que les couches du calcaire jurassique alpin compacte, qui inclinent fortement au nord comme celles des brèches supérieures. Des dents de Squale se voient, çà et là, dans ces dernières.

En allant de ces grandes carrières à Gross-Gemein, l'on rencontre des agglomérats fins ou grossiers, appartenant à un dépôt supérieur au calcaire alpin, soit à Neuergraben, soit à Salzbuchsel.

A l'est de Gross-Gemein, sur le bord d'un lit de ruisseau, l'on voit ressortir du gypse mêlé de marne grise et rougeâtre, et à fragmens de grès rougeâtre, semblable à celui qui existe, soit dans l'Abtenau, soit sous le calcaire jurassique des Alpes. Cet accident remarquable se représente, comme l'on sait, dans le terrain salifère de Berchtolsgaden. A Gross-Gemein, il y a même des morceaux schisto-talqueux, qui pourraient être dérivés des roches primaires ou intermédiaires.

L'isolement de ce gypse empêche de le classer, quoiqu'il puisse être du même âge que celui de Flodersgraben, près de Reichenhall, dépôt qui forme une espèce de filon ou d'amas mince, ramifié au milieu du calcaire magnésien, fendillé et à fentes garnies de murailles polies. C'est une des singularités de la vallée de Reichenhall, déjà si particulière par ses sources salées, et par la circonstance qu'elle est à la place d'une immense faille, qui fait cesser brusquement les Alpes au nord du mont Untersberg, et qui détache en quelque sorte des Alpes la chaîne du Stauffen au nord de Reichenhall. Il y a eu là un grand accident de soulèvement et d'abaissement.

En allant de Gross-Gemein à Schweigmuhle, l'on trouve des alternats de grès marno-calcaires brunâtres ou jaunes bruns avec des lits remplis de fossiles de genres réputés tertiaires, tels que des Nummulites, des Discorbites, des Nucules, des Corbules, des Solens, des Cardium, des Cérithes, des Natices, etc.

Ces roches inclinent au sud-est, et sur elles reposent des agglomérats calcaires comme ceux dont j'ai parlé précédemment. Au moulin, dans le torrent appelé Neugraben, il y a des alternats de grès et de marne qui paraissent inférieurs aux roches précédentes, et s'y lient intimement. Les seuls fossiles qu'on y rencontre sont de rares débris de coquilles, et une assez grande quantité d'un singulier fossile alongé, ondulé, et cloisonné comme les Hamites ou les Ichtiosarcolites. Au-dessous des roches précédentes, l'on voit des grès marneux qui rappellent les grès carpathiques supérieurs de la Gallicie et de Kronstadt en Transylvanie. Plus bas, il y a des marnes grises à petits Catilles, du gypse, de la marne grise et rougeâtre, du calcaire marneux, de la marne rouge, du grès marneux gris, de la marne rougeâtre, du grès marneux à débris rares de petits coquillages, et servant à faire des pierres à aiguiser, du grès gris, un calcaire marneux grisâtre clair à gros fragmens d'Hippurites et à Fungites, polypiers, grands Catilles, Echinidées, Térébratules, et débris de poissons, du calcaire plus blanchâtre à Hippurites. L'avant-dernière roche ressemble beaucoup au calcaire crayeux appelé *Planer* en Bohême, et elle paraît reposer sur une surface bosselée. Toute cette série de roches, adossées au calcaire alpin supérieur et supra-jurassique de l'Untersberg, incline au nord ou nord-nord-ouest, sous 45°.

Le calcaire à Hippurites, peu abordable dans cet endroit, longe le pied de la montagne, et est facile à étudier à un quart de lieue de là à l'ouest, près de la maison appelée *Bruchhausel*, parce qu'on y a ouvert une carrière dans le calcaire compacte blanchâtre à parties rouges de l'Untersberg. Dans les rochers appelés *Naglwand*, le calcaire à Hippurites présente presque autant de Radiolites et de Sphérulites que d'Hippurites; il nous a semblé qu'il y en avait de trois espèces, dont l'une est très longue. J'y ai aussi reconnu deux espèces de Fungites.

En allant de ce lieu au Hallthurm, situé sur la route de Reichenhall à Berchtolsgaden, et dans la coupure entre l'Untersberg et le Latenberg, on trouve des affleuremens de calcaires à Hippurites ou à Nummulites, roches qui paraissent associées ensemble ou se suivre.

C'est bien dommage que cette longue suite de couches plongeant au nord se trouve interrompue par la vallée alluviale de Reichenhall, au-delà de laquelle on ne voit, dans le mont Hogl et à son pied, que des grès viennois à fucoïdes avec du calcaire ammonitifère et ruiniforme (1). L'inclinaison de ces couches varie : si elle est d'abord au sud comme celle des roches semblables de Gmunden, plus loin, les couches sont ondulées. Enfin, au pied nord du Hogl le mont Kressenberg, dont le noyau paraîtrait être calcaire, forme une hauteur isolée et boisée, composée de couches fortement inclinées d'agglomérats, de grès quarzeux à points verts, de minerai de fer granuliforme et à Nummulites, de grès calcarifère à débris de coraux et à points verts, de calcaire à coraux et Nummulites, et de marne grise rarement coquillière. C'est ce système que j'ai décrit en 1824 (voy. *Ann. des Mines*) comme du grès vert, opinion que j'ai déjà dit conserver, malgré le travail publié par M. le comte Münster, sur les fossiles de cette localité.

NOTICE

SUR LES BORDS DU LAC DU TRAUNSEE EN HAUTE-AUTRICHE.

La jolie ville de Gmunden est entourée de collines en partie formées de ces agglomérats et de ces cailloux d'alluvion ancienne, qui bordent la Traun en grands escarpemens de 200 pieds, et recouvrent une si grande partie de l'Autriche supérieure, entre Gmunden, Steyer et Ens. Ces collines forment la partie supérieure de la digue du lac de Traunsee. Entre Gmunden et le colosse calcaire appelé le Traunstein, il y a des montagnes boisées avec quelques prairies, et leur hauteur va en augmentant à mesure qu'elles approchent du

(1) Voyez *Journal de Géologie,* tom. I, pl. 4.

Traunstein, contre lequel elles s'appliquent, en n'atteignant pas même la moitié de l'élévation de ce pic.

Ces crêtes sont composées de grès viennois, qui y offre toutes ses roches ordinaires, savoir : du grès marneux micacé, grossier ou fin, du calcaire marneux endurci gris, ou compacte gris clair, du calcaire ruiniforme, des marnes se délitant en morceaux angulaires, des marnes à fucoïdes, etc. De grands éboulis couvrent ces couches assez inclinées, et empêchent très souvent de bien les étudier. A une lieue au nord du pied du Traunstein, le pied du Durrenberg permet de voir les mêmes grès assez fins, alternant avec des calcaires marneux. On les revoit sous le lieu appelé Rabmoos dans les bois, et il est évident que c'est la suite du dépôt de la crête de Riedel, situé entre Gmunden et le Durrenberg. En allant depuis la hauteur au-dessous de Rabmoos, au sud, l'on voit dans un petit ravin des marnes calcaires noirâtres et rougeâtres, quelquefois à taches jaunes grises nombreuses et à petits filons spathiques. Ces couches sont quelquefois horizontales et quelquefois inclinées au nord, et elles rappellent certaines roches de Gosau et du pied du mont Untersberg. Plus au sud, de nouveaux ravins permettent de voir des alternats de marne grise, et de calcaire compacte gris clair à fucoïdes.

Après cela, l'on arrive dans une vallée étroite appelée *Im Geschlief*, parce qu'elle est pleine d'éboulemens (1). Dans le haut de cette échancrure, sur le pied même du Traunstein, l'on trouve à 800 ou 1,000 pieds sur le lac de Traunsee, des couches très puissantes et horizontales d'agglomérat alluvial. Les masses tombées et isolées de ce *Nagelfluh* forment une scène singulière de dévastation.

Plus bas, l'on trouve que le côté nord de ce vallon, en partie couvert de broussailles, est occupé par des marnes calcarifères rougeâtres et blanchâtres à impressions de plantes, et leur inclinaison est au sud, et elles ont bien l'air de faire suite aux roches semblables que j'ai citées plus haut.

Vers le milieu du vallon, et à peu de distance, il y a du grès quarzeux à grains verts, et inclinant fortement au sud.

(1) Voyez pl. 1, fig. 5.

Puis, tout près de là, s'élève un massif isolé de rochers qui offre la série suivante de couches : marne calcaire rouge à lits blanchâtres, marne grise noirâtre, marne grise alternant avec du grès marneux à points verts, grès semblable avec un gros banc de calcaire marneux grisâtre ou brunâtre à Nummulites, dont une partie est arénacé, et sur les côtés duquel il y a deux lits de fer pisiforme qui ont 5 pieds d'épaisseur, marne grise noirâtre, alternant du grès marneux à grains verts, marne schisteuse noire, grès siliceux à grains verts, marne noire à lits de calcaire compacte à Nummulites. Ces couches sont suivies dans le vallon de marnes schisteuses noirâtre à petits filons spathiques, et de grès marneux micacés gris, puis d'alternats de marnes calcarifères grises et rouges, dont l'inclinaison, comme celle de toutes les roches précédentes, est forte et constamment au sud.

Maintenant, à une cinquantaine de pas plus bas, le pied immédiat du Traunstein se trouve accidentellement découvert, et les couches y sont totalement et accidentellement dépourvues du sol végétal. Depuis le vallon, on voit une grande muraille de calcaire blanc surmonter des alternats de calcaire, et de marnes noirâtres ou grisâtres à petits filons spathiques. Dans le temps des pluies, des petits torrens descendent ou se précipitent le long de cette haute pente dénudée. C'est dans ces lits desséchés qu'il faut monter. L'ascension n'y est rendue possible que par les échelons formés par l'inégale décomposition de ces roches divisées en strates assez minces.

Voici environ la succession des couches, autant que la position périlleuse d'une pareille montée nous a permis de la relever. Du calcaire marneux compacte gris foncé ou clair alterne avec de la marne endurcie grise, et il y a, çà et là, des traces de Nummulites dans ces roches. Plus haut, la marne grise paraît moins endurcie, et encore plus haut, l'on trouve des couches de calcaire bréchiforme à particules vertes, à fragmens de coraux et à Nummulites. Deux couches pareilles, peu épaisses, alternent d'abord avec de la marne endurcie grise, puis des lits de calcaire gris brunâtre clair remplacent la brèche ; ensuite on rencontre des lits bréchiformes ; enfin, la marne devient plus noire, et contient davantage de petits filons spathiques, et l'on trouve aussi du calcaire marneux noir foncé. Ces dernières couches inclinent, comme les précédentes, au sud sous 45 à 50°, et elles paraissent venir se terminer ou s'adosser contre le calcaire compacte gris blanc, et qui forme au-dessus d'elles une muraille verticale, appelée le *Gams Riesen*. Ce premier échelon du Traunstein peut être vu presque en contact avec le dépôt précédent, puisqu'il n'en est séparé que par deux ou trois pieds de débris, et il y a même des endroits fort escarpés où le contact est immédiat.

Or, s'il n'est pas douteux que ces roches noirâtres sont la suite du grès vert et du grès à fucoïdes, il devient aussi de toute évidence que les masses supérieures de ce dépôt ne supportent pas le calcaire du Traunstein, parce que leur position observée au haut de l'escarpement décrit s'y oppose, et parce qu'en descendant sur le bord du lac l'on voit le calcaire jurassique ou alpin du Traunstein occuper la place que devraient avoir les marnes et les calcaires foncés, s'ils plongeaient véritablement sous le calcaire presque vertical ou plissé du Traunstein.

J'ai laissé cette localité avec la ferme persuasion qu'il y avait là deux dépôts, ou même trois en comptant le grès à fucoïdes, et que le grès vert, placé originairement dans une cavité entre ce dernier et le calcaire alpin, avait été fortement redressé par suite du soulèvement, d'ailleurs si considérable dans ce lieu, de la chaîne calcaire des Alpes.

Sur le côté sud du mont Traunstein le lit du *ruisseau d'Eisenbach* forme un vallon élevé et assez profond, et ce cours d'eau se jette dans le Kalbbach. Les bords de ce dernier sont occupés uniquement par du calcaire alpin jurassique, qui forme aussi toutes les montagnes et les hauteurs autour de l'Eisenbach, tandis que les bords immédiats de ce dernier n'offrent dans la partie moyenne de son cours que des alternats de marnes et de grès en partie coquillier et inclinés. J'y ai vu se succéder de bas en haut de la marne rouge, du grès gris fin, de la marne grise à nodules endurcies et ayant pris peut-être la place de quelque fossile, des marnes noirâtres, bitumineuses et voisines du *Brandschiefer*, du

grès grossier, des alternats de marne grise, et de grès à Natices, Nucules, Moules, Tornatelles énormes, Nérinées, Cérithes, Astrées et Polypiers divers ; enfin des alternats de marne
noire et de grès. Il y a des traces de lignite et des points de
résine fossile dans certaines marnes arénacées noirâtres et à
coquilles calcinées. Ces roches et leurs fossiles m'ont complètement rappelé le dépôt de la vallée de Gosau, et leur position contrastante sur le calcaire m'a paru non moins évidente
dans ce lieu qu'à Gosau ; néanmoins ce fait ne s'y voit pas
clairement à cause des bois et des débris. En montant du lac
de Gmunden à ce vallon et à la cabane des bûcherons, l'on
trouve que le calcaire incline au sud sous 45°, tandis que les
couches arénacées ont une autre inclinaison. Les gros fossiles
de ce dépôt sont charriés par les ruisseaux jusque près du
moulin appelé Keppach-Muhle, sur le bord du lac, et un peu
au sud de quelques habitations situées sur une élévation et
appelées Eisenau. Sur la rive escarpée opposée du lac, l'on
revoit des grès semblables dans une espèce de crevasse du
calcaire connue sous le nom de Fossé du Diable (*Teufels
graben*), et située au sud de Traunskirchen. Probablement
l'on découvrira encore dans ce pays d'autres restes de ce
dépôt récent soulevé avec le calcaire alpin.

NOTICE

SUR LES ENVIRONS DE WINDISCH-GERSTEN EN AUTRICHE.

Entre le sol primaire et secondaire des Alpes de la Styrie
supérieure, l'on trouve entre Grobming et Admont une vaste
vallée alluviale ; sur son côté sud s'élèvent des montagnes à
sommets arrondis et à pentes douces, et composées de schistes
quarzo-talqueux et chloriteux ou de stéachistes, avec des bancs
de calcaire grenu ; tandis que le bord septentrional est do-
miné par les grands escarpemens du calcaire alpin.

Dans les parties tout-à-fait inférieures de ce dernier massif,
l'on aperçoit une assise de poudingue rouge, composée surtout de fragmens de calcaire compacte qui sont entremêlés
de débris de roches primaires. Cette couche ressort à Un-

tersburg ; elle incline au nord-nord-ouest sous 60°; comme le calcaire, elle repose sur du calcaire compacte gris blanchâtre, dont elle est séparée par quelques lits de calcaire noirâtre à petits filons spathiques. Le contact de l'agglomérat avec le calcaire alpin, qui lui est supérieur, est caché par du gazon ; mais à quelques pas de là se trouve la muraille calcaire qui offre la même inclinaison que le poudingue. Cette roche renferme surtout dans cette localité du calcaire compacte blanchâtre, grisâtre et brun jaunâtre, et du grès rouge micacé. Cette assise peut être suivie dans les montagnes jusqu'au-delà de la pente septentrionale du col de Pyrrhn, et elle passe en particulier par le lac alpin du Leissner-See au nord de Steinach. Ce serait, suivant moi, la dernière assise du dépôt arénacé rouge sous le calcaire alpin.

A Steinach, l'on voit l'espace compris entre ce village et les escarpemens du calcaire alpin occupé par des alternats de marne schisteuse, gris jaunâtre et jaune brun, alternant avec des grès et des agglomérats gris à fragmens de quarz, de micaschiste, de schiste argileux et siliceux. Au-dessus viennent des schistes marneux gris, du calcaire compacte très noir et à petits filons spathiques ; puis un massif puissant de calcaire alpin gris blanc qui forme une butte à l'est. Plus haut on ne voit jusqu'au lac du Leissner-See que des calcaires compactes très noirs et à petits filons spathiques, et du calcaire semblable jaune brun, gris ou blanchâtre. Toutes ces couches, par leur inclinaison au nord, par leur position et par leur direction générale du ouest-sud-ouest au est-nord-est, sont évidemment inférieures à l'agglomérat d'Untersburg, et me paraissent lui avoir fourni des fragmens de grès rouge. De plus, entre ce dépôt et les stéaschistes, il n'y a que des masses calcaires à fer spathiques, ou du moins si imprégnées de fer que leur couleur rouge et leur aspect carié est tout-à-fait particulier, comme on peut le voir entre Steinach, Leitzen et Admont, ou derrière Weissenbach, Wolsach et au mont Wolkenburg, néanmoins il y a aussi quelques masses de ce calcaire entre les agglomérats.

En allant de Leitzen à Windisch-Gersten, l'on peut aisément suivre, non seulement toutes les couches précédemment décrites, mais encore celles qui leur sont supérieures. Ce bourg est bâti sur des schistes quarzo-talqueux, inclinant au nord, et contenant du fer spathique dans les hauteurs des monts Saalberg et Bleyberg.

En montant au col de Pyrrhn, l'on voit le calcaire ferrugineux rouge succéder aux schistes talco-quarzeux; ensuite des calcaires compactes, noirâtres et grisâtres, offrent pendant quelques instans une inclinaison au sud; mais bientôt des roches semblables noirâtres et fendillées reprennent l'inclinaison nord, et montrent par leurs ondulations la cause apparente de ces brusques variations, qui, vues sur une grande échelle, s'évanouiraient tout-à-fait. Plus haut vient du calcaire compacte gris, à portions rougeâtres, et en partie sublamellaires brunâtres avec de petits filons spathiques. Le col en question est occupé par un calcaire alpin inférieur, inclinant au nord sous 60°.

La descente de ce point vers le nord se fait sur des alternats de calcaire compacte, et de calcaire marneux gris et rougeâtre. Plus loin, au Schreyenbach, les lits marneux deviennent plus dominans, et au milieu de ces roches l'on voit de l'agglomérat rouge, alternant avec de la marne calcaire grise et rougeâtre. L'inclinaison de ces dernières roches est de nouveau un instant au sud, puis complètement au nord ou au nord-ouest, ce qui est aussi celle qui domine dans les hauts escarpemens du calcaire alpin des deux côtés de la route.

A demi-lieue du col de Pyrrhn, l'on a le plaisir de revoir l'agglomérat à fragmens calcaires d'Untersburg; il incline au nord-ouest, et court du sud-ouest au nord-est, et est encore intercalé entre des calcaires marneux et une muraille de calcaire compacte. Les premières hauteurs à l'est de Pyrrhn-Spital sont composées de grès, et plus loin, au milieu de la large vallée qui conduit à Windisch-Gersten, l'on voit une longue crête aplatie, et couverte de pâturages et de bois, accident qui contraste singulièrement avec ces escarpemens calcaires, qui forment les côtes de la vallée, et la bouchent presque au nord de Windisch-Gersten.

Des grès marneux plus ou moins compactes, en partie

micacés, alternant avec des marnes, et quelquefois avec des
agglomérats à débris calcaires et de polypiers, composent
cette espèce d'île au milieu d'un bassin. Leur inclinaison est
au nord-ouest. Des débris de végétaux en apparence terrestres, et quelques débris de bivalves, s'observent dans ces
roches grises ou grises bleuâtres, et se décolorant en jaune
brun. Comme ailleurs, on les exploite non seulement comme
pierres à bâtisse, mais aussi pour en faire des dalles.

Ce dépôt forme encore les environs de Windisch-Gersten,
et paraît s'étendre à l'est sur la route de montagne qui conduit de là à Hinter-Laussa. D'après les caractères de ce dépôt
et sa position, l'on pourrait rester dans le doute si l'on doit
le classer parmi ceux de l'âge des roches de Gosau ou ceux
de l'âge du sel des Alpes ; néanmoins l'absence complète des
Ammonites et des autres fossiles des grès au-dessous du sel,
et l'isolement du grès au milieu de montagnes toutes calcaires, me semblent de fortes présomptions pour le regarder
comme un amas superposé au calcaire jurassique alpin, et
redressé en même temps que ce dernier.

NOTICE

SUR LES ENVIRONS DE HINTER-LAUSSA PRÈS D'ALTENMARKT EN AUTRICHE.

Altenmarkt est situé sur des agglomérats calcaires de l'é-
poque alluviale, roches qui forment sur le bord de l'Ens de
hauts précipices. Ce sont les restes des alluvions qui se sont
accumulés dans la fente occupée par cette rivière, dont le
lit actuel servait peut-être jadis à l'écoulement d'un lac situé
entre le sol secondaire et primaire des Alpes, entre Saint-
Martin et Admont.

En se rendant à Vorder-Laussa, l'on voit ressortir d'abord
sous les Nagelfluhs le calcaire alpin fendillé et blanchâtre, puis
un amas gypseux qui occupe la rive sud du Laussa. Sur le côté
opposé des agglomérats semblables horizontaux, rougeâtres
ou grisâtres, bordent ce torrent pendant deux petites lieues ;
on en voit ressortir çà et là le calcaire alpin irrégulièrement

stratifié, à petits filons spathiques, et incliné à l'est. Avant d'arriver à l'auberge appelée Instein, Hingstein ou Achstein, l'on revoit des escarpemens de calcaire alpin rouge, brunâtre et blanchâtre ; mais près des maisons les rochers cessent tout-à-fait au nord, et on n'y voit plus qu'une pente gazonnée et fort inclinée, qui contraste singulièrement avec les rochers calcaires précédens et ceux que l'on aperçoit à l'ouest au-delà de la pente en question.

Pour étudier la composition de ce dépôt particulier, il faut monter presqu'au haut des montagnes au nord et au nord-ouest d'Achstein (1). L'on acquiert ainsi la certitude que cet espace d'environ une lieue de large et demi-lieue de long, et occupé par des prairies ou des bois, est rempli par des roches superposées au calcaire alpin. Au sud, à l'est et à l'ouest de l'auberge d'Hingstein, les rochers calcaires forment les montagnes depuis le fond de la vallée jusqu'à la cime des montagnes. En remontant le petit ruisseau le Schalbach, qui coule dans le Laussa près de l'auberge, et qui vient des montagnes au nord de ce lieu, l'on trouve le calcaire alpin dans toutes les montagnes à l'est du ruisseau, puis au nord de l'auberge dans les Alpes appelées Seebacher-Alpen. Au nord de l'espace occupé par notre dépôt problématique se trouve la vallée de Weisswasser, dans laquelle se prolonge le même calcaire alpin, qui y forme même de grands précipices justement au-dessous des roches en question ; enfin le côté ouest du même espace est formé par les crêtes de calcaire alpin de Mandelhoch-Kogel et d'Axstein. Le calcaire alpin décrit donc un cercle complet autour du petit dépôt que je vais décrire, et que des ravins permettent seuls d'étudier.

Dans le haut de la montagne d'Axstein, l'on trouve les sommités formées par du calcaire alpin compacte jaunâtre, et à aspect jurassique ; la direction des couches est du nord-nord-est ou sud-sud-ouest, et l'inclinaison au nord ou nord-est. Sur ce calcaire l'on trouve gisant d'une manière conforme les couches suivantes :

Un calcaire rouge à grains de minerai de fer globu-

(1) Voyez la coupe idéale, pl. 2, fig. 6.

liforme; un banc de douze à vingt pieds de marne calcaire rouge brune, pétrie du même minerai de fer, dont les globules quelquefois assez irréguliers sont de la grosseur d'un pois, et sont extérieurement rougeâtres, et intérieurement noirs bleuâtres, et sans zones concentriques; un calcaire marneux compacte gris, un calcaire compacte bitumineux brun noir à coquillages calcinés, tels que Turritelles, Natices, Bivalves; de la marne noirâtre à lits, ou nids de lignite ou jayet; des agglomérats grossiers, compactes, composés d'une pâte marno-arénacée fine et grisâtre, empâtant des morceaux angulaires ou mal arrondis de diverses variétés de calcaire alpin, et des fragmens d'un schiste noirâtre micacé; un grès du même genre, à parties de lignites; de la marne calcaire grisâtre, du grès compacte à encrines, et devenant supérieurement fort calcaire; du calcaire marneux, le même agglomérat, d'abord grossier, puis fin; du grès gris fin et très schisteux, du grès grossier, du grès fin, de l'agglomérat très grossier, devenant calcaire, et contenant des fossiles (encrines ou polypiers), et des alternats de grès plus ou moins fins. Plus 'loin une forêt couvre le sol, et le lit du ruisseau a seul mis à découvert la suite précédente de couches. Leur inclinaison générale est d'abord au nord-nord-est sous 60°, mais plus loin du calcaire alpin elle se dirige au nord-est et à l'est sous 35°.

De ce point où l'on a fait quelques travaux pour utiliser le minerai de fer, si l'on se dirige au nord, l'on revoit en partie les mêmes roches dans deux plus petits ruisseaux, et surtout les marnes noirâtres à lignite sont bien exposées sur le bord de l'un d'eux; on dirait qu'on y a fait du charbon, tant le sol est noir. L'agglomérat grossier m'y a aussi présenté des fossiles peu distincts, qui sont en partie peut-être des morceaux d'Huîtres. Dans cette direction des forêts de sapin cachent le reste de ce dépôt jusqu'aux crêtes du calcaire alpin; mais le même minerai de fer se revoit dans la montagne de Mandelhoch-Kogel à trois lieues de Seebacher, et au nord-ouest d'Axstein.

En redescendant de la mine d'Axtein dans le torrent de Schalbach par Seebacher et Gidelbauer, l'on a occasion de voir

çà et là dans les ravins des affleuremens des mêmes grès marneux micacés et quelquefois assez grossiers, et leur inclinaison
à l'est semblerait indiquer qu'ils passent sous les hauts escarpemens du calcaire alpin sur la rive orientale du Schalbach;
néanmoins lorsqu'on étudie soigneusement les bords de ce
torrent, l'on voit qu'il coule justement sur la limite du dépôt
arénacé et du calcaire alpin, et que les grès viennent butter
contre la surface irrégulière des escarpemens calcaires.

Ce fait intéressant est mis complètement en évidence, non
seulement par les proéminences du calcaire alpin au milieu
des couches arénacées inclinant à l'est sous environ 30°, mais
encore par des petits ravins qui se trouvent sur le côté oriental
du Schalbach. En allant de bas en haut, voici environ les
couches qu'on peut suivre dans ce torrent : des agglomérats
grossiers à fragmens calcaires, de la marne grise, du grès
schisteux fin et micacé, de la marne grise, du grès schisteux,
de la marne grise, du grès, de la marne grise et rouge ressemblant à celles qui abondent dans certains points des montagnes de Gosau, des grès fins, de la marne grise et rouge,
claire ou foncée, et des grès fins. Comme à Gosau, il paraîtrait que ces marnes colorées forment la partie supérieure
du dépôt en question, et c'est ce qui explique pourquoi on
les retrouve dans le sol argileux jaunâtre de la forêt entre la
mine d'Axstein et l'auberge; tandis que plus bas l'on ne voit
que des agglomérats et des grès sur ce chemin.

Un endroit du torrent de Schalbach est surtout intéressant pour observer la position relative des grès et du calcaire
alpin (1). On y voit le calcaire noirâtre, fendillé, et inclinant
au nord, ressortir dans un escarpement formé de marne
rouge dans le bas et de marne grise dans le haut, ces couches
inclinant au nord-est. Si cette masse calcaire n'y formait qu'un
rognon, on n'observerait pas dans les couches ces changemens
de stratification, et surtout les grès marneux supérieurs ne se
contourneraient pas autour d'elles. D'ailleurs, plus bas, et à
très peu de distance de ce point, l'on voit que les marnes
rouges et grises viennent s'adapter au contour d'une proémi-

(1) Voyez pl. 2, fig. 7.

nence du calcaire alpin , de manière à former presque une stratification en manteau. A quelques pas de là, s'élève un rocher du même calcaire alpin compacte, blanc verdâtre et à petites veines noirâtres, et à côté de lui, en-deçà d'un ruisseau très étroit et tributaire de celui du Schalbach, commencent les escarpemens calcaires des montagnes, à l'est du dernier torrent.

En remontant l'affluent du Schalbach, l'on ne voit que les mêmes grès et les marnes placées sur le même calcaire alpin, et plus haut, reparaissent des marnes grises très inclinées, des alternats de grès et de marne inclinant au sud-ouest, des agglomérats presque verticaux, des marnes et des grès, soit verticaux, soit inclinés au nord-est; enfin, des alternats de grès et d'agglomérats. Ces variations dans l'inclinaison m'ont paru résulter, soit des irrégularités de la surface du calcaire alpin, soit des bouleversemens éprouvés lors du soulèvement de ces montagnes.

Je suis donc parti convaincu que, dans cet endroit des Alpes, un dépôt arénacéo-marneux et coquillier gisait en stratification, en partie contrastante, en partie conforme sur le calcaire jurassique des Alpes.

L'existence de ce minerai ferrifère est un accident de notre dépôt problématique, qui rend ce point fort intéressant. L'on sait aussi qu'il offre quelquefois un autre fossile rare dans le calcaire; je veux parler du fluore qu'on y a aussi rencontré en Tyrol, dans la vallée de Lavatsch, et entre Reichenhall et Gross-Gemein, sur les frontières du Salzbourg et de la Bavière.

NOTICE

SUR LES ENVIRONS DE HIEFLAU , SUR LES FRONTIÈRES DE
L'AUTRICHE ET DE LA STYRIE SUPÉRIEURE.

Le village de Hieflau est situé au fond d'une vallée profonde, entre des hautes montagnes de calcaire alpin, dont les couches inclinent à l'ouest. Sur le bord de la rivière Ens, on trouve un amas de gypse entouré de marne argileuse grisâtre. Ce dernier gîte rappelle celui de l'entrée du vallon de Weissenbach, entre Laufen et Goissern, près d'Ischel, quoiqu'on n'y voie pas, comme dans ce dernier lieu, le gypse placé sur un calcaire fendillé noirâtre, et enveloppé de marne grise noirâtre et rougeâtre, et recouvert de calcaire blanchâtre fendillé à traces rougeâtres.

De plus, cette position si fréquente des gypses dans le fond des crevasses ou des vallées alpines, comme à Saint-Gallen en Autriche, à Reuti et Hallein en Tyrol, à Hindelang, dans l'Allgau, etc., reste un fait important pour celui qui ne voit dans ces roches que des portions du calcaire alpin, qui ont été changées par les émanations sulfureuses et ignées, ou même des débris calcaires tombés dans les fentes formées violemment, et attaqués ensuite par les acides.

Depuis long-temps l'on conserve dans le Musée de Gratz des fossiles particuliers, tels que de grosses Cérithes, des Nérinées, des Cyclolites, de grosses Hippurites, sous la forme de cornes légèrement courbées à la base, angulaires et sillonnées en travers par des crènelures. Ces pétrifications sont du lieu appelé *Landl*, qui est situé à l'ouest de Hieflau, sur la route de ce village à Admont par l'effroyable et étroite crevasse appelée Gesoss, et au milieu de montagnes du calcaire alpin.

Un autre point, à un quart de lieue au sud de Hieflau et à l'ouest de la route de ce village à Eisenerz, a aussi fourni des fossiles : c'est le vallon appelé *Waggraben*. A l'entrée de ce dernier, il y a sous des agglomérats calcaires très récens des couches assez puissantes d'argile marneuse grise, et en apparence sans fossiles. Elles sont horizontales ou inclinent faiblement à l'est, et sont employées pour faire des tuiles. Un semblable dépôt, pris isolément, pourrait passer pour une alluvion ; mais pour celui qui a étudié la vallée de Gosau et d'autres points semblables, il est évident que c'est encore une dépendance d'un même terrain morcelé. Quant à l'idée d'en faire un dépôt tertiaire, elle ne peut pas venir à l'esprit de celui qui connaît les hautes montagnes, et le grand espace qui sépare notre très petit amas du véritable sol tertiaire. D'ailleurs, le fond du même vallon recèle d'autres roches, qui achèvent d'identifier complètement cette localité avec celle de Gosau.

Le vallon du Waggraben est très étroit; sur son côté nord, je n'ai rencontré que du calcaire alpin compacte blanc, gris ou jaunâtre; mais les pentes opposées, vues de ce côté, présentent trois ou quatre petits mamelons on escarpemens, qui ne paraissent qu'appliqués contre une pente calcaire semblable. En effet, en remontant le lit du torrent, l'on voit bientôt succéder au calcaire compacte rougeâtre ou grisâtre une toute autre espèce de dépôts. Ce sont des alternats assez inclinés de marne calcaire schistoïde, et noire grisâtre, de grès marneux, de marne grise et d'agglomérats gris à fragmens de calcaire alpin et de cailloux quarzeux. Dans ces dernières roches, l'on remarque çà et là des fossiles calcinés, tels que des Cérithes, des Rostellaires, des Pleurotomes, des Cyprées? des Petoncles, des Natices, des Tornatelles, des Turritelles, des Buccins, des Bivalves, des Cyclolites, mais surtout beaucoup de polypiers, etc.

En gravissant ces pentes argileuses, on arrive à de grandes carrières de meulières, exploitées au milieu de rochers d'un nagelfluh horizontal rougeâtre et fortement endurci. Enfin, un peu plus haut, à l'est de ces dernières roches alluviales, l'on trouve un grand rocher escarpé, tout composé de plusieurs espèces de longues et étroites Hippurites à contours sillonnés et anguleux. Ce banc épais est intercalé entre deux couches de calcaire marneux gris brunâtre, et plus haut, l'on ne trouve plus que le calcaire alpin ordinaire contre lequel ce dépôt particulier est appliqué immédiatement, et d'une manière conforme. D'un autre côté, l'inclinaison des roches étant à l'est, ces roches devraient se retrouver de l'autre côté du vallon, si elles n'étaient qu'intercalées dans le calcaire alpin; or, c'est ce qui n'a pas lieu; donc, elles offriraient un exemple analogue à ceux précédement décrits d'un dépôt plus récent que le calcaire alpin. De plus, d'après la disposition des couches, il est probable que les marnes argileuses à l'entrée de la vallée ne sont que les masses supérieures de ce terrain.

NOTICE

SUR LES ENVIRONS DE GAMS EN AUTRICHE.

A quelques lieues de Hieflau une route conduit à Gams. On traverse l'Ens, et on monte une pente très raide pour arriver à un plateau formé d'agglomérat alluvial, et situé à environ deux cents pieds sur la rivière. On arrive bientôt après à un groupe de maisons appelé Rastadterhof; à un quart de lieue au nord l'on voit des rochers de calcaire alpin assez inclinés, mais au sud l'on observe jusqu'aux montagnes calcaires un espace de terrain ondulé, étendu, et occupé par des pâturages et des bois.

A l'est des maisons citées s'élève une colline élevée et boisée, appelée le *Bosenberg* ou *Roschaberg*. La grande route qui la traverse permet d'étudier sa composition, et l'on y reconnaît encore un dépôt étranger au calcaire alpin : ce sont des alternats de marnes grises avec des bancs de grès marneux gris, partie micacés, et çà et là assez grossiers pour laisser voir leurs parties composantes, qui sont des grains de quarz et de calcaire alpin. Les premières roches m'offrirent, en 1825, çà et là, des fossiles calcinés, tels que des Cardium, des Tellines, des Arches, des coquilles turriculées, des Turbo, etc. Les grès sont en masses plus épaisses vers le haut de la colline, dont toutes les couches inclinent à l'est ou nord-est. Sur son revers oriental, j'ai trouvé, en 1829, dans les mêmes roches, des Cérithes, des Natices, et dans certains grès une multitude de coquilles microscopiques du genre Mélonite, associées à de grosses univalves et rarement à des Retepores.

Dans le village même de Gams l'on revoit, dans le lit du torrent, les mêmes couches assez fortement inclinées et même verticales à côté de celles du calcaire alpin ordinaire. En remontant ce torrent l'on peut bien observer les grès marneux micacés, qui sont exploités comme pierre de bâtisse, au-dessous d'une assise assez épaisse de Nagelfluh alluvial. Plus loin l'on voit des alternats de marne et de grès, suivis d'une couche très puissante d'un calcaire marneux gris noirâtre, tout rempli d'une espèce de Tornatelle de moyenne taille.

A l'ouest du torrent toutes les hauteurs sont composées du même dépôt, tandis que sa rive opposée est bordée de montagnes de calcaire alpin. Il était donc bien curieux d'observer la position respective de ces diverses roches; malheureusement l'espace entre la couche à Tornatelles, inclinée au nord, et les escarpemens du calcaire alpin, est occupé, soit par les alluvions du torrent, soit par un barrage et des talus couverts de prairies marécageuses. Malgré cela, si les grès passaient sous le calcaire, vu la hauteur des collines qu'ils forment, on devrait les voir sur la rive orientale du torrent, et surtout dans le fond de la vallée de l'Ens, qui est quelques centaines de pieds plus bas, et qui offre de nombreux escarpemens. Rien de semblable ne s'y observe; au contraire, au nord de Gams, tous les bords de l'Ens sont occupés par du calcaire jurassique alpin.

De plus, sur le bord nord de cette rivière, presque vis-à-vis de Gams, M. Partsch m'a indiqué un autre lambeau arénacé sur la route de Reifling à Palfau.

Quoique l'étendue de ce dépôt problématique ne m'ait pas permis de l'étudier aussi en détail que la plupart des autres, je n'en suis pas moins resté persuadé qu'il remplit, près de Gams, une grande cavité du calcaire alpin, dont les bords sont formés par les montagnes entre Gams et Eisenerz, par celles à l'est et au sud-est de Gams, et par les rochers semblables que j'ai suivis au nord du mont Bosenberg de Gams jusque près de Rastadterhof, soit sur les bords de l'Ens, soit sur le plateau qui borde ce fleuve. Je ne puis donc nullement admettre avec M. Keferstein que le grès plonge sous le calcaire alpin de Gams (1); il n'y a là qu'une simple juxta-position, et les couches arénacées sont inclinées et peuvent être inclinées ainsi, sans passer pour cela sous le calcaire.

(1) *Teutschland*, etc., vol. VI, cah. 2, p. 144.

NOTICE

SUR LES ENVIRONS DE WAND, EN BASSE-AUTRICHE.

Sur le bord sud du bassin de Vienne, j'ai décrit, il y a sept ans, un dépôt fort remarquable, qui présente tous les caractères des roches de Gosau, et dont j'ai indiqué les rapports, soit avec les marnes du lias, soit avec le grès vert. Il occupe une espèce de cavité, située entre une crête calcaire, bordant la plaine et nommée *Neue Welt*, et la montagne escarpée, élevée, et à sommet aplati, qui est appelée *Auf-der-Wand*, et qui forme un des points les plus saillans dans la configuration des Alpes viennoises (1). Les eaux de cette espèce de terrasse ou de bassin élevé s'écoulent par le ruisseau de Willendorf et la gorge qui traverse la crête de Neue-Welt, sous la ruine d'Emersberg.

Non loin des limites occidentales de notre terrain et du mont Wand, se trouvent les villages de Ober-Piesting, la ruine de Stahrenberg, les hameaux de Dreistetten, de Stollhof, de Mahrersdof, de Zweiersdorf, de Grunbach, et sur ses limites orientales, sont placés un point entre Wollersdorf et Piesting, Emersberg et Rosenthal. Le dépôt a l'air de se prolonger à l'ouest de Grunbach vers Pfeningbach ; néanmoins je ne voudrais pas assurer que tout le vallon qui conduit des hauteurs de Grunbach à Buchberg en dépendît, comme on le verra d'après la description de ses roches.

D'une autre part, ce terrain se cache, au nord de Piesting, sous des agglomérats tertiaires, et disparaît dans les bois. D'après MM. Partsch et le major Keck, il y en aurait encore un lambeau autour de Hornstein. Plus au nord, il n'y en a pas à ma connaissance, car M. Partsch classe déjà dans le grès viennois les roches arénacées, qui paraissent former les hauteurs boisées entre Saint-Veit, Grossau, Merkenstein et Pottenstein. Quant au lambeau de grès schisteux micacé, peu incliné et ondulé autour de Gieshubel près de

(1) Voyez pl. 2, fig. 8.

Modling, entouré de calcaire alpin, et ayant l'air d'être placé sur une pente formée de ce dépôt, je n'y ai vu encore qu'une dépendance du grès viennois ; du moins les caractères zoologiques du grès de Piesting y manquent tout-à-fait.

Les couches de notre terrain courent en général de l'est à l'ouest, et inclinent fortement au sud-ouest, de manière à s'approcher même de la verticale ; néanmoins, comme elles paraissent adjacentes à une surface calcaire irrégulière, et la rencontrent quelquefois ou partout en stratification contrastante, comme près de Dreystetten et de Stahrenberg, la direction et l'inclinaison des couches souffrent des variations. M. Partsch a eu la complaisance de nous communiquer à ce sujet les détails suivans :

La marne schisteuse près de Hornstein court h. 6, et incline h. 12 sous 50° ; le grès à Piesting, dans le Scharergraben, court h. 5, et incline h. 11 sous 60 à 70° ; le grès près Rehgras court h. 2, et incline h. 20 ; le grès à Schaflnerhof, auprès de la ruine de Stahrenberg, court h. 5 et demie, et est vertical ; les alternats de marne et de calcaire à Tornatelles, tout près du calcaire alpin de Wand, à l'ouest de Dreystetten, courent h. 5 et demie ; le grès entre ce dernier village et Stollhof court h. 6 et demie, et incline h. 24 et demie ; le grès à Ramhof près de Stollhof court h. 4, et incline h. 22, sous 40° ; enfin, la marne schisteuse au pied de la ruine d'Emersberg incline au sud-est.

Les roches composant ce dépôt sont des agglomérats grossiers, des grès marneux, et des calcaires marneux en partie coquilliers, du calcaire compacte blanc jaunâtre ou grisâtre à Hippurites et Radiolites, des calcaires arénacés ou grès calcaires à Nummulites, des marnes schisteuses plus ou moins endurcies, grises ou jaunâtres, et en partie coquillières, et un combustible, qui tient l'intermédiaire entre la houille sèche et le lignite, et est très semblable à celui des calcaires à Nummulites de l'Istrie (1).

(1) M. Brongniart a donné le nom de Stipite aux combustibles formés principalement de Cycadées ; comme les impressions végétales sont très rares dans ce dépôt, il est impossible d'appliquer ce nom pour le moment au combustible en question.

Les agglomérats sont grossiers, rougeâtres ou grisâtres à cailloux de calcaire alpin blanchâtre, jaunâtre, noirâtre et grisâtre clair, de quarz blanc ou rougeâtre et de schiste siliceux. On peut bien l'observer autour de Dreystetten, entre ce village et Stollhof, à l'ouest de Grunbach, sur le chemin de Pfeningbach, et en petits amas à Piesting. Il paraîtrait former la base ou presque la base du système arénacé, et il est superposé, ou peut-être seulement juxta-apposé au calcaire à Hippurites. Le fait est que ces deux roches ont l'air de s'exclure, et que tantôt l'une, tantôt l'autre, sont appliquées contre le calcaire alpin de Wand. L'agglomérat alterne avec des grès rougeâtres et grisâtres qui renferment çà et là quelques traces de plantes. Le calcaire à Hippurites en couches verticales forme au nord de Grunbach une crête appelée Kogelbauer, qui s'étend vers Zweiersdorf, et dont la pente est assez rapide à l'est, tandis qu'à l'ouest elle est coupée presque à pic, et séparée des escarpemens de Wand par une petite gorge marécageuse d'environ 5oo pas de largeur.

Je crois avoir retrouvé la même roche entre le village supérieur et inférieur de Piesting au nord de la route, et on doit y associer ces couches calcaires à débris de Radiolites et de Sphérulites, dont je vais décrire les alternatives avec des grès et des calcaires marneux à l'ouest de Dreystetten.

Les grès calcaires gris ou bruns jaunâtres à Nummulites existent au nord de Grunbach dans la crête du *Kogelbaner*, et les mêmes fossiles abondent, quoique presque méconnaissables, dans des grès gris brunâtres, entre Wollersdorf et Piesting. Les grès marneux et les marnes composent la grande masse de la formation, et sont coquilliers à Piesting, à Dreystetten et à Grunbach, entre ce village et Zweiersdorf. Au nord de Piesting, les grès marneux sont gris bleuâtres, assez compactes, à petites boules de grès, à parties végétales et à petits nids d'agglomérats, et j'y ai observé des impressions de Trigonie, des petites bivalves calcinées de la forme des Lucines ou Donaces de la même espèce que celles de Gosau, d'énormes Tornatelles, une grande bivalve, un polypier branchu, d'assez grands et étroits Catilles, et de grosses Natices.

Au nord de la carrière et de la butte où se voient ces fossiles, il y a une petite gorge qui s'appelle *Schara* ou *Scharergraben*. Dans cette localité, les couches tout-à-fait marneuses sont pleines de fossiles, inclinent fortement au sud-est, ont l'air de supporter les précédentes, et sont ainsi dans une position opposée à celle des couches sur le pied de Wand. On y remarque, comme à Gosau, des Natices, des Turritelles, des Cérithes, et surtout une foule de polypiers des genres Astrée. (*A. formosa, agaricites, concinna, striata et reticulata* Goldfuss), Cyclolites (*Fungia discoidea et undulata* Goldf), Turbinolies (*T. cuneata et lineata* Goldfuss), Ceriopore, Agaritie, Méandrine (*M. agaricites* G.) , Cariophyllie, *Anthophyllum* (Goldf), *Diploctenium* (*D. cordatum* G.) Il y a aussi plusieurs petites univalves turriculées, en particulier, une Delphinule assez rare.

Entre Grunbach et Zweiersdorf, j'ai trouvé dans les grès très marneux décomposés à la surface, d'énormes Tornatelles, des Echinidées, et à Grunbach, près de l'église, il y a de puissantes couches de marne courant du nord-nord-ouest, au sud-sud-est, inclinant à l'est-nord-est, et pétrie de Lituolites. J'ai aussi remarqué, ainsi que M. Partsch, de très grandes et belles espèces particulières de Catillus, ainsi qu'une Ananchite, des Dentales et deux petites bivalves, dont l'une a l'air d'une Corbule, une grosse bivalve du genre Mye, des petites Delphinules (1).

Le combustible paraît former des amas ou bancs courts dans le voisinage des agglomérats ou du calcaire à Hippurites. On l'a surtout exploité dans le Letto ou Leitergraben, entre Zweiersdorf et Mahrersdorf, où, accompagné de marnes bitumineuses noirâtres et coquillières, il forme une masse verticale de quelques toises entre des murs de calcaire. Le combustible y renferme une résine fossile, et les fossiles calcinés ne m'ont pas offert de coquilles d'eau douce. C'étaient des Cérithes ou des Mélanies, des Natices et des bivalves , des genres Corbule, Donace et Telline.

(1) J'y ai aussi cru voir une Bélemnite, mais ce fait m'a été tellement contesté, que je ne le cite que pour l'offrir à la vérification des géologues qui visiteront cette localité.

On a poussé des galeries à Stollhof, et fait des puits près de Dreystetten, et au pied méridional du mont calcaire qui supporte la ruine de Stahrenberg ; mais nulle part ces exploitations ne paraissent avoir été profitables ou durables. Des Cérithes et des marnes à Lituolites ou à quelque fossile analogue indistinct qui se retrouve dans l'Eisenbach près de Gmunden, y accompagnent le combustible à Stahrenberg ; ailleurs les déblais de ces mines ne m'ont offert que des marnes schisteuses noirâtres, et à impressions de végétaux monocotylédons terrestres.

En 1829 et 1830, on a fait quelques travaux semblables près de Grunbach sur la crête du Koglbauer ; le banc de schiste bitumineux n'était que découvert lors de ma visite en 1829. D'après M. Partsch, cette recherche a amené à la surface une foule de fossiles calcinés, comme ceux du Lettograben.

Au Koglbauer, la suite des couches paraît être la suivante : un grès calcaire gris blanc supporte le calcaire à Hippurites, Spérulites et Radiolites, inclinant au nord-nord-est, et celui-ci est couvert distinctement d'une couche de grès calcaire, de grès gris, de grès grossier, de marne bitumineuse à combustible et d'alternats de grès marneux, et de marne avec du grès calcaire à Nummulites qui a une couleur extérieure grise jaunâtre ; enfin, plus bas sont les marnes à bancs de Lituolites qui forment une surface peu inclinée au bas de la crête, et un petit col à l'ouest de l'église de Grunbach. Ces marnes à Lituolites paraîtraient exister encore ailleurs, comme vers Stahrenberg.

De Stollhof à Emersberg l'on voit, près de la muraille de Wand, les agglomérats, les grès et les marnes à combustibles ; puis tout le reste de la cavité est occupé par les marnes supérieures, qui forment le sol de prairies marécageuses tout le long de la crête calcaire de Neue-Welt jusque vers Dreystetten. A l'ouest de ce dernier village, M. le major Keck a découvert une coupe fort intéressante que M. Keferstein nous a fait connaître : je la reproduis ici telle que je l'ai saisie.

Elle se trouve sur la route qui conduit de Dreystetten au

pavillon de chasse du baron Badenthal sur le mont Auf-der-Wand. On voit se succéder de haut en bas, à mesure qu'on monte ce chemin, les couches suivantes, qui commencent à un quart de lieue de Dreystetten, et qui courent du nord-ouest au sud-est, et inclinent au sud-ouest : marne calcaire endurcie grise, ou à surface jaune brune à Naticés, Torna-telles, Cérithes, Turritelles, Cancellaires ; marne arénacée grise noirâtre, marne calcaire endurcie grise jaunâtre, grès calcaire, grès gris, grès marneux jaunâtre à lits de Torna-telles, calcaire compacte marneux, gris jaunâtre, à bivalves et fragmens de Radiolites ou Sphérulites ; grès grossier sem-blable à celui qui est sous le calcaire à Hippurites à Grunbach, grès calcaire jaunâtre à coquillages, et fragmens de Radio-lites, d'Hippurites ; calcaire marneux compacte, jaunâtre, à Hippurites ; grès, grès grossier, calcaire marneux jaune bru-nâtre à Cérithes, Pleurotomes, Donaces, Vénus, Arches, etc., calcinés ; calcaire compacte marneux, noirâtre, à bivalves, Tornatelles et Cérithes ; calcaire brunâtre à bivalves, grès grossier, agglomérat calcaire gris ou calcaire à fragmens aré-nacés, calcaire rougeâtre à fragmens d'Hippurites ou Sphé-rulites, calcaire jaunâtre, calcaire arénacé ; enfin le calcaire alpin compacte rougeâtre, puis gris et blanchâtre, inclinant au nord-ouest, et plus loin au sud-est.

Sur une route adjacente et ancienne, on trouve la succes-sion suivante : calcaire brun jaunâtre à Hippurites, grès fins, grès grossier, grès jaunâtre et gris, calcaire marneux à Tor-natelles, Cérithes, etc. ; marne argileuse noirâtre, calcaire grisâtre, grès très calcaire, calcaire marneux brunâtre, di-visé par des petits filons spathiques longitudinaux; grès jaune gris, calcaire marneux compacte, noir brunâtre ; grès jau-nâtre, calcaire noirâtre à Tornatelles, calcaire jaunâtre avec les mêmes fossiles, calcaire noirâtre à Tornatelles et bivalves, agglomérat calcaire gris, calcaire jaunâtre à Hippurites.

Après avoir ainsi achevé de décrire la masse principale de notre dépôt, je vais examiner les environs curieux de cette localité.

La crête de Neue-Welt, qui sépare nos roches coquillières de la plaine tertiaire et s'étend de Wollersdorf à Rothen-

grub, est composée du calcaire alpin grisâtre, en partie fendillé et magnésien ; il offre des portions rouges ou rouges
brunes, ferrugineuses , au-dessus de Willendorf, de Fi-
schau et de Brunn. C'est dans cette roche que se trouve le
minerai appelé par Werner *Jaspisthon Eisenstein*, c'est-
à-dire fer argileux jaspoïde. Les localités précises sont
le calcaire blanc à une demi-lieue à l'est de Dreystetten avant
Aurigl, et la pente méridionale de ce mont, où ce minerai est
situé, suivant M. Partsch, entre le calcaire alpin et l'agglomérat tertiaire, qui s'étend de là dans le Hasengebirge et s'y lie
avec le calcaire à coraux. Cette crête calcaire du Neue-Welt
est remarquable sous deux rapports, par le système de grès qui
paraîtrait la supporter et qui n'est à découvert que près de
Willendorf, et par les masses de *serpentine* qu'elle renferme.

Cette dernière roche à bronzite ressort, d'après M. Partsch,
dans les vignes au nord-est de Willendorf à Strelzhof ; elle y
est associée avec de petits amas de brèche serpentineuse,
mais son gisement ne se voit que dans une autre localité, à
Rothengrub, à la sortie orientale du village de Willendorf.

Ce lieu est bordé au nord par de grands escarpemens de
calcaire ferrugineux, rouge et jaune rouge ou blanchâtre,
traversé d'une multitude de petits filons teints par l'oxide
rouge de fer. Au milieu de cette roche, sans stratification,
se montre distinctement une grosse masse serpentineuse, qui
a quatre-vingts à cent pieds de hauteur, et environ soixante
pieds d'épaisseur dans le bas et quarante pieds dans le haut ;
de plus, enveloppée de trois côtés par ce calcaire, la roche
serpentineuse pleine de talc se lie intimement avec la roche
précédente, au moyen d'une brèche composée de fragmens
des deux roches, et devenant d'autant moins serpentineuse
qu'on approche du calcaire proprement dit (1). Cette éruption serpentineuse n'a donc pas pu percer toutes les roches,
et elle produit ainsi en grand ce fait curieux déjà connu pour
certains filons de basalte ou de porphyre, comme, par exemple, à Drummodoon dans l'île d'Arran en Écosse (2).

(1) Voyez pl. 2, fig. 9.
(2) Voyez Macculloch sur les Hébrides, ou mon Essai sur l'Écosse,
fig. 28.

Sur les lieux on ne peut s'empêcher de lier, par la pensée, à cette éruption ignée, soit ces particules de fer du calcaire, soit le fer micacé du système arénacé adjacent, et à décrire.

A l'entrée orientale du village de Willendorf, la crête calcaire est boisée, et offre sur sa pente des affleuremens de grès marneux, et de calcaire arénacé gris rougeâtre très incliné, et empâtant un fossile qui a l'air d'appartenir aux Ammonites; il paraîtrait qu'il s'étend jusqu'au-delà de Strelzhof. En remontant le ruisseau qui traverse le village, et qui s'étend à l'ouest vers Rosenthal et Grunbach, l'on trouve des alternats de grès marneux gris assez semblables à ceux de Grunbach. Ces roches courent du nord-est au sud-ouest, et inclinent au nord-ouest; elles sont suivies d'un calcaire compacte arénacé, de grès marneux gris, de grès marneux violâtre à fer micacé, d'alternats de marne schisteuse rougeâtre, et de calcaire magnésien. Plus haut vient un calcaire gris brunâtre à lignes rouges, qui a l'air de prendre la place ou une partie de la place de la crête de Neue-Welt. Encore plus haut viennent les roches suivantes : des alternats de marne à fer micacé et de grès marneux, du calcaire magnésien grisâtre et caverneux, de la marne arénacée ferrifère grise, des marnes schisteuses jaunes brunes, ou grises jaunes à bancs micacés; de calcaire grisâtre, deux lits de marne arénacée à fer micacé, de la marne schisteuse verdâtre à petits filons spathiques, courant est-nord-est à ouest-sud-ouest, et inclinant au sud-sud-est; du calcaire magnésien jaunâtre, du calcaire gris compacte, du calcaire marneux magnésien jaunâtre, du calcaire gris, courant de l'ouest à l'est, et inclinant très fortement au sud; de marne rouge et jaune brunâtre, du calcaire magnésien nodulaire, alternant avec de la marne schisteuse jaune, brune et rouge brune; des alternats de grès marneux à parties ferrifères, et de marne jaune à petits filons spathiques.

Toutes ces couches se voient sur la route de Willendorf à Grunbach en passant près de Rosenthal, et on arrive enfin au petit plateau sur lequel est Grunbach. Les roches qui s'y présentent sont encore du calcaire magnésien caverneux et jaunâtre, courant de l'ouest-nord-ouest à l'est-sud-est, et inclinant au sud-sud-ouest; mais plus loin, après des alternats de calcaire compacte et arénacé, rouge brunâtre, à petits filons rougeâtres et verdâtres, il y a des affleuremens assez épais de calcaire compacte gris de fumée; puis à deux cents pas de Grunbach, on rencontre tout-à-coup les grès marneux particuliers de cette localité, courant du sud-sud-est au nord-nord-ouest, et inclinant au nord-ouest.

Il paraîtrait que la dernière masse de calcaire gris représente en partie la crête de Neue-Welt, qui se prolongerait jusqu'ici, et formerait une partie de la hauteur qui sépare les deux chemins conduisant de Willendorf à Grunbach, l'un par Rosenthal, et l'autre par le lieu dit Rothengrub; de plus ce calcaire à l'air d'être uni à celui qui forme un monticule pointu au sud de Grunbach. Le système marno-arénacé à calcaire poreux, et fer oligiste et sans fossiles, m'a paru inférieur à la crête de Neue-Welt, qui décrirait une espèce d'arc de cercle de Willendorf à Grunbach et Pfeningbach. D'ailleurs si ces rapports de position ne sont pas clairs, ils le deviennent ailleurs, et je crois pouvoir séparer les roches coquillières de Grunbach de celles beaucoup plus anciennes de Willendorf.

A l'est de Grunbach, la route de Buchberg traverse quelques petites éminences, évidemment composées de grès marneux coquillier, inclinant d'abord au nord-nord-est, et plus loin au nord-nord-ouest, et enfin au nord sous 85°. Après cela, on trouve des grès fort grossiers, des agglomérats à fragmens de calcaire jurassique alpin et à lits de brèches calcaires, roches qui ont encore la même inclinaison. Enfin en descendant dans la vallée de Pfeningbach, on rencontre des marnes calcaires grises, puis plus loin viennent des marnes arénacées schisteuses inclinées au sud-est, et des alternats de marne rouge et grise; et les roches de la vallée jusqu'à son débouché, entre Sierning et Buchberg, n'offrent que des alternatives de calcaire schistoïde gris ou jaune brun et de marne schisteuse grise, de calcaire grisâtre ou jaunâtre magnésien et caverneux, et des marnes rouges, inclinant au nord-nord-est; en un mot depuis la descente ou depuis les marnes grises, je n'ai plus rencontré le même dépôt qu'entre Willendorf et Grunbach. Les montagnes au nord et au sud étant composées de calcaire alpin, on pourrait croire que les dernières roches sont ou intercalées entre deux massifs calcaires, ou simplement adjacentes à tous deux; néanmoins ces calcaires inclinent si diversement et sont si contournés, que ces localités ont dû subir de grands bouleversemens. Ainsi à Buchberg le calcaire alpin noirâtre et ondulé incline au nord sous 45°, et à une très petite distance de là, à Sierning, des couches foncées offrent l'inclinaison opposée sous 45°, et des masses grises calcaires nodulaires à parties rougeâtres inclinent au sud-est.

Plus à l'est, il y a une espèce de plaine en partie alluviale, qui s'étend vers le mont Schneeberg et le pied de la haute montagne calcaire de même nom. Le long de la grande route ou de la vallée de Buchberg à Saint-Johann, on a de belles occasions d'étudier les contournemens du calcaire jurassique alpin lié à celui de Buchberg. Le calcaire gris ou noirâtre incline au nord et nord-est; mais à Stixtensten l'inclinaison est d'abord sud-est, puis au sud-ouest, et au-dessus et au nord de Sieding au sud-ouest.

Les coteaux bas qui environnent ce village sont composés d'un dépôt arénacé semblable à celui de Willendorf, et avant Saint-Johann on trouve du calcaire gris contourné, placé sur du calcaire jaunâtre, inclinant au sud-ouest, et s'étendant jusqu'à la petite chapelle au nord de Saint-Johann. Dans les ravins, au sortir de ce village, on trouve des alternats de marne schisteuse à nids et lamelles de fer micacé, et de grès quarzeux assez fin à taches de rouille et à parties de fer spathique. Les roches inclinent à l'ouest-sud-ouest sous 48°, et ont l'air de passer sous le calcaire alpin, qui forme toutes les crêtes, et constitue non seulement les montagnes entre Schrattenstein, Sieding, Buchberg et Pfeningbach, mais aussi celles au sud du vallon entre Buchberg et Saint-Johann. Je ne sais pas si ces roches de Saint-Johann se lient avec celles de Willendorf le long de la plaine tertiaire, ou si les premières sont simplement inférieures aux secondes, ou en sont séparées par un grand massif calcaire. M. Partsch, qui a fait la route de Saint-Johann à Willendorf, n'a su m'indiquer que des agglomérats tertiaires à Ruglitz ; d'ailleurs les bois sur toutes les pentes des montagnes sont un obstacle aux recherches géologiques.

La crête de calcaire alpin inférieur de Neue-Welt est bordée vers la plaine, depuis Brunn jusqu'à Wollersdorf et jusque dans le mont Hasenberg, par l'agglomérat calcaire et le calcaire à coraux tertiaire. Plus au nord le même aggrégat forme la majeure partie des hauteurs boisées entre Wollersdorf, Matzendorf, Lindabrunn et Piesting, et l'on voit ces assises horizontales ou inclinées à l'est recouvrir les couches du grès secondaire, fortement inclinées au sud-ouest, le long du Kalte-Gang sur le côté nord de la vallée, entre Wollersdorf et les dernières maisons de Piesting. Le calcaire de la montagne *Auf-der-Wand* est lié à la proéminence de la ruine de Stahrenberg ; plus au nord ce calcaire se revoit entre la partie inférieure et supérieure du village de Piesting, et il continue à former des petits escarpemens derrière les collines de grès secondaire entre ce dernier lieu et Aigen.

A Enzersfeld l'on retrouve un calcaire jurassique alpin rougeâtre en couches inclinées, et renfermant des Encrines, des petites Ammonites, de Térébratules lisses et striées, des Bélemnites et des Polypiers. La même roche, réunie avec du calcaire rosâtre gris blanc, se représente à Hirtenberg. M. Prevost et d'autres personnes y ont vu de grandes Ammonites ou peut-être des Goniatites. Il est très difficile de dire si ces dernières masses sont le prolongement de la crête de Neue-Welt ou d'Auf der-Wand ; leur position géographique à l'égard de celle des montagnes précédentes rendrait même possible qu'elles fissent partie des calcaires qui séparent ces hauteurs, et qui sont maintenant ensevelies sous le grès coquillier.

Dans la montagne de Wand l'inclinaison des couches est très variable le long de la cavité arénacée ; elle est très forte et les couches ont même l'air d'être verticales. Près de la muraille à Hippurites de Grunbach, le calcaire compacte blanchâtre, à vestiges de corps marins sur sa surface, incline au nord-nord-est sous 45 à 60°. A Ober-Piesting l'inclinaison du calcaire gris blanchâtre est au nord-ouest, et plus loin, à Walleck, les couches sont ondulées, et inclinent au sud-est. Dans le vallon de Durrenbach, qui remonte de Walleck derrière le mont Wand, on voit distinctement les grandes ondulations du calcaire alpin.

A l'ouest de Walleck le calcaire compacte cède la place à des calcaires magnésiens bréchiformes, comme ceux de Baden et de Lichtenstein. La stratification ne devient distincte que plus loin dans la partie de la vallée du Kalte-Gang, appelée *die Oed*. L'inclinaison y est au nord-ouest.

Entre Bernitz et Guttenstein les montagnes sont calcaires, et il y a de la dolomie poreuse; mais dans le jardin du château de Guttenstein et entre Bernitz et Neusiedel, M. Partsch m'a indiqué des marnes et du grès assez semblable au grès secondaire viennois. Derrière Neusiedel il a retrouvé dans le bas des hauteurs les calcaires bréchiformes. Sur ces éminences il y a des agglomérats à cailloux de calcaire alpin, soit à silex ou non coquillier, soit rouge et à entroques et Bélemnites. Parmi les fragmens, on remarque encore de la marne calcaire jaunâtre avec du fer argileux.

La vallée de Miesbach, qui remonte de Weidmansfelden vers Lanzing et Grunbach, a un sol rougeâtre, et est entouré de montagnes de calcaire alpin; mais sur ses bords, M. Partsch a observé entre Weidmansfelden, Kottenbach, Frohnberg et Kaltenberg, des petites collines couvertes de verdure, et composées d'agglomérat rougeâtre à cailloux de calcaire alpin, comme celui de Dreystetten. Ce vallon est séparé de celui qui conduit de Grunbach à Buchberg par le mont Rastenberg, composé de calcaire alpin.

On voit, d'après ces dernières observations sur les montagnes à l'ouest de Wand, que notre dépôt particulier se reproduit dans ces lieux. D'un autre côté, il paraît évident que cette partie des Alpes a subi de grands redressemens par suite desquels les grès coquilliers ont glissé le long des escarpemens produits dans le Wand, et ont pris leur position si inclinée et si particulière. Peut-être une fois en couches horizontales sur le calcaire alpin ils ont été refoulés et rejetés dans le fond d'une espèce de fente; néanmoins il ne faut pas négliger d'observer que, comme dans la vallée du Lamm en Salzbourg, ce dépôt est très voisin du système arénacé qui supporte tout

le calcaire alpin, et qui offre tant de *rauchwacke*. J'aurais
atteint mon but, si j'avais débrouillé en quelques points les
rapports assez obscurs de ces deux dépôts et ceux du calcaire alpin, soit avec ces dernières, soit avec le système salifère ; la question est très délicate, mais elle est fondamentale
pour la géologie des Alpes, et la théorie des soulèvemens
variés que cette chaîne a éprouvés.

NOTE

SUR LES PROGRÈS DE LA GÉOLOGIE EN RUSSIE.

Outre les mémoires publiés par l'Académie de Saint-Pétersbourg et la Société des naturalistes de Moscou, et ceux
sous presse de la Société minéralogique de Saint-Pétersbourg,
le *Journal des Mines russes* contient, depuis 1828, une
masse considérable de documens géologiques qui sont restés
jusqu'ici inconnus au monde savant.

Les matières du *Gornoi journal* sont distribuées sous les
titres de géologie, de minéralogie, de métallurgie, de l'art
des mines et de mélanges, et l'on y trouve à côté de mémoires originaux, des traductions, et des extraits de publications étrangères. La paléontologie y est même traitée quelquefois. Les articles géologiques se trouvent répartis non
seulement sous le titre de géologie, mais encore sous tous
les autres, à l'exception de celui de la métallurgie.

Depuis 1828, on a le plaisir d'y voir plusieurs coupes et
plus d'une douzaine de cartes géologiques coloriées, ayant
surtout rapport à l'Oural, à l'Altaï, aux bords du Don et du
Donetz, au Caucase et à la Russie européenne septentrionale. De plus, on y trouve vingt-cinq grands mémoires géologiques, et une trentaine de notices souvent sur des pays
totalement inconnus, tels que la Géorgie, l'Arménie, etc.

Je ne saurais trop recommander l'acquisition du *Gornoi
journal*, puisqu'au moyen des cartes chacun peut se faire
une idée des observations, les termes scientifiques étant les
mêmes que dans les autres langues, et l'étude de l'alphabet
russe étant la seule petite difficulté à vaincre.

APERÇU GÉOGNOSTIQUE

SUR LES DÉPÔTS LE LONG DES BORDS DU DONETZ, DANS LA
RUSSIE MÉRIDIONALE;

PAR M. E. KOVALEVSKI (1).

—

La tradition a conservé les mots remarquables prononcés
par Pierre-le-Grand, à l'occasion de la découverte des houillères près du Donetz, dans le gouvernement actuel de Eka-
therinoslavsk : « Cette houille, dit ce grand souverain, ne
» nous sera pas très utile; mais elle le sera à nos descen-
» dans. » Il est à regretter que cette prédiction ne se soit encore
guère réalisée; en effet, l'exploitation de ces houillères est
d'une date toute récente.

La *chaîne des montagnes du Donetz* (2), considérée géologiquement, présente un vaste bassin rempli de dépôts secondaires. A l'exception de quelques branches de montagnes,
toute la chaîne du Donetz est composée de dépôts de grès,
de calcaire et de schiste argileux (3); roches contenant divers

(1) Traduit du *Gornoi Journal*, ou Journal des Mines russe, pour
1829, n° 1 et 2. J'ai traduit ce mémoire comme le premier, qui avait
paru accompagné de cartes et de coupes dans le journal en question,
et comme intéressant sous le point de vue de la géographie géologique, puisqu'il nous fait connaître dans un pays jusqu'ici inconnu,
un groupe de roches assez anciennes, qui fait suite à ceux du nord
de l'Allemagne.

Le sol tertiaire supérieur et alluvial empêche probablement seul
d'apercevoir la liaison de ces dépôts avec le plateau ancien et bas de
la Podolie et du gouvernement d'Odessa.

M. Sirochvatov a publié en 1828 (*Gornoi Journal,* n° 5, p. 3),
un mémoire moins étendu sur le même pays.

(2) Voyez planche 3, fig. 1.

(3) Comme quelques Anglais, les géologues russes oublient quelquefois de distinguer le schiste argileux d'avec l'argile schisteuse.

minerais et de la houille. Sur les bords de la chaîne, on rencontre presque partout, tantôt des dépôts crayeux, tantôt des couches tertiaires de calcaire grossier ou siliceux, et de marne.

Les roches secondaires de la chaîne du Donetz forment plusieurs groupes géognostiques qui passent insensiblement les uns aux autres. Le dépôt principal s'étend du nord-ouest au sud-est, en traversant presque la moitié de la région montagneuse du Donetz, et en formant les plus hautes sommités. Il donne naissance aux plus grandes rivières de la contrée, dont les unes versent leurs eaux au nord et à l'est dans le Donetz, et les autres au sud dans le Mious et le Don.

Cette formation commence à l'extrémité nord-ouest, entre les colonies de Zaitzov et de Tzaref-Boerak, s'étend à travers Tolesta, Mogila, au-devant de Tchernoukhina, entre Goroditche et Faschovka. Plus loin, elle se prolonge dans la même direction vers Ivanovka; ensuite, elle se dirige à l'est vers Petropavloka. Tournant brusquement au sud vers la source de la rivière de Kamenka, entre Bobrikova et Kartouchina, elle prend depuis ce point la forme d'une steppe montueuse, élevée, et elle s'étend auprès de Rovenki et de Doljik. C'est probablement dans ces lieux que se termine ce dépôt; néanmoins, d'après de nouvelles observations, il reparaît encore, quoique d'une manière moins distincte, pendant 50 werstes au sud jusqu'aux sources du Tyzlov, du Nesvetaief et du Gruschevka. Plus loin, commencent les dépôts crayeux, ou des bancs de calcaire coquillier, de calcaire siliceux, et de marne qui forment le sol des plaines sur les bords du Don et de la mer d'Azow. Il est donc évident que le principal dépôt de la chaîne du Donetz occupe en longueur et en ligne droite 150 werstes d'étendue. Ses montagnes les plus élevées sont entre Fachovka, Goroditche, près d'Ivanovka et à Petropavlovka.

Les masses minérales qui composent ce dépôt s'étendent en grande partie du nord-ouest au sud-est, c'est-à-dire parallèlement à la direction des montagnes. Les exceptions à cette règle ne méritent pas d'être mentionnées. L'inclinaison des bancs correspond à la pente des montagnes ; mais en quelques endroits les masses plongent dans un sens contraire, et contre le centre des hauteurs. L'angle d'inclinaison est en général de 15 à 30° Das les montagnes escarpées, dont la configuration extérieure suffit pour prouver qu'il y a eu des bouleversemens, les couches sont presque verticales.

La formation principale de la chaîne du Donetz est particulièrement composée de deux dépôts, savoir : le grès bigarré et le grès rouge placé l'un sur l'autre. Les grès composent des bancs de différentes épaisseurs, depuis 10 pieds jusqu'audelà de 12 sagènes ; ils sont toujours accompagnés et entremêlés de couches d'argile schisteuse. Les deux terrains sont séparés par du calcaire que nous appellerons *Zechstein*. Les bancs de ce dernier calcaire, de même que ceux des argiles schisteuses, ont ordinairement une épaisseur insignifiante en comparaison des couches des principales formations, c'est-à-dire des couches de grès.

Dans toute la chaîne du Donetz dominent les grès anthraxifères. Dans la principale masse, cette formation est interrompue seulement entre Rovenki et Doljik, et principalement sur le cours de la petite rivière du même nom, où, au lieu de grès, il y a de la grauwacke, et au lieu d'argile schisteuse du schiste intermédiaire. Ce dernier terrain commence dans ce point, et augmente toujours plus en étendue dans les ramifications partielles de montagnes qui vont vers le Nagolnaia et le Mious, et qui forment les hauteurs de Rovenetz.

La masse principale des montagnes du Donetz est donc composée de formations plus nouvelles que celles des ramifications de la chaîne.

Les couches anciennes sont fort inclinées, et souvent presque verticales. On peut surtout les étudier vers la sommité des hauteurs. Ailleurs, elles offrent des changemens brusques dans les inclinaisons des couches ; d'où il résulte que les roches intermédiaires se montrent à une profondeur assez grande sous d'épais dépôts secondaires. Quoi qu'il en soit, le sol de transition doit former la base générale de la chaîne du Donetz.

Outre les dépôts mentionnés, on rencontre accidentellement

des gîtes particuliers, savoir, du calcaire caverneux et drusique, de l'argile schisteuse ferrugineuse, du schiste piriteux et marneux , sous forme de petits bancs, du quarz en nids et petits filons , du charbon de terre et du fer hydraté et oxidé. Dans les couches de grès bigarré se rencontrent souvent des arbres pétrifiés sous la forme de gros troncs. Les schistes argileux présentent quelquefois des impressions de plantes , et le calcaire que nous appelons *Zechstein* renferme des fossiles, tels que des Ammonites, des Coraux, des Buccinites , etc. Non loin des villages de Zaitzov et de Nikitovka, on trouve en très grande quantité des Gryphites (1).

Du milieu du dépôt principal, ressortent et s'étendent de tous côtés des crêtes séparées ou des branches de montagnes. Les plus importantes suivent le cours des rivières , qui les séparent évidemment ; de cette manière, on peut distinguer différentes branches, savoir : celles le long du Bakmout, du Lougan, du Biela, de l'Olkhova, du Lougantchik, du Kamenka, de la rive droite du Donetz, du Nagolnaia, du Mious et du Krinka.

Les *montagnes du Bakmout* occupent la portion nord-ouest du district montueux du Donetz, s'étendant surtout depuis la rivière de Bakmout vers l'est. Dans cette direction, elles occupent une étendue de 25 werstes , et du sud au nord, environ 30 werstes en droite ligne. Entourés de tous les côtés par des hauteurs d'une constitution particulière, cette branche se présente sous la forme d'une île qui est coupée dans diverses directions par de petites rivières, ou des ruisseaux qui coulent dans le Bakmout, et par une multitude de ravins et de gorges. Il en résulte qu'elle semble composée d'un grand nombre de montagnes séparées, qui, semblables à des rayons, ont leur direction générale vers la rivière de Bakmout, où se trouve la formation dominante. Un autre caractère distinctif de cette branche est la multitude des crevasses et des enfoncemens qui, au premier coup d'œil, fixent l'attention. Malgré la puissance du calcaire récent qui cache les for-

(1) Les fossiles cités par l'auteur, sembleraient indiquer plutôt le lias que le zechstein.

mations plus anciennes, ce phénomène semble indiquer la présence du gypse. En effet, ce minéral s'étend dans toute la branche montueuse du Bakmout, sous la forme de bancs épais, qui, dans certains endroits, augmentent tellement qu'ils forment avec les masses du Zechstein des montagnes entières.

Ainsi, on peut dire que ces dernières roches sont deux membres essentiels des formations de ce pays, mais il est difficile de décider laquelle des deux domine, et laquelle est subordonnée.

Dans les lieux qui ne présentent pas de bouleversemens particuliers, le gypse paraît toujours sur le calcaire compacte ou *Zechstein*, et lui-même se trouve couvert par du calcaire moderne, ou rarement par du grès de la même époque. En y ajoutant les couches accidentelles, savoir l'argile schisteuse et le schiste marneux, entre le gypse et le calcaire moderne, l'on aura la série complète des formations de la branche de Bakmout, qui est entouré presque de tous les côtés par la zone du grès bigarré.

Ces couches ont une direction générale du sud-ouest au nord-est, et sont très peu inclinées par rapport à l'horizon. Mais dans les montagnes portant ces caractères de bouleversemens, comme, par exemple, près de la ville de Bakmout, où se trouvent des carrières d'albâtre, cet ordre est interrompu. Les couches s'approchent de la verticale; le gypse se cache quelquefois sous du calcaire compacte, et ces bancs s'entre-mêlent de telle manière qu'on peut difficilement trouver leur ordre de superposition. En général, dans les montagnes du Bakmout domine donc la formation du calcaire secondaire compacte ou *Zechstein*.

Il est certain que le gypse est accompagné de sel gemme, et que les sources salées appartiennent à la formation décrite. Au reste, cette dernière est sujette à des changemens par son voisinage de la région du grès bigarré, surtout près de ses limites méridionales. Dans ce lieu se montre rarement le calcaire du Zechstein, et sa place est occupée par le grès bigarré avec ses argiles schisteuses subordonnées, sur lesquelles reposent les bancs d'un gypse qui, moins compacte, grenu, et souvent fibreux. Plus loin, le gypse se cache sous le calcaire moderne, l'argile endurcie et le schiste marneux, qui contient quelquefois du calcaire fétide. Cette formation particulière, sans doute beaucoup plus nouvelle que la précédente, se montre surtout au sud du village de Pokrovsk. C'est dans ces lieux qu'on doit rechercher le sel gemme, car ils présentent les caractères les plus propres à la formation salifère.

Le gypse étant contraire à l'existence des coquillages, n'en recèle aucune; mais dans les couches calcaires voisines, principalement dans les dernières roches, il y a des Ammonites, et encore plus souvent des Entroques. La branche du Bakmout n'offre point de minéraux utiles, si ce n'est le sel gemme et l'albâtre.

La *branche du Lougan* s'étend de la crête principale vers l'est, accompagnant la rivière de Lougan jusqu'au lieu même où, changeant sa première direction, elle tourne au sud, presque parallèlement au Donetz. Ici elle se trouve interrompue par les montagnes de la rive droite du Donetz. La branche de Lougan, dans sa direction principale, c'est-à-dire de l'ouest à l'est, a en ligne droite 45 werstes de longueur et en largeur, c'est-à-dire du nord au sud 25 werstes, comprenant dans cette étendue ses ramifications, dont les plus remarquables forment les rives des petits ruisseaux qui coulent dans le Donetz, savoir celles du Kamicheva gauche, et du Kamichevakha droit, celles du Lozova et du Sanjarovka. Cette branche offre des montagnes assez régulières et peu élevées, renfermant les deux formations du grès ancien secondaire et du grès bigarré ; mais la première de ces deux formations y est beaucoup plus étendue que dans la chaîne principale et dans d'autres branches. A cause de cela, elle ne présente pas une aussi grande abondance de gîtes de houille. Les mines de fer lui sont plus propres; le grès bigarré forme dans cette branche d'énormes assises, plutôt horizontales, et d'une épaisseur qui va jusqu'à 20 sagènes, et il occupe assez souvent un espace de 10 werstes. Quant à sa nature minéralogique, il présente ici différentes textures; quelquefois, il est formé de gros grains de quarz et de lydienne aggrégés par un ciment argileux, de manière à constituer une espèce de poudingue ou d'agglomérat; quelquefois, il est pénétré d'oxide de fer, et en est coloré; quelquefois les parties qui le composent sont si serrées et si fines qu'elles forment presque une masse homogène. Sous cette forme, il est employé comme pierre à aiguiser, ce qui est un objet d'industrie. Le grès de cette dernière espèce se trouve plus particulièrement dans la partie occidentale de la branche. On y rencontre aussi souvent des bois pétrifiés. Au contraire, dans l'extrémité orientale de la branche, près du calcaire moderne, on remarque fréquemment des agglomérats et des grès de l'ancienne formation houillère.

La *branche du Biela* accompagne la rivière de ce nom, depuis son origine jusqu'au village de Biela, qui en est éloigné de 40 werstes en droite ligne. La direction générale de cette branche est du sud-ouest au nord-est. Dans un seul endroit, entre les villages de Michailovka et d'Isakovka, elle fait un coude en suivant le cours de la rivière au nord. Ses ramifications principales courent du nord au sud, occupant les bords du ruisseau d'Outka, et des ravins Iatchikov, Totzilnaï et Kamitevatoï. La branche suivante de l'Olkhova, depuis l'origine de cette rivière, ou depuis le village d'Ivanovka tourne au nord, jusqu'à Martinovka; mais depuis ce village elle prend sa direction principale au nord-est; elle reste dans cette direction jusqu'à son extrémité ou jusqu'au village de Georgievka. De cette manière, elle occupe en ligne droite environ 35 werstes. au sud, elle s'éloigne de la masse principale, sous la forme d'une branche particulière, accompagnant la rivière du Lougantchik, depuis le village de Petropavlovka jusqu'à Tcherkovna pendant 30 werstes. Sa direction générale est aussi du sud-ouest au nord-est.

Ces trois branches ont entre elles une grande ressemblance, autant par leurs formes extérieures que par leur constitution intérieure. Les montagnes qui les forment sont plus élevées que celles du Lougan, et présentent assez souvent des escarpemens de 50 sagènes, au-dessus du niveau des rivières. Ces murailles se remarquent surtout le long du lit de ces dernières, et lorsqu'elles se trouvent sur les deux rives, il semble qu'en les rapprochant, on en pourrait former un seul tout. Les escarpemens se présentent de loin, comme s'ils étaient entassés l'un sur l'autre.

Les trois branches mentionnées s'unissent entre elles par le moyen de leurs ramifications; et en général, elles se présentent comme un groupe séparé de montagnes divisé par les rivières de Biela, d'Olkhova et de Lougantchik, presque en égales portions, et adossé d'un côté contre la masse principale, et de l'autre contre les montagnes de la rive droite du Donetz.

Le grès ancien est le dépôt dominant de ces branches. Il se trouve entre le calcaire compacte et le grès bigarré, qui rarement forme des saillies sur la surface du sol. Quelquefois ses roches présentent des pierres à aiguiser, ou des meules d'une très bonne qualité. Le grès moderne se rencontre aussi dans les branches mentionnées, occupant les couches supérieures, et couvert par le calcaire siliceux ou l'argile marneuse. Mais très souvent la roche la plus étendue de ces formations est le schiste argileux, qui se trouve ainsi dans toutes sortes d'états, en commençant par le grès intermédiaire jusqu'au schiste talqueux, marneux et inflammable. En outre, le schiste offre aussi du quarz en nids et petits lits, du spath calcaire et de la sélénite. Le minerai de fer est propre à ces montagnes; il est renfermé surtout dans la formation du grès bigarré. Mais ce qui caractérise le plus ces hauteurs, c'est la houille disséminée dans toute la formation du grès ancien, qu'on peut appeler avec raison grès houiller. Ces montagnes renferment de grands dépôts de ce combustible. Dans le grès bigarré et le grès moderne, on rencontre des portions d'arbres pétrifiés; dans les schistes argileux des impressions de plantes, et dans les bancs calcaires des Ammonites, des Bélemnites, des Buccinites et d'autres coquillages fossiles.

La branche du Kamenka occupe les bords de la rivière Kamenka, depuis sa source jusqu'au Donetz avec une direction générale de l'ouest à l'est; elle continue de cette manière environ pendant 65 werstes. Cette branche présente une grande ressemblance avec les précédentes, tant par la forme de ses montagnes, et par l'étendue de ses couches, que par leurs inclinaisons. Elle renferme seulement une plus grande quantité de montagnes isolées, qui sont séparées pas des vallons longitudinaux, et parallèles au cours de la rivière, et qui sont coupées transversalement par des gorges et des ravins. Les escarpemens des montagnes portent les traces de grands bouleversemens.

Quant à la constitution intérieure de la branche du Kamenka, elle présente, sous ce rapport, quelques exceptions. Ainsi, si la formation du grès ancien y domine cependant près des villages de Kamenka et Rebrikova, c'est-à-dire dans le voisinage des montagnes de la rivière de Nagolnaia, ce dépôt est remplacé presque complètement par la formation du schiste intermédiaire. Les couches de ce dernier sont couvertes de grès un peu micacé. Le quarz, et même le cristal de roche se trouvent en abondance dans ces masses. Le minerai de fer s'y rencontre le plus souvent sous la forme de cailloux roulés, et la houille en bancs.

La chaîne principale des montagnes calcaires, courant du nord-ouest au sud-est sur la rive droite du Donetz, coupe par son côté oriental toutes les branches susdites. Commençant près du village de Kriva-Louka, près des limites du gouvernement de Slobodsko-Oukrainsk, elle occupe en longueur, en droite ligne, environ 140 werstes jusqu'au débouché de la rivière de Kamenka, dans la division militaire du Mious. Des deux côtés, elle se termine par des montagnes de craie. La plus grande largeur de cette branche, entre les villages Krestova et Georgeivka est de 30 werstes; mais dans d'autres endroits elle n'a pas plus de 20 werstes. Dans cette direction, ses limites renferment les embouchures de toutes les rivières qui coulent de la branche principale dans le Donetz.

Les montagnes de cette zone atteignent leur plus grande hauteur le long de cette rivière, s'élevant assez souvent à 60 sagènes au-dessus de son niveau. Plus loin, vers les limites des branches voisines, elles s'affaissent fort sensiblement, et ne forment plus que des collines.

Leur composition intérieure est très uniforme; on n'y rencontre dans toutes les directions que des couches horizontales d'une épaisseur au moins de 10 sagènes, composées de calcaire et couvertes par du calcaire siliceux, ou par l'argile marneuse. La base du dépôt est formée par le grès moyen. A cause du gisement concordant, on doit incontestablement le placer dans le calcaire secondaire. Mais à quelle formation appartient-il spécialement ?

Ce calcaire a en grande partie une teinte blanche, jaunâtre ou grisâtre, une cassure compacte, quelquefois conchoïde, mais toujours terne ; il est peu schisteux, il s'endurcit à l'air, il contient du silex, et il offre des pétrifications telles que des Chames, des Térébratules, des Ammonites, et surtout des Entroques. On ne peut pas proprement l'appeler calcaire coquillier récent ou tertiaire, car cette dernière espèce de roche se trouve en abondance près du débouché du Don et du Mious, et sur les bords de la mer d'Azow, où il couvre notre calcaire. Par cette raison nous le classerons dans le calcaire secondaire moyen ou la formation oolitique, dépôt qui abonde dans le nord-est de la France et en Angleterre. C'est le terrain le plus récent des montagnes du Donetz. Sur les limites de ce dépôt, c'est-à-dire sur la rive gauche du Donetz, on rencontre des alluvions d'une très grande étendue.

Cette uniformité dans la constitution géologique de la branche du Donetz est interrompue dans deux endroits, savoir, près de son extrémité septentrionale à Lisitchia-Balka, et au sud près du débouché du Kamenka. Ici des formations différentes entrent dans la zone calcaire sous la forme de deux promontoires, dont l'un est à environ cinq werstes du Donetz, et l'autre cinq werstes plus loin à l'ouest.

Dans ces lieux, entre les couches du calcaire horizontal, on voit quelquefois le grès moyen, auquel succède la véritable formation du calcaire secondaire ancien ; enfin se montre le grès ancien avec les couches d'argile schisteuse et de houille. L'alternance remarquable de ces deux dernières roches, près de Lisitschia-Balka, se répète jusqu'à sept fois, depuis un des bancs houillers jusqu'à l'autre, et ce calcaire secondaire compacte, ici en abondance, se trouve jusque dans les plus grandes profondeurs où l'on soit parvenu. Cela nous détermine à assigner aux riches couches houillères de Lisitschia-Balka leur place dans les grès de la formation calcaire.

Il nous manque des données suffisantes pour définir avec exactitude la composition de ces montagnes près l'embouchure du Kamenka. On ne doit pas négliger de remarquer que leurs formations sortent des limites générales de la chaîne du Donetz, car sur la rive gauche du Donetz, près du bourg de Gondourovska, se trouvent aussi des couches de houilles ; c'est un exemple unique dans toute la chaîne.

La branche du Mious, partant de la chaîne principale, entre Tchernouchina et Goroditche, accompagne les bords du Mious en droite ligne, environ pendant 80 werstes : sa direction générale est du nord au sud. Près du village de Golodaev, elle se termine par des montagnes de calcaire tertiaire. Au moyen de ses ramifications occidentales, cette branche se réunit avec la principale, et par ses ramifications orientales, elle touche à la branche de Krinka ; de cette manière sa largeur est de 15 à 20 werstes.

Les montagnes de cette branche, qui couvrent la rive droite du Mious, sont en grande partie peu élevées, et d'une forme assez régulière ; celles au contraire de la rive gauche, en commençant de l'embouchure du Mioutschik jusqu'au Nagolnaia, sont beaucoup plus hautes, et plus escarpées et moins régulières. Supérieurement et inférieurement la rive gauche a presque le même sol que la rive opposée : il est remarquable que cette étendue, comme nous le verrons plus bas, se distingue par une composition intérieure particulière. Les plus hautes montagnes de la branche du Mious, près de Novopavlovka, s'élèvent à 65 toises au-dessus de la rivière.

La branche du Nagolnaia accompagne la rivière Nagolnaia qui sort de l'extrémité méridionale de la principale chaîne, court de l'ouest à l'est, et tombe dans le Mious au village de Dmitrievka. Dans ce dernier lieu cette branche vient en contact avec celle du Mious. Le versant nord, depuis son origine jusqu'au village de Nagolnaia, présente des montagnes escarpées et élevées ; plus loin, près de Bobrikova, il conserve encore quelque temps cette forme ; mais dans ses extrémités jusqu'à Dmitrievka, il est formé plutôt de collines aplaties semblables à celles qui couvrent tout le versant sud de la branche ou la rive gauche de la rivière.

La branche du Nagolnaia a 40 werstes en longueur; elle se montre coupée par beaucoup de cavités et de gorges, courant toutes du nord au sud, et séparées par le cours de la rivière; mais elle ne montre aucune ressemblance avec les hauteurs des bords opposés de la rive gauche. Il semblerait donc que le versant septentrional est composé d'un amas de montagnes isolées, tandis qu'au sud il y a une chaîne continue. La branche du Nagolnaia est aussi très analogue à celle du Mious; les roches mentionnées sur la rive gauche du Mious se montrent sur la droite du Nagolnaia, *et vice versâ*.

Ces masses minérales, dans les deux branches, s'étendent presque parallèlement à la direction des montagnes. Dans quelques lieux, comme, par exemple, près de Novopavlovka dans la branche du Mious, et près du village Nagolnaia dans la branche de Nagolnaia, elles ont une inclinaison de 70 à 80°. Mais comment ces couches ont-elles pris cette position ? On ne peut admettre que ces masses, non encore endurcies, aient pu prendre une telle forme; il est bien plus probable que, comme les autres couches, elles ont eu d'abord la position horizontale, ou, pour mieux dire, elles se sont moulées sur le fond qu'elles ont recouvert. Dans la suite, quand elles se sont tassées par quelque cause que ce soit, elles ont pu glisser sur des plans inclinés et prendre leur forme actuelle. Il est naturel que pendant cette opération les masses les moins résistantes ont dû éprouver des ruptures; ce qui s'observe en effet dans les couches argileuses dont les bancs dans ces endroits se trouvent fendillés, et comme composés de petites plaquettes. Enfin l'extérieur de ces montagnes, et de plusieurs branches qui en dérivent, prouve qu'il y a eu là de grands bouleversemens, auxquels a participé toute la masse des roches.

Revenant à la constitution intérieure des chaînes mentionnées, je dois dire que dans le versant occidental de la chaîne du Mious et le versant sud de la branche de Nagolnaia, se montrent les deux formations les plus ordinaires dans la chaîne du Donetz, savoir, le grès intermédiaire et surtout le grès ancien : sous ces rapports ces branches ne présentent rien de particulier. Mais dans le versant oriental de la chaîne du Mious, entre les débouchés du Mioustchik et du Nagolnaia, et toute la branche méridionale du Nagolnaia, la constitution est tout-à-fait différente de celle de toutes les formations de la chaîne du Donetz. Cette composition particulière s'étend en outre un peu vers le nord, comprenant aussi les masses principales des hauteurs de Rovenetsk, et leurs ramifications qui suivent les bords des rivières Medvegia et du Doljik. De cette manière cette association de roches occupe jusqu'à un millier de werstes carrés.

Dans cette étendue, le grès ancien passe à la grauwacke, et le schiste argileux se change en schiste intermédiaire, en grande partie gris de fumée, et formé de couches assez épaisses mêlées de lamelles de mica, ce qui le distingue du schiste argileux ordinaire. Cette dernière formation domine dans ces lieux, et les autres roches n'y sont qu'en masses subordonnées.

La disposition de l'alternance des dépôts qui composent ces montagnes est la suivante : après le grès ancien viennent au dessous les couches de grauwacke, qui ne s'en distinguent pas beaucoup ; plus loin vient la phyllade intermédiaire en grands bancs, enclavant dans quelques assises des petits lits de calcaire intermédiaire, de grauwacke et d'aggrégat schisteux. Dans toutes les directions, on remarque dans ces roches des petits filons, des petits lits et des nids, de quarz compacte, et de schiste talqueux contenant toujours des minéraux. Dans ces dépôts, comme dans ceux qui en font encore partie dans ce pays, on observe quelquefois du grunstein en amas et en filons, et de l'ampelite graphique en lits minces. Enfin dans les ravins et les vallées profondes, il y a çà et là des cailloux de feldspath compacte et de diorite, dont le véritable gisement n'est pas encore bien connu.

Les métaux qu'on y trouve sont du fer oxidé et du fer oxidé hydraté, en assez grandes couches entre les grès anciens et les grauwackes, de la galène, du zinc sulfuré, du cuivre carbonaté, et de la pyrite cuivreuse dans des filons quarzeux ou talqueux. Ainsi la formation du schiste intermédiaire offrant des minéraux est la plus remarquable de toutes celles de la chaîne du Donetz. On n'y a fait des recherches qu'autour du village de Nagolnaia ; dans les autres lieux, on n'y a encore fait que des observations géognostiques.

La branche du Krinka part de la chaîne principale, et suit le cours de la rivière Krinka vers le sud pendant environ 75 werstes, presque parallèlement à la branche du Mious, avec laquelle elle se réunit par ces branches moyennes, constituant les bords des petits ruisseaux d'Olkhova et Saourstianovka. Par la forme extérieure des montagnes, par la situation des dépôts et par la constitution intérieure, cette branche ressemble parfaitement à la chaîne principale : on y voit dominer les deux formations du grès moyen et du grès ancien, mais surtout le dernier. Le minerai de fer et la houille s'y rencontrent ; des couches de ce combustible ont été découvertes près du village de Troitzk. Au reste, cette branche est beaucoup moins explorée que toutes les autres.

Jetons à présent un dernier regard sur la constitution de la chaîne du Donetz, et formons une coupe entière des dépôts décrits (1). Après toutes les données sur ces formations, nous voyons que la base générale de toute cette chaîne est composée de formations intermédiaires de schiste et de grauwacke. D'après les observations faites jusqu'ici, ces couches s'élèvent dans la partie méridionale en forme de coupole, et s'inclinent de là fortement dans diverses directions. Sur les côtes de cette espèce de dos d'âne sont tous les dépôts secondaires, depuis le grès ancien jusqu'au calcaire moderne. Dans ce cas on observe la règle générale, que plus les montagnes sont escarpées, plus leurs dépôts sont anciens, et plus les couches s'approchent de la situation verticale.

Ces dépôts ont été étudiés depuis 1827, époque à laquelle on y trouva la formation intermédiaire. Très probablement des recherches ultérieures conduiront à la découverte que ces terrains reposent eux-mêmes sur des formations anciennes primaires ; ce soupçon est fortifié parce qu'à peu de distance de la chaîne du Donetz, entre les rivières de Kalmious et

(1) Voyez pl. 3, fig. 2 et 3.

Kaltchik, l'on connaît les dépôts primaires, savoir, du granite, du schiste argileux, du gneis, du feldspath et du quarz.

Ensuite toute la chaîne du Donetz peut être prise pour un embranchement des Carpathes de Moldavie et de Valachie, avec lesquels elle s'unirait au moyen d'une série de montagnes primaires, rompue ou même détruite dans quelques lieux, mais occupant une étendue remarquable entre les rivières du Dniester, du Bug, de l'Ingoul, du Dnieper et du Kalmious.

Telle est l'esquisse générale de cette contrée, digne sous tous les rapports d'être décrite complètement. Dans notre siècle les sciences étant d'autant plus estimées que leurs applications offrent d'avantages, nous allons montrer maintenant l'utilité que l'industrie peut tirer des gîtes de minerais dans cette chaîne. Jusqu'ici on y a découvert de la houille, du minerai de fer et du plomb, avec du zinc et quelquefois du cuivre, du sel marin, de l'albâtre, du schiste graphique, des ardoises, des pierres à aiguiser ou à faire des meules, et des matériaux de bâtisse. Nous nous efforcerons d'indiquer l'importance de chacun de ces objets, en commençant par celui qui occupe le plus d'étendue, savoir, la houille. Ses gisemens, dans la chaîne du Donetz, sont accompagnés d'accidens remarquables.

1° Elle paraît principalement dans la formation du grès ancien, excepté dans une localité qui appartient au calcaire. Dans le grès moyen, elle ne forme que de très petites couches courtes. Au reste, ces gîtes indiquent ordinairement qu'à de plus grandes profondeurs on rencontrera aussi des couches plus continues.

2° La houille trouvée dans la formation du grès ancien est généralement grasse, bitumineuse, s'enflamme promptement, s'agglutine en brûlant, et donne un coke de bonne qualité et propre à tous les usages.

3° La houille de la formation calcaire, quoique aussi grasse et bitumineuse, ne s'agglutine pas en brûlant, et contient généralement beaucoup de pyrites, ce qui la rend moins propre aux usages techniques.

4° Le combustible au milieu de la partie du grès ancien qui passe à la grauwacke est ordinairement maigre, contient beaucoup de carbone, mais peu de parties bitumineuses, brûle difficilement, et n'est presque pas propre à l'usage. Dans quelques endroits, savoir à Karchina, Nagolnaia et Bobrikova, il a un éclat presque métallique, et passe à l'anthracite.

5° Dans la chaîne du Donetz, la houille forme des bancs d'une épaisseur de 6 pouces jusqu'à 7 pieds; ils sont très rarement horizontaux, mais en grande partie verticaux. Dans ce dernier cas, ils se montrent ordinairement plus riches à une plus grande profondeur, ce qui confirme l'opinion que la houille s'est formée au milieu de masses molles qui se seront réunies en glissant sur les pentes inclinées du sol.

6° Les schistes argileux sont toujours accompagnés de bancs houillers. Plus les couches argileuses approchent de la houille, plus elles prennent une teinte foncée, et elles renferment alors des impressions de plantes, ce qui est le meilleur indice pour la recherche de la houille. Au reste, il arrive aussi très rarement, que le toit de quelques bancs houillers est formé de calcaire ou de grès, au lieu d'argile schisteuse.

Quoique la chaîne du Donetz n'ait encore été que peu explorée, cependant on y a fait jusqu'ici, pour de la houille, vingt-trois fouilles, qui se trouvent principalement dans les districts de Bakmout et de Slavianoserbskoi, du gouvernement d'Ekaterinoslavsk, et en partie dans la contrée du Mious, dans le district militaire des Cosaques du Don. Certainement ces fouilles ne présentent pas la même valeur, tant relativement à la qualité de la houille qu'à la continuité des gîtes.

Au reste, ayant égard au nombre de ces fouilles, et également à la qualité de celles qui déjà sont suffisamment connues, on ne peut nier que la chaîne du Donetz ne présente un des plus riches dépôts de houille; mais cette richesse préparée par la nature bienfaisante, pour un pays sans bois, est encore fort peu employée; elle reste enfouie pour subvenir plus tard aux besoins des parties les plus éloignées de la Russie.

Depuis très long-temps l'exploitation de la houille de ce pays s'est faite pour l'usine de Lougansk. A présent quelques uns des propriétaires, et même des paysans de la couronne, commencent à s'occuper de ces recherches.

Malheureusement ce combustible n'est pas encore d'un usage général; et beaucoup de gens lui préfèrent jusqu'à présent les mauvais combustibles de la contrée, tels que le *bourian*, espèce de plante ligneuse, le fumier desséché, etc.

Parmi les gîtes de la houille découverts jusqu'à présent dans la chaîne du Donetz, les plus importans sont les suivans : savoir; ceux de Zajtsov, de Bieliansk, d'Ouspiensk et de Lougantchik.

Le gisement de Lisitchinska se trouve sur le bord droit de la rivière du Donetz, à 85 werstes de l'usine de Lougan, et à 40 de la ville de district de Bakmout. Plusieurs personnes assurent que ce gîte était déjà connu sous Pierre-le-Grand; d'autres placent cette découverte dans le temps du séjour dans le pays d'un régiment de hussards. D'après les actes, il est évident que, cinq ans avant le relevé de ces lieux par Gascoine, il avait été fait près de Lisitche-Balka, sous l'inspection de l'officier des mines Abramof des recherches pour la flotte de la mer Noire. L'ordonnance pour l'exécution des véritables travaux sous Gascoine date de 1795. Le gîte de Lisitchinska consiste en sept couches de houille propres à l'exploitation, et en un grand nombre de petits lits. Ces couches se trouvent surtout près de Lisitche-Balka, où elles ressortent par leurs têtes; elles sont presque parallèles les unes aux autres, excepté la première et la septième. La direction générale est du sud-ouest-sud au nord-est-nord; elles occupent une étendue horizontale de 140 sagènes, en décrivant à 190 sagènes avant d'arriver au lit du Donetz certaines ondulations conformes à la direction des couches de la contrée. Mais plus loin du dépôt, tous les principaux bancs de Lisitchinska fléchissent brusquement vers la verticale, décrivant un coude qui ressemble à un cône tronqué, tourné vers le bas; ensuite, elles reprennent leur position première. Ce phénomène curieux est représenté sur le plan (1) qui offre entre autres la coupe de la troisième couche. L'inclinaison générale des couches est du nord-ouest au sud-est sous un angle d'un 17° et demi.

(1) Voyez pl. 3, fig. 4.

Puisque ces couches constituent dans la chaîne du Donetz une formation intéressante pour le mineur, il ne sera pas inutile d'en énumérer les différentes couches.

Elles se trouvent dans l'ordre suivant :

1° Après la terre végétale, l'argile ordinaire et des couches épaisses de sable.

2° L'argile schisteuse, de différentes couleurs, de composition grossière.

3° Du calcaire horizontal, de couleur gris clair, qui, près des lits de houille, est compacte, et est exploité avec de la poudre.

4° Le même calcaire avec des nids de silex corné et des cristaux de spath calcaire.

5° L'argile schisteuse, de couleur gris de fumée, dont la place est quelquefois occupée par le grès moyen.

6° Du calcaire compacte gris de fumée renfermant des petits cristaux de spath calcaire.

7° Du schiste marneux de différentes couleurs.

8° Le même schiste en couches minces avec des coquilles pétrifiées, et couvertes d'une efflorescence pyriteuse. Sous ces bancs viennent les premiers petits lits de houille, qui ont moins d'un pied.

9° Du schiste argileux passant au grès ancien contenant du mica, de l'ocre de fer, et dans quelques lieux des pyrites.

10° Du schiste argileux à stratification ondulée avec des impressions de fougères.

A. La première couche de houille puissante de 5 pieds et demi, supérieurement assez compacte, avec des pyrites, et inférieurement feuilletée, fendiliée, très pyriteuse, et seulement bonne pour le chauffage. Dans cette couche il y a trois petits filets de talc et de sélénite de 1 à 4 pouces d'épaisseur.

11° Du schiste argileux de couleur gris verdâtre à impressions de feuilles de fougères et de tiges de roseaux.

12° Du grès du même genre à ciment argileux.

13° De l'argile schisteuse.

14° Du grès à ciment argileux.

15° Du schiste argileux compacte de couleur gris verdâtre.

16° Du calcaire celluleux ancien de couleur gris de fumée avec des cristaux de spath calcaire, et de l'ochre ferrugineux.

17° Du schiste argileux compacte.

18° Le même schiste gris bleuâtre à petits filets de houille. Ces lits séparés contiennent environ 2 pieds de houille lamelleuse et très fendillée.

19° Schiste marneux arénacé mêlé de mica, et renfermant de minces filets de gypse.

20° Du schiste argileux ondulé, et de couleur bleuâtre foncé avec des coquilles univalves pétrifiées et des pyrites disséminées.

21° Du calcaire ancien avec des druses de spath calcaire.

22° Le même calcaire à nids de marne décomposée.

23° Le schiste argileux en plaquettes de couleur bleuâtre et compacte.

B. La seconde couche de houille, appelée par les Anglais *mine*, de 3 pieds de puissance, de couleur noir bleuâtre, grasse, assez compacte, renfermant peu de pyrite et propre à divers usages.

24° Du schiste argileux, luisant, marneux, de couleur bleuâtre et à structure ondulée.

25° Du grès ancien de couleur gris clair mêlé de mica.

26° Du schiste argileux noirâtre.

27° Du calcaire très compacte de couleur gris cendré, rarement à cristaux de spath calcaire.

28° Du schiste argileux gris noirâtre et zoné.

C. La troisième couche de houille, nommée par les Anglais *splint*, c'est-à-dire compacte, épaisse de 4 pieds 1 pouce, grasse, bitumineuse, et plus compacte que feuilletée, se divisant en grands morceaux réguliers, et pouvant généralement s'employer très bien à l'état naturel. Au milieu d'elle, il y a du schiste bitumineux, et dans d'autres directions, on trouve des filets de pyrite et de sélénites. Sur ce banc est établi la principale exploitation.

29° Le schiste argileux gris de fumée avec des nids disséminés de pyrites, et avec des impressions de feuilles d'arbres.

30° De l'agglomérat schisteux de couleur gris de cendre

et brunâtre, composé de cailloux de grès réunis par un ciment argileux.

31° Du grès compacte gris clair.

32° Du schiste argileux compacte de couleur gris de cendre ou de fumée, renfermant des branches pétrifiées, et des tiges de plantes, qui, suivant toute apparence, appartient au genre des roseaux.

D. La quatrième couche de houille ayant 2 pieds 7 pouces de puissance, bitumineuse, feuilletée, se divise en lits réguliers, et est par cela d'une facile exploitation, et d'un bon emploi dans les opérations techniques.

33° Du schiste argileux lustré de couleur gris de fumée avec des filets de houille.

34° Du grès compacte de couleur gris verdâtre.

35° Du schiste argileux lustré, gris bleuâtre avec des impressions de feuilles de fougères, couvertes d'efflorescences pyriteuses.

36° Du schiste argileux de couleur gris de fumée, contenant supérieurement des petits lits de talc, et dans les bancs inférieurs des impressions de feuilles, et des branches pétrifiées.

E. La cinquième couche de houille, appelée par les Anglais *Cherry*, ou Cerise, de 2 pieds 4 pouces d'épaisseur, schisteuse, et en général de la même qualité que la quatrième, de laquelle elle se distingue seulement par sa couleur rougeâtre, d'où lui est venu son nom.

37° Du schiste argileux strié de couleur gris de fumée avec des filets de fer ocreux, des impressions de roseaux, et un lit de houille qui a 8 pouces à 1 pied d'épaisseur.

38° Du schiste argileux de couleur gris de fumée et roussâtre, avec des petits lits d'ocre de fer et des impressions de plantes.

39° Du calcaire grenu, contenant des coquillages turbinés.

40° Du schiste argileux de couleur gris foncé.

41° Du calcaire compacte de couleur gris jaunâtre.

42° Du schiste argileux gris bleuâtre à impressions de tiges de roseaux, dont le vide est rempli de charbon minéral.

F. La sixième couche de houille, appelée *fétide*, de 2 pieds

4 pouces de puissance, divisée en minces feuillets, contenant des filets de sélénite et des nids de pyrite disséminée,
de manière qu'elle donne en brûlant une odeur désagréable.

43° Du schiste argileux de couleur gris bleuâtre avec des
stries de couleur foncée.

44° Du grès compacte brun jaunâtre.

45° Du schiste argileux compacte de diverses couleurs,
entre lequel y a des petits lits de schiste marneux et de calcaire compacte.

46° Du calcaire compacte de couleur gris-jaunâtre, formant le toit du banc de houille.

G. La septième couche de houille, de 7 pieds de puissance,
à structure feuilletée, moitié compacte, bitumineuse, contenant des petits lits de sélénite et de pyrite, et se distinguant
des autres bancs précédens par des failles fréquentes. Au
reste, la tête seule en est exploitée; à une plus grande profondeur, elle sera probablement plus compacte et continue
à cause de sa grande épaisseur.

47° Du schiste argileux strié de couleur gris de fumée,
mélangé, par intervalle, de houille; dans la profondeur, il devient plus foncé et plus compacte, et il passe à la phyllade.

A 3 werstes du gisement précédent, près des hauteurs
d'Orlovsk, il a été découvert, en 1824, une couche de houille
qui a environ 3 pieds de puissance; elle court en partie dans
la même direction que celle de Lisitchinka, et plonge du
nord-ouest au sud-est, environ sous 15°. Les couches sous
lesquelles elle se trouve sont entièrement semblables à celles
qui se remarquent à Lisitche-Balka jusqu'à la seconde couche
de houille inclusivement, avec lesquelles ce dépôt a surtout une grande ressemblance, tant par son épaisseur que
par la qualité de la houille qu'il renferme. Tout cela porte à
supposer avec probabilité que la couche d'Orlovsk est la continuation de la seconde de Lisitchinka, et qu'à une plus grande
profondeur on trouvera problablement les autres couches de
ce gisement, qui s'étend du Donetz vers les hauteurs d'Orlovsk, avec les courbures et les plissemens mentionnés. En
admettant cela, il s'ensuit que l'étendue des couches a environ 4 werstes en longueur; d'après l'inclinaison, on peut

fixer leur puissance en profondeur au moins à 1 werste, et l'épaisseur moyenne de tous ces lits à 27 pieds.

Minerai de plomb. Depuis long-temps les habitans du village de Nagolnaia s'occupent à rassembler des morceaux de galène détachés des montagnes voisines par l'eau ; dans le temps du dégel de la neige et après de fortes pluies, ils se pourvoient surtout de ce minerai. Ils fondent ordinairement des balles de fusil avec le plomb qu'ils en obtiennent. La première recherche et découverte de cette galène tombe principalement dans l'année 1801, et est due à l'officier des mines, Ilin, qui est à présent directeur de l'usine de Lougan. En traversant ces lieux, il aperçut des morceaux de minerai de plomb, il les examina, et arriva enfin à leur gisement. En 1820, M. Kosin, l'inspecteur supérieur des mines, trouva près de la rivière de Nagolnaia des morceaux de minerai de plomb, et en même temps il découvrit, près du vallon de Kosia-Balka (vallon de la Chèvre), la position de ce gîte métallifère. Enfin, en 1827, l'administration envoya dans ce lieu, pour la recherche du minerai de plomb, une expédition particulière sous le commandement de Terchin II et de Bem.

Cette recherche apprit que dans les montagnes de Nagolnaia, où domine la formation du schiste intermédiaire, on rencontre la galène avec ou sans blende dans du quarz mêlé de talc. Le quarz se trouve rarement en petits filons dans lesquels est disséminée la galène avec de l'ocre de fer et de plomb, du zinc sulfuré, et quelquefois du cuivre vert et pyriteux. Ces minerais forment eux-mêmes dans le schiste des petits filons qui, dans de plus grandes profondeurs, se divisent en petites branches, ou se réunissent pour former des espèces de nids de galène qui ont quelquefois 6 pouces d'épaisseur.

Houille. Le gîte de la houille de Zaitzov se montre près des terres de la couronne du village de Zaitzov ou de Nikitov, à 30 werstes de Bakmout et à 110 de l'usine de Lougan. Il consiste en trois couches ayant 2 un tiers à 4 deux tiers pieds de puissance, inclinant au sud et presque verticaux. Les bancs, renfermés dans la formation houillère véritable, au milieu des grès anciens et des schistes argileux, ont été découverts, il y a vingt-cinq ans, par les colons de

Zaitzov. Sans aucun doute, on trouvera en ce lieu encore d'autres couches de houille, puisqu'on aperçoit beaucoup d'indices favorables. Cette houille est schisteuse, approchant de la houille compacte, très grasse, bitumineuse, contenant peu de pyrites, s'agglutinant en brûlant, et donnant une bonne qualité de coke.

Le gîte principal de la houille, découvert en 1798, se montre près du village de Bieloe, à 23 werstes de l'usine de Lougan. Il consiste en lits houillers de 2 pieds de puissance sur une étendue de 350 sagènes, et inclinant du sud-ouest au nord-est sous 72°. Ils sont au milieu de schistes argileux, du grès ancien, dont la limite est la formation calcaire, comme cela se rencontre souvent. Cette dernière roche forme le mur des lits de houille.

Le combustible du gîte de Bielansk est surtout schisteux, bitumineux, contenant de la sélénite et un peu de pyrites, et généralement convenable pour tous les ouvrages demandant une flamme vive.

Le gîte d'Ouspen, découvert environ en 1800, près du village d'Ouspen, est à 25 werstes de l'usine de Lougan. Il consiste en quatre couches de houille, situées au milieu de schiste argileux et de grès anciens, dont le mur est formé par le calcaire. Leur direction générale est de l'ouest à l'est, et l'inclinaison au sud sous 78°. La puissance des couches varie de 2 et demi à 3 et demi pieds ; elles contiennent de la houille schisteuse, bitumineuse, renfermant assez de pyrites, s'agglutinant en brûlant, et donnant un bon coke. Ces couches de Ouspen n'ont pas été explorées entièrement ; leur position connue montre qu'elles doivent s'étendre fort loin, et vraisemblablement constituer un même système avec celles découvertes sur les bords du Bielaia et du Lougantchik.

Des avantages très importans se présentent dans l'exploitation du gîte de houille découvert sur le Lougantchik. Dans ce lieu on trouva, en 1827, sur le bord de la rivière indiquée et sur une étendue de 5 werstes, neuf lits de houille ayant 2 et demi à 3 et demi pieds de puissance, presque verticaux, et renfermés dans la véritable formation houillère. Quoiqu'on n'ait pas encore reconnu l'étendue, la puissance entière, et le nombre de ces lits, ils promettent, d'après les relevés, une richesse assurée.

La position des couches de Lougantchik offre la plus grande commodité pour l'établissement des galeries et des puits, parce que les lits sont couverts d'un massif peu épais, et répartis sur des montagnes qui, quoique escarpées, sont traversées de ravins. En un mot, il est possible que ce gîte entre en concurrence avec celui de Lystchinska.

Il faut encore signaler les couches de houille découvertes près des villages de Goroditche et Kalinova, et sur les terres des propriétaires des bourgs et des villages de Krasnoi-Kout, d'Adrianopol, d'Iatchikov, de Pavlovka, de Doljikoi, de Rovenki, de Troitzkoi, etc.

Minerai de fer. Le minerai de fer, découvert jusqu'ici dans la chaîne du Donetz, présente deux espèces principales, distinguées autant par les caractères minéralogiques que par la position géologique. Dans la première, on trouve surtout du fer argileux, du fer brun, rouge et jaune, ou du fer hydraté. Ces minerais forment souvent des bancs entiers ; le plus fréquemment ils sont en petits lits, en nids ou gros rognons, empâtés dans des argiles schisteuses ferrugineuses. Ils appartiennent à la formation du grès moyen, et plus rarement au grès ancien. Dans le voisinage des couches houillères, on trouve quelquefois de la marne argilo-ferrugineuse, associée avec du fer carbonaté lithoïde. En général cette dernière espèce de minerai a été reconnue dans les montagnes du Donetz en même temps que la houille.

La seconde espèce de minerai de fer consiste en fer brun rouge, passant quelquefois à l'hématite rouge, et en partie au fer jaune : il forme des bancs et quelquefois des filons. Ce minerai est accompagné d'argile ferrugineuse et de talc. Il appartient à la formation du phyllade intermédiaire.

Les principaux gîtes de minerais de fer de la chaîne du Donetz se trouvent près des villages de Goroditche, de Petropavlovka, de Bieloe, de Nagolnaia et de Doljik.

A 3 werstes du bourg de Goroditche (à 60 werstes de l'usine de Lougansk), s'élèvent deux grandes montagnes qui se détachent de la chaîne principale, et sont séparées de cette dernière, aussi bien qu'entre elles, par la rivière de Beila, la gorge de Gorodno, et les ravins de Kroutoi et de Pachatnoi. Les parties basses de ces montagnes consistent en couches de grès secondaire moyen, de schistes argileux et en partie marneux, roches qui reposent sur des couches de calcaire, et séparent cette formation du grès ancien. Au milieu des schistes argileux, appartenant à la formation supérieure, il y a dans ces lieux des couches d'argile ferrugineuse, schisteuse, quelquefois mêlée de marne, et presque toujours d'une couleur brune rougeâtre. Ces minerais forment les gîtes partiels de Goroditche, et s'y présentent sous forme de nids ou grands et petits rognons, à structure testacée. Leur intérieur est rempli d'ocre ferrugineux et de marne. Quelquefois la présence du minerai brun et surtout argileux augmente au point qu'il exclut l'argile schisteuse et devient compacte.

L'*albâtre* est surtout exploité près de Bakmout et de Pokrovsk. L'*ampelite* se trouve sur la rivière Krinka, près des villages d'Ostanovoi etde Rovenki ; et le *schiste tégulaire,* près de Rovenki et au débouché du Zelena dans le Mious. Il y a des sources salées près de Bakmout, et à Slaviansk, à 40 werstes de la chaîne du Donetz.

NOTICES DIVERSES
SUR LES MONTS ALTAI.

DÉCOUVERTE

DES ALLUVIONS AURIFÈRES DANS LE PETIT ALTAÏ (1).

A la fin de l'été 1830, une expédition, divisée en trois parties, fut envoyée dans le pays traversé par les rivières de Tchoumich et de l'Ineja, où se trouve l'ancienne mine de Salaïre.

Cette expédition a trouvé, au commencement même de ses recherches, des traces d'or dans la vallée de la petite rivière Colbicha, qui tombe dans celle de Birulu, à une distance de 20 werstes de la mine de Salaïre. Le dépôt aurifère s'y trouve à la profondeur de 3 archines (7 pieds) de la surface, et contient un quart de solotnik d'or dans cent pouds de sable. D'autres recherches dans le pays ont conduit à la découverte de sables contenant de 2 et demi à 4 solotniks de d'or pour cent pouds.

On a commencé l'exploitation sur les bords de la rivière Tomicha, qui paraissaient être les plus riches en or. Quarante tables de lavage ont été établies près du village Novo-Louchnikova. Les lavages furent commencés le 12 novembre 1830, et la mine a reçu le nom de Jégorievski (Saint-Georges). Au mois de décembre, on y a trouvé des grains d'or du poids d'un à 5 et demi solotniks.

Les recherches ont démontré que le pays de Salaïre contient des dépôts aurifères sur l'espace de 40 werstes ; des alluvions semblables ont été aussi trouvées près des sources de la rivère de Berde, à une distance de 100 werstes du côté nord-ouest des premières. C'est là que l'on a découvert un dépôt de 70 toises en longueur, de 14 à 20 toises de largeur, et de 2 à 3 archines (5 un quart à 7 pieds) d'épaisseur. Celui-ci contient jusqu'à 2 trois quarts solotniks d'or dans 100 pouds

(1) Extrait du *Gornoi Journal*, n° 4, 1831, p. 144.

Les traductions suivantes sont dues à l'extrême obligeance de M. de Lehmann, officier des mines au service de Russie.

de sable. Avec l'envoi ordinaire d'argent de Barnaoul, on a reçu environ 3 livres de cet or, le premier obtenu du petit Altaï.

D'après les dernières nouvelles (avril 1831), on en avait gagné plus de 14 livres à compter du mois de novembre dernier. L'or du petit Altaï se trouve dans les alluvions à l'état de grains assez grands. D'après les essais, cet or est composé de 87 un tiers à 89 d'or, et de 5 deux tiers à 7 un tiers d'argent : le reste consiste en métaux oxidables qui se laissent entraîner par le plomb dans les creusets.

DESCRIPTION

DU DÉPÔT AURIFÈRE AU LIEU NOMMÉ OUNDINSKY, DANS L'ALTAÏ,

PAR M. COULIBINE (1).

Ce dépôt se trouve dans la vallée de la rivière Ounda, sur la grande route, entre la station Oundinskya-Kavikoutchi et le village Malicheva.

Les sources de l'Ounda se trouvent dans la chaîne du partage des eaux, qui coulent dans l'Argoune et la Chilka. L'Ounda parcourt un espace de 180 werstes, et se rend dans l'Onone. Les traces de l'or furent trouvées à 50 werstes des sources, dans un endroit où la vallée, qui a une werste et plus de largeur, n'a que 140 toises.

La couche aurifère, assez mince, consiste en sable entremêlé de galets de granite, de porphyre et de quarz blanc ; elle n'est recouverte que par le gazon, et repose sur une couche de galets des mêmes roches. On a fait des puits de recherches sur un espace de 480 toises en remontant la rivière, et de 290 en la descendant, et presque dans tous on a trouvé des vestiges d'or ; mais les parties les plus riches n'en contenaient que deux parties de solotnik (deux quatre-vingt-seizième) dans 100 pouds de sable.

L'or s'y présente en paillettes très minces et si fines qu'on les aperçoit à peine à l'œil nu, et elles sont si légères qu'elles surnagent dans l'eau. Le schlich qui les accompagne est très chargé de fer, mais il ne contient point de platine. La couche

---

(1) Traduit du *Gornoi Journal*, 1830, n° 1 p. 1.

de galets qui sert de mur au banc aurifère, le limon et même
le gazon qui le recouvrent, contiennent aussi de l'or.

Les montagnes qui longent les bords de la rivière ne présentent aucune roche cel analogue à les qui forment les galets du dépôt : ces derniers sont des débris de porphyres, de différentes espèces de granites, de quarz, de *Hornstein*, accompagnés d'une petite partie de débris de gneiss, de schiste siliceux, et très rarement de roches amphiboliques. Les montagnes des alentours sont exclusivement composées de différentes espèces de granites, dans lesquels on ne trouve ni couches, ni filons étrangers, ni même de minéraux particuliers.

Il faut supposer que cette alluvion doit son origine à la destruction des roches qui jadis recouvraient ces montagnes, ou que ces dernières contiennent des veines aurifères si minces qu'elles ne laissent aucune trace de leur décomposition sur la surface nue des rochers ; car on trouve de l'or tout près de ceux qui bordent la vallée, et l'on en a trouvé même dans un puits creusé dans le granite décomposé.

GISEMENT DU JASPE DANS LE MONT REVNÉVA.

PAR M. COULIBINE (1).

Le mont Revnéva, comme les parties environnantes, appartient au système de hauteurs qui se trouvent vis-à-vis de la chaîne nommée Tighiretskyé-Bélky, et qui en sont séparées par la rivière de Bélaya.

La carrière qui fournit les pierres pour les objets de grandeur colossale, travaillés dans la fabrique de Kolywan, se trouve au pied de ladite montagne, sur le bord de la petite rivière de Lougovonchka, qui, après un cours d'environ 2 werstes, se rend dans la Bélaya.

Les rochers et les affleuremens qui permettent de juger la composition des roches, se trouvent seulement sur la cime de la montagne et sur les bords de la Lougovonchka, tout près de la carrière. Le reste de la montagne est caché sous de grands amas d'alluvions.

Le sommet du mont Revnéva est composé de granite por-

(1) Extrait du *Gornoï Journal*, 1829, n° 11, p. 154.

phyroïde à petits grains. Cette roche est formée de cristaux de feldspath blanc, rougeâtre ou jaunâtre, de quarz blanc d'un aspect hyalin, et d'amphibole de couleur verte et foncée. Ce granite contient des couches d'une roche euritique, dans laquelle se trouvent des amas d'épidote jaune verdâtre et des couches de porphyre. Au pied de la montagne, ou à l'endroit qui contient le jaspe, le mont Revnéva est composé de porphyre présentant plusieurs variétés.

Le feldspath et le quarz dominent tour à tour dans sa base; sa couleur est généralement grise, plus ou moins foncée, ou tirant sur le blanc jaunâtre. Les cristaux de feldspath et de quarz hyalin, qui, tantôt les uns, tantôt les autres, sont plus abondans, ne sont en général que très petits, et en petit nombre. Le porphyre contient aussi du fer oxidé hydraté et du fer sulfuré cubique. Dans quelques endroits sa masse devient tout-à-fait homogène, compacte, à cassure esquilleuse, et elle contient si peu et de si petits cristaux de quarz et de feldspath qu'on les aperçoit à peine. Dans ce cas, elle prend tout-à-fait l'aspect d'une eurite (*Hornstein*); ailleurs, contenant des paillettes très fines de mica ou de chlorite, elle a une tendance à devenir schisteuse. Outre cela, le porphyre renferme quelquefois comme des masses cariées, dans lesquelles le feldspath abonde, et dans lesquelles se trouvent des parties d'un minéral dur, terne, d'une couleur verte jaunâtre, et qui n'est peut-être que du quarz chargé de chlorite. Il contient encore quelques couches de porphyre blanc, dans lequel sont clair-semés des petits cristaux de feldspath de même couleur, et des cristaux de quarz hyalin. Les couches du porphyre, autant qu'il est possible de l'apercevoir, se dirigent du sud-sud-est à nord-nord-ouest, et plongent assez fortement au nord-est.

Au milieu de ce terrain de porphyre se trouve une masse de jaspe vert, découverte par la rivière ou formant des rochers sur ses bords; son épaisseur moyenne s'élève à 6 toises. Le jaspe est ordinairement traversé par des petites fissures qui se dirigent dans tous les sens. Sur les parois de ces fissures, exposées à l'action de l'atmosphère, le jaspe n'offre pas sa dureté naturelle, il se laisse facilement rayer avec

le couteau, et donne une poudre assez tendre ; mais ce changement est propre uniquement à sa surface, car plus loin il
possède toutes ses qualités. On y aperçoit quelquefois des
dendrites de manganèse, et j'y ai trouvé même des étoiles
de trémolite fibreux ; plus souvent il contient des petits amas
d'une matière blanche jaunâtre, semblable à de l'argile plus
ou moins dure.

Au milieu du porphyre, près de la masse de jaspe, en descendant la rivière, se trouve une couche mince d'une roche
composée de quarz blanc et de mica, et que l'on pourrait rapporter au gneiss ou au schiste micacé. Une variété de cette
roche ne renferme que très peu de mica, ne présente presque point d'indices destratification, et contient du feldspath
traversé par des veinules vertes, apparemment de chlorite.

Plus loin, on trouve de nouveau le porphyre très quarzi-
féré ; enfin, près de la masse de jaspe il y en a une autre
variété, dans laquelle la masse, d'une couleur blanche rougeâtre, contient des petits cristaux de quarz hyalin, des petits filons verts en très grande quantité, du fer oxidé
hydraté cubique et des nids d'épidote. Enfin, ce porphyre
passe à une roche tout-à-fait homogène de couleur grise
verdâtre, et à veinules verdâtres. Après cette dernière
roche, vient le jaspe, qui présente des zones ondulées de
couleur blanche grisâtre et grise verdâtre. Cette dernière
teinte paraît produite par la matière verte que j'ai vue dans
ce porphyre.

La masse du jaspe court, comme les couches du porphyre,
du sud-sud-est au nord-nord-ouest, incline fortement vers
le nord-est, et paraît être subordonnée à ce dernier dépôt.
La partie du jaspe qui remonte la rivière est recouverte par
une masse énorme d'argile, de manière qu'il est impossible
d'y observer autre chose que sa position sur le porphyre.

La couche de jaspe est traversée presque perpendiculaire-
ment par un filon de *Grunstein* à grains très fins. Ce filon a
près de 1 et demi archine d'épaisseur, et incline à l'ouest.
Il contient des masses assez grandes de quarz, et ces dernières, ainsi que le *Grunstein*, contiennent des petits filons
d'amiante et d'épidote, minéral qui se trouve même cris-

tallisé dans le quarz. Le jaspe, à son contact avec le filon de *Grunstein,* n'a éprouvé aucune altération ; mais le *Grunstein* est plus clair et plus grenu dans le milieu du filon que sur ses bords. Il est tellement changé près du jaspe que la texture grenue disparaît, et le feldspath décomposé se trouve uni à l'amphibole. Le filon contient aussi du fer oxidé hydraté cubique.

La couche de jaspe renferme aussi des petites veines ou des feuillets d'une argile rouge très grasse, dans laquelle on rencontre beaucoup de trémolite blanche. Outre cela, on y rencontre 1° des petites strates d'une matière semblable à de l'argile schisteuse devenue très dure, d'une couleur grise verdâtre ; 2° une petite veine ou un strate d'une roche qui a une couleur verte brunâtre, une structure grenue fine, qui cède à l'ongle, et donne une poudre blanche extrêmement tendre. On y remarque des paillettes de chlorite ; au chalumeau elle fond, quoique difficilement, en un verre noir. Il est possible que le peu de dureté de cette roche soit due à sa décomposition, qui se propage à une grande profondeur ; 3° une petite veine ou un strate d'une roche de couleur verte pâle, qui a une structure grenue très fine, presque compacte, et une dureté assez grande. Elle paraît être de l'argile devenue extrêmement dure ; mais les angles des échantillons fondent facilement au chalumeau en un verre noir. Au contact avec le jaspe, cette roche devient encore plus compacte, et contient des stries vertes chloritiques. Enfin, il y a une variété qui possède toutes les qualités propres au jaspe, mais qui est moins dure ; elle offre dans plusieurs endroits des amas de cristaux, de trémolite fibreuse, sous la forme d'étoiles.

A une distance de 100 toises de cette couche de jaspe, en descendant la rivière, et à une hauteur de 20 toises au-dessus de son niveau, il y en a une autre dans le même porphyre. Celle-ci forme un rocher assez grand, et n'est sans doute qu'une couche pareille à la première. Elle lui ressemble en tout, excepté la couleur, qui est ici plus foncée et plus verte. A côté, on voit une roche granitique, composée de petits grains et de cristaux de feldspath et de quarz hyalin, et abondante en chlorite.

Outre le filon de diorite qui coupe le jaspe, et continue dans le porphyre de l'autre côté de la rivière, ce terrain doit en contenir encore d'autres.

Je n'ai pas pu les observer dans leur gisement; mais ce fait est rendu probable par les grands blocs de cette roche, à amas de quarz et d'épidote, que j'ai trouvés en remontant la rivière dans son lit ou sur les pentes des côteaux.

CAVERNES CALCAIRES

SUR LES BORDS DE LA RIVIÈRE TCHARICH DANS L'ALTAÏ.

PAR M. COULIBINE (1).

Ayant appris que les cavernes qui se trouvent aux bords de la Tcharich, près du village dit Tchaghirskaya (dans la direction nord-est, et à cent werstes à peu près de la mine de Schlangenberg) contiennent des ossemens, je les ai visitées avec le docteur Goebler, qui vint avec moi à la mine de Tchaghir, située à une werste de distance de ces cavernes.

La première se trouve dans la rive droite de la Tcharich, vis-à-vis du village même. Elle a deux entrées latérales: l'une, du côté sud-ouest, est au bord de la rivière, et à 20 toises au-dessus de son niveau; l'autre, un peu plus basse, se trouve du-côté nord-ouest. La direction de la caverne principale est de sud-ouest-ouest à nord-est-est; sa longueur est de 20 toises, sa hauteur varie de 2 pieds à 2 toises, et sa largeur de 1 pied et demi à 1 toise.

Plusieurs galeries moins grandes, et des fentes dirigées dans tous les sens, viennent aboutir au toit et aux côtés de la galerie principale. On y rencontre très peu de stalactites, et ceux qui s'y trouvent sont en général petits.

Les protubérances dans le toit, et les murailles, ainsi que tous les angles de la roche, sont arrondis, comme si elle avait subi une dissolution, et les veines de spath calcaire, qui dans l'intérieur de la grotte la traversent dans toutes les di-

(1) Extrait du *Gornoi Journal*, n° 3, 1831, p. 474.

rections, ne sont visibles que par des petites fissures, qui donnent à plusieurs pierres un aspect marbré. Cela ne prouve-t-il pas que les agens qui avaient arrondi le calcaire avaient exercé une action encore plus forte sur le spath qu'il contient?

Les passages de cette grotte sont ondulés, s'élargissent dans plusieurs endroits, et communiquent avec l'extérieur par des gradins pratiqués dans les fentes du toit. Les habitans des alentours ayant conservé la tradition de trésors cachés dans ces cavernes par leurs prédécesseurs, se sont donné beaucoup de peine pour les découvrir.

La seconde caverne, qui se trouve dans la même rive de la Tcharich, 4 werstes plus bas que la première, est très remarquable par les ossemens qui s'y trouvent. Son entrée est du côté sud-ouest, dans un rocher escarpé, à la hauteur de 50 toises au-dessus du niveau de la rivière, et de 5 à 6 toises au-dessous du sommet de la montagne. Ce sommet présente un plateau assez grand et uni ; mais la pente de la montagne, du côté de la caverne, est très escarpée, et couverte d'affaissemens. En descendant jusqu'au pied du rocher presque vertical, il faut s'élever au moyen d'une corde ou d'une échelle à l'entrée de la caverne, qui a 5 pieds environ de haut, et près d'un pied et demi de large.

A l'entrée, la cavité se dirige horizontalement du sud-ouest au nord-est, et a d'un tiers de toise à une toise de largeur, les mêmes dimensions en hauteur, et 6 toises de longueur; ensuite, elle tourne vers le sud-ouest, et descend pendant 2 toises presque verticalement. Après cela, elle se dirige vers le sud; en s'inclinant, et enfin vers le sud-ouest, en présentant de légères ondulations. La hauteur de cette partie de la caverne s'élève de 1 à 2 pieds ; sa largeur ne dépasse pas 1 pied et demi. Les murs sont assez unis et humides, et je n'ai rencontré que dans un seul endroit des stalactites calcaires qui se forment journellement. Toute la longueur de la caverne peut avoir 25 toises; plus loin, elle est comblée d'argile contenant des ossemens. Ce dépôt remplissait autrefois toute la grotte jusqu'à sa partie horizontale ; mais elle fut déblayée il y a quelques années par les paysans.

Ceci est prouvé par les restes de l'argile que l'on trouve dans le sol de la galerie horizontale, et dans les fentes latérales, qui aboutissent à l'espace dégagé. Ces fentes sont très étroites, et contiennent des ossemens; il y en a une qui en est tellement remplie, que l'on n'aperçoit presque pas l'argile.

Parmi les os, on remarque des dents d'une grandeur prodigieuse d'animaux herbivores, et des os de pieds d'espèces de différentes grandeurs. Les dents d'animaux carnivores s'y rencontrent plus rarement, et moins souvent encore les mâchoires, soit des uns, soit des autres. J'y ai trouvé aussi un crâne d'un animal de grandeur moyenne et une côte.

Ces os sont parfaitement conservés ou brisés et fendillés; ils gisent en désordre, comme enveloppés par l'argile dans le sol, le toit et les côtés de la caverne; mais ils ne portent aucune trace de frottement. Toutes leurs cavités et protubérances ont conservé leurs formes; mais ils ont perdu leur ténacité, et se cassent facilement quand on les retire de leur gisement.

L'argile qui comble la caverne, et qui n'est qu'un produit d'alluvion, ne contient aucune trace d'animaux marins. Mon conducteur assurait qu'on y trouvait aussi des galets de roches; mais nous n'en découvrîmes pas un seul, malgré toute la peine que nous nous donnâmes pour en chercher.

A quels animaux appartiennent ces restes? de quelle manière furent-ils transportés dans l'endroit de leur gîte actuel, à une hauteur de 50 toises au-dessus des alluvions de la vallée? par quel hasard se trouvent-ils en si grand nombre dans le même endroit? comment se sont-ils engagés dans l'argile, et ont-ils rempli la caverne? Voilà des questions qui se présentent par elles-mêmes à l'observateur. Je dirai seulement, que plusieurs espèces d'animaux dont les os se trouvent ici paraissent ne plus exister. J'observerai encore que l'entrée de la caverne se trouvant sur une pente très escarpée, les montagnes ont dû éprouver une grande altération de ce côté-là, et on peut supposer avec assez de certitude que l'ancienne entrée, et peut-être une grande partie de la caverne même (de la partie horizontale), sont aussi détruites.

Le calcaire qui contient ces deux cavernes, et constitue les montagnes du pays, est d'une couleur grise blanchâtre, a une texture compacte, et une cassure passant à l'esquilleuse. Il ne présente aucun indice de stratification, et ne contient aucun fossile. Des petits filons de spath calcaire le traversent en grand nombre dans plusieurs endroits. Dans cette formation de calcaire se trouvent les mines dites première, seconde et mine neuve de Tchaghir. Les deux premières sont abandonnées depuis long-temps; mais la dernière est encore en exploitation, et présente beaucoup d'analogie, par le gisement des minerais, avec plusieurs mines de Nertchinsk, qui se trouvent aussi dans une roche calcaire.

Les minerais, en remplissant une cavité, paraissent former ici une espèce de *stockwerk*, ce qui se présente très souvent dans des roches calcaires. Leur gîte ayant de 2 et demi à 4 toises de long et de large, s'enfonce assez rapidement; il est exploité sur 3o toises de profondeur, sans que les minerais soient épuisés. Leur masse principale consiste en oxide de fer et oxide de fer hydraté, en argile et spath calcaire, qui contiennent de la galène, des minerais de cuivre de plusieurs espèces, et du zinc oxidé silicifère.

DESCRIPTION MINÉRALOGIQUE

DES ENVIRONS DE LA FORTERESSE DE DIADINE SUR L'EUPHRATE,

PAR M. VOSKOBOINIKOV (1).

La contrée traversée par l'Euphrate (connue ici sous le nom de Mourat-Tchay), et bordée au sud-est, sud et sud-ouest par la haute chaîne d'Agridagne, à commencer des sources de ce fleuve jusqu'au fort Diadine, présente un terrain très remarquable par sa richesse minérale. Il est très abondant en soufre natif, en arsenic jaune ou orpiment, et en sources minérales. Ce terrain, en remontant 7 werstes au-delà du fort Diadine, et plus loin en descendant le fleuve,

---

(1) Traduit du *Gornoi Journal*, n° 8, 1829, p· 151.

consiste en basalte noir et caverneux, roche qui forme les bords escarpés de l'Euphrate, ayant quelquefois près de 10 toises de hauteur.

Ce basalte est souvent recouvert par un calcaire compacte ou du tuf calcaire formé par les eaux minérales, et il en jaillit une grande quantité de sources chaudes, sulfureuses et chargées de carbonate de chaux. Plus loin, au pied de la chaîne des montagnes, on voit une argile rougeâtre commune, une argile blanche compacte, et des agglomérats, composés de débris de roches calcaires siliceuses et argileuses. Ce sont ces derniers qui contiennent des masses de soufre natif, et dans plusieurs endroits des sources minérales, entourées de tuf calcaire.

Du côté sud de ce terrain se trouvent des montagnes, composées de calcaire compacte gris, et contenant de l'orpiment et de la galène.

J'ai trouvé les mines de soufre, d'arsenic et de plomb comblées, et ne pouvant y pénétrer, je me suis contenté d'observer leurs déblais, et de recueillir des renseignemens sur les travaux qu'on a exécutés dans cette contrée.

Mines de soufre près du village de Dauta. — Ces mines se trouvent à 1 werste un quart dans la direction sud-ouest du village arménien de Dauta, à 6 werstes du fort Diadine, et à 55 werstes de la ville de Bajazet.

L'espace occupé par ces mines n'a pas plus de 300 toises de circonférence; il consiste en argile commune, d'une couleur brune, ou en argile compacte et blanche. Dans les déblais des mines, on voit un conglomérat composé de galets et de fragmens de roches dures, agglutinés par le soufre et l'argile. Sous cette dernière roche se trouve la couche de soufre natif à une profondeur de 3 toises, et ayant environ 1 archine d'épaisseur. Le conglomérat, qui n'est pas riche en soufre, étant exposé à l'action de l'atmosphère, se couvre d'alun en cristaux très fins. L'eau pluviale, qui remplit maintenant les creux de la vieille mine, contient une grande quantité de fer sulfaté (1).

(1) D'après cette description, n'y a-t-il pas quelques probabilités que c'est un gîte de soufre tertiaire ?

Les habitans de Dauta exploitaient et purifiaient autrefois le soufre, en payant au gouvernement un droit de 150 à 200 courouches, ou de 30 à 40 roubles en argent; mais les grandes difficultés de l'exploitation, causées par l'affluence de l'eau dans les mines, les ont forcés, il y a dix ans, de les abandonner, et de transporter leurs travaux dans un autre endroit, savoir, à Koukurtlu, à 20 werstes de Dauta, près du village dévasté de Goudgi, dans le pachalik de Van, et tout près de la frontière du pachalik de Bajazet. L'exploitation du soufre y est beaucoup plus facile, parce que les mines sont parfaitement sèches, et si peu profondes qu'elles ne dépassent guère une toise ou une toise et demie.

Je n'ai pas pu voir les mines de Goudgi, parce que les montagnes, dans lesquelles elles se trouvent, étaient recouvertes d'une neige profonde. Les habitans m'ont appris qu'elles contenaient beaucoup moins de soufre que celles de Dauta, et que ce sont les habitans de cette dernière qui s'occupaient de l'exploitation, sans rien payer au gouvernement, en transportant tout le soufre chez eux. Les habitans du pachalik n'ont pris aucune part dans cette exploitation, à cause du grand éloignement de leurs demeures.

Le soufre que l'on extrait des mines de Dauta et de Goudgi est ordinairement d'une couleur grisâtre, rarement jaune, et mélangé de parties terreuses; on est obligé de le purifier, et la méthode qu'on emploie pour cela est la suivante:

On casse les morceaux choisis en petites parties, on les passe à travers un crible pour dégager le soufre des galets ou des roches dures qui l'accompagnent, et on lave la masse. Le soufre obtenu par le lavage est soigneusement séché et fondu avec de l'huile que l'on ajoute peu à peu au soufre, en chauffant doucement pour que ce dernier ne puisse s'enflammer, et en remuant continuellement la masse. On continue cela jusqu'à ce que le vase soit plein.

Pendant cette fusion les parties fines terreuses qui se trouvent dans le soufre natif sont imprégnées d'huile et s'agglutinent en formant une masse pâteuse, qui retient tous les fragmens des roches dures qui ont pu rester dans le soufre; tandis que celui-ci étant devenu liquide, et ne pouvant se combiner avec l'huile, coule dans le fond du vase. Le succès du travail dépend de la quantité de l'huile ; car, quand il en manque, les parties terreuses ne peuvent pas s'agglutiner, et si l'on en a ajouté trop, la masse devient trop liquide ; et dans les deux cas, les parties terreuses n'ayant pas la faculté de se réunir, se mêlent au soufre, et en altèrent la qualité.

Quand toute la masse est devenue liquide, on ôte le vase du feu, on jette de l'eau sur la surface de la pâte, ce qui de suite la rend solide, et on verse le soufre dans des moules. Ce soufre, en se refroidissant lentement, prend une belle couleur jaune, possède les meilleures qualités, et conserve long-temps l'odeur de l'huile. 40 livres de soufre natif donnent ordinairement 20 à 26 livres de soufre pur, et exigent 2 un huitième à 2 trois quarts livres d'huile pour la purification.

Ce soufre se vendait principalement à Bajazet, d'où on le transportait dans les villes d'Erivan, de Choy, de Tavrize, de Van, de Bychym, de Moum et de Kars ; mais cette industrie n'a jamais été aussi importante qu'elle pourrait l'être par la grande consommation du soufre dans le pays. Les habitans de Dauta n'étant pas surveillés, le gouvernement turc ne tirait aucun bénéfice de cette exploitation ; eux, de leur côté, ne s'y livraient que dans leurs momens de loisir, et ils produisaient si peu de soufre que les consommateurs étaient obligés de le tirer de très loin.

La plaine que nous venons de décrire contient encore du soufre natif dans plusieurs autres endroits, ce que prouvent les anciennes mines que l'on y voit ; savoir : 1° à 200 toises des mines de Dauta, à gauche de la route qui conduit de ce village au fort Diadine ; 2° près du village Oulikente, et vis-à-vis sur la rive droite de l'Euphrate ; 3° dans plusieurs éminences calcaires qui se trouvent dans le voisinage des sources sulfureuses chaudes.

Mines de plomb. — Ces mines se trouvent à 4 werstes du village de Malakayar, sur la rive gauche de la petite rivière de Gaydaritchay, qui tombe dans l'Euphrate, et elles sont éloignées de 24 werstes, dans la direction sud-ouest du fort Diadine. On y voit deux mines abandonnées, pratiquées dans le versant sud d'une haute montagne escarpée, qui est composée de calcaire grenu, mêlé de silice.

Les travaux démontrent qu'on y exploitait des filons de galène, qui traversent la montagne dans la direction du nord au sud, et inclinent sous un angle de 30°. La contrée étant dépourvue de combustible, ces mines ont été abandonnées.

Mine d'arsenic. — Cette mine se trouve sur la rive droite de l'Euphrate, à 2 werstes du village de Malakayar, au pied d'une montagne de schiste argileux. Sous le gouvernement du pacha Mahmoud de Bajazet, il y a trente ans, on y exploitait l'arsenic jaune ou l'orpiment; mais sa vente désavantageuse à Erzéroum fut cause de l'abandon de cette mine, qui donne cependant un minerai de bonne qualité.

Eaux minérales. — Les environs de Diadine abondent en eaux minérales, principalement en sources chaudes sulfureuses; mais les Turcs étant indifférens à ces dons de la nature, les effets salutaires de ces eaux sont restés inconnus jusqu'à ce jour.

Les principales d'entre elles sont:

1° Les sources qui se trouvent dans la direction sud-est, à 5 werstes du fort Diadine, et à 2 werstes du village Djanakhiss, dans l'endroit nommé par les habitans El-Korpou. Leur température s'élève à 38 et 40° R.; elles contiennent de l'acide carbonique, de l'hydrogène sulfuré, et une grande quantité de carbonate de chaux. Le terrain environnant est composé de masses énormes de calcaire compacte, sédimentaire, qui ont sur les bords escarpés de l'Euphrate une hauteur de 4 toises. Ce dépôt forme près des sources deux ponts naturels sur l'Euphrate, éloignés l'un de l'autre de 150 toises. Près de celui d'entre eux qui se trouve le plus haut, s'élève un amas de ce dépôt calcaire ayant plus de 24 toises de longueur et 1 toise et demie de hauteur. De son pied jaillit une source, par une ouverture qui a trois quarts d'archine (1 pied et demi) de circonférence. Cette source a une température de 40° R., et son abondance la place au premier rang parmi toutes celles connues dans le pays. Elle contient une si grande quantité de carbonate de chaux, que cette matière en se déposant, lui ferme son orifice, et la force de paraître dans la partie supérieure de l'amas. Du côté méridional, elle présente un spectacle admirable; elle s'élève en jet d'eau à la hauteur de 1 pied et demi à 2 pieds, avec un grand bruit, en produisant une quantité prodigieuse d'épaisses vapeurs; puis elle coule en petits ruisseaux de diverses couleurs le long de la petite butte. A son pied on a construit un bassin en pierres, qui sert de bain aux habitans des villages environnans.

Sur un espace de 1,000 toises carrées, il y a encore plusieurs sources moins importantes. Deux d'entre elles ont une température de 38° R., et sont remarquables par la grande quantité de carbonate de chaux qu'elles déposent, et qui, en enveloppant les petits grains de sable soulevés par l'eau, forme des pisolithes. A l'est de ces sources, à 15 toises de distance, se trouve une petite éminence du dépôt calcaire, au pied de laquelle jaillissent des deux côtés, dans de petites cavernes, plusieurs sources minérales, dont la température est de 25 et 38°. Une d'entre elles, qui sort du côté est de cette crête a une température très peu élevée, et provenant d'un mélange d'eau froide.

Dans les environs de ces dernières sources, le calcaire contient beaucoup de soufre natif, qui a été long-temps un objet d'exploitation; mais l'acide carbonique ayant asphyxié plusieurs ouvriers, on a interrompu ce travail. L'acide carbonique sort dans ce lieu en si grande quantité de l'intérieur de la terre, qu'il remplit les cavernes et les mines abandonnées en y formant plusieurs couches de vapeurs bleuâtres. Il se dégage quelquefois avec tant d'intensité des fentes, qu'il produit un courant très fort accompagné de sifflement. Les petits oiseaux se réfugiant dans ces cavernes, ou se tenant près de ces fentes, sont bientôt asphyxiés.

L'aspect de cet espace, couvert de hauteurs coniques et d'ouvertures rondes, prouve que jadis la quantité des sources minérales était ici beaucoup plus grande; mais qu'elles ont disparu en se fermant elles-mêmes leurs débouchés par leurs dépôts calcaires, et en se rendant peut-être maintenant dans l'Euphrate par des canaux souterrains.

2° La source qui se trouve sur la route des eaux minérales décrites au village Djanakhiss, au bord d'un petit ruisseau, a peu d'eau. Elle a une saveur acide, dégage beaucoup de bulles ; elle contient aussi de l'acide carbonique, de l'hydrogène sulfuré, et du carbonate de chaux, se déposant en croûtes très fines sur la surface de l'eau. Sa température est de 23°.

3° Une pareille source se trouve du côté ouest, à une distance de 1 werste et demie du village de Djanakhiss, et a une température de 30°.

4° Les sources sulfureuses chaudes, près du village de Tijjakly, à 8 werstes du fort Diadine, ont une température de 40°. Elles ont la même composition que les précédentes, et déposent au contact de l'air beaucoup de soufre.

5° Deux sources sulfureuses, sur la rive gauche de l'Euphrate, à 3 et demie werstes du village de Malakjar : la première a une température de 38° ; l'autre, qui se trouve à une demi werste en remontant ce fleuve, a 46°. Elles ne diffèrent des sources n° 1 que par leur moindre quantité de carbonate de chaux.

6° Une source froide, très riche en acide carbonique, à 1 et un quart de werste du côté sud-ouest du village de Dauta. Elle présente une espèce de bassin rond, ayant 1 et demie archine de diamètre. Cette eau dégage tant d'acide carbonique, qu'elle est toujours très agitée et même trouble. Cette source a l'odeur de naphte, et contient aussi en dissolution du carbonate de chaux formant ses bords.

MINES DE DARATCHITCHAC

EN ARMÉNIE, ET SOURCES MINÉRALES QUI SE TROUVENT DANS LEUR VOISINAGE,

PAR M. VOSKOBOINIKOV (1).

Les mines de Daratchitchac se trouvent en Arménie, dans le Magale de Daratchitchac, à 10 werstes du village (poste

---

(1) Extrait du *Gornoi Journal*, n° 3, 1830, p. 517.

cosaque) de Bache-Abarane, situé sur la route, entre Tiflis et la forteresse d'Erivan, et à 5 werstes de cette dernière.

Les montagnes dans lesquelles elles se trouvent forment un groupe isolé qui couvre tout le Magale de Daratchitchac. Ce groupe, en s'élevant du côté est de la vallée d'Abarane ou d'Abarane-Pole, et en parcourant vers l'ouest une distance d'environ 4 werstes, est divisé, vis-à-vis du village de Bache-Abarane, par une vallée qui se dirige de l'ouest à l'est, et sert de lit à la rivière Daratchitchac, coulant dans la Zanga.

Les montagnes du côté gauche de la rivière mentionnée se lient à la chaîne de Bambac, se dirigent avec celle-ci vers l'est, et en se prolongeant dans la partie nord du lac Goktchi, forment par leur extrémité l'île Sevanga. L'autre partie de ces montagnes est limitée à l'est par la Zanga, et vers e sud par le mont Karniarsch.

Dans le haut de la vallée, où deux petites rivières se réunissent pour former la Daratchitchac, il y a une petite usine et quelques maisons de mineurs grecs ; et c'est dans la crête qui partage ces deux rivières que se trouvent les gisemens des minerais de cuivre et de fer, qui sont l'objet des exploitations.

Les hauteurs qui environnent les mines forment les points les plus élevés du groupe de Daratchitchac ; elles sont traversées ici par deux vallées très profondes et étroites : la vallée principale de la rivière de Daratchitchac, et une vallée latérale, qui du côté du nord tombe dans la première, vis-à-vis de l'usine.

Les flancs des montagnes sont très boisés, et en général, on rencontre peu de parties découvertes.

Les roches qui les constituent sont : le granite, le schiste micacé, une roche amphibolique, du calcaire, de la serpentine, du quarz, du basalte et de l'obsidienne. Toutes ces roches, à l'exception des deux dernières, sont, à ce qu'il paraît, des roches primitives.

1° Le *granite ordinaire*, composé de feldspath, de mica et de quarz, forme les rameaux entre la vallée de Daratchitchac et la chaîne de Bambac. Il présente rarement une structure cristalline bien prononcée; mais il est composé le plus souvent de grains irréguliers, et assez fins, de feldspath et de quarz, qui se fondent ensemble, et de mica d'une couleur verte très foncée. La partie dominante est le feldspath; on le trouve souvent presque dénué de quarz, et alors la roche devient compacte, et ne contient presque point de mica. Cette roche feldspathique, de couleur blanche et jaune, avec quelques lamelles de mica noir, constitue les montagnes métallifères, et passe au caolin.

Quelquefois le granite, sans mica, conserve sa structure granitique, et se compose de gros grains de feldspath rougeâtre et de quarz gris. Cette roche existe dans un endroit, sur la route qui conduit de l'usine à *Karannich*, près du sommet de la montagne. Elle y alterne avec de l'aphanite schisteuse en couche inclinant au sud. On rencontre souvent dans le granite de la première espèce des amas et filons d'une roche d'une même nature, mais colorés par de l'amphibole.

Un granite porphyroïde se trouve seulement dans la montagne au haut de la vallée; il est composé de gros grains de feldspath blanc et de mica vert, disséminés dans du feldspath quarzeux.

Le granite ordinaire se présente aussi dans la partie méridionale de la vallée.

2° *Roches amphiboliques.* — On trouve l'aphanite dans les versans qui forment la vallée. Elle a une couleur verte foncée et une tendance à se diviser en bancs. Sur la partie supérieure des strates, on aperçoit l'amphibole en cristaux aciculaires noirs. Dans la partie méridionale de la vallée, vis-à-vis de l'usine, au-dessus de cette aphanite et au-dessous des masses d'alluvions, il y a du schiste micacé jaunâtre. Cette aphanite compose la pente orientale de la montagne qui donne naissance à la rivière de Daratchitchac, ainsi que sa pente occidentale, qui entre dans la vallée d'Abarane; dans cette dernière, elle passe souvent à l'amphibole noire, à grains de pyrite et en rochers pointus, elle s'y prolonge vers le nord jusqu'aux dépôts de granite.

Le feldspath est quelquefois si abondant dans l'aphanite,

qu'il y forme des nids, et ne contient alors l'amphibole qu'en cristaux aciculaires.

3° Le *calcaire grenu* blanc se trouve sur le sommet de la montagne mentionnée. Il est traversé par un filon d'amphibole mêlé intimement de feldspath ; celui-ci se dirige du nord au sud, et a à peu près deux toises d'épaisseur.

4° La *serpentine* ordinaire, de couleur verte foncée, se trouve à l'ouest du calcaire. Elle contient des veines de talc qui passe à la stéatite.

5° Le *quarz* blanc se présente sur le flanc de la montagne au-dessous de la serpentine ; mais on ne peut pas dire qu'il y forme une roche particulière.

6° Un *basalte spongieux*, de couleur gris de cendre, plein de cavités aplaties dans un sens, couvre les sommets des montagnes de tous les deux côtés de la vallée. Il se trouve aussi vis-à-vis de l'usine et dans la partie méridionale de la vallée au-delà de l'usine, où il forme des grandes masses divisées en plaquettes, et employées avec avantage aux constructions.

7° L'*obsidienne* noire, avec des zones rouges, forme un amas de débris au sommet de la montagne, près de son sommet occidental ou de celui qui descend dans la vallée d'Abarane. Elle se casse facilement en fragmens à arêtes aiguës ; elle a une cassure esquilleuse, et étant long-temps exposée à l'action de l'atmosphère, elle perd son éclat vitreux, et se couvre d'une croûte noire et rude.

Les traditions n'ont pas conservé de données justes sur l'époque de la découverte de ces mines de cuivre et du commencement de leur exploitation ; mais on sait que les Grecs, attirés par le sardare d'Érivan il y a vingt-cinq ans, y avaient déjà trouvé des traces de travaux. Après avoir produit seulement 150 pouds de cuivre pur, ils retournèrent dans leur patrie, vu la pauvreté des minerais et l'indifférence du sardare pour cette exploitation.

Après leur départ, pendant plusieurs années, les mines restèrent abandonnées, et ce n'est que deux ans avant l'entrée des troupes russes dans le Kanat d'Érivan, que le sar-.

dare de cette province, Gousseine-Chan, fit venir de nouveau de Turquie seize mineurs grecs.

Les Grecs commencèrent à exploiter les anciennes mines, mais la fonte des minerais qu'ils gagnèrent ne satisfit pas leur attente, car le cuivre noir se séparait difficilement des scories, par suite de la grande quantité de fer qu'il contenait, et les minerais même n'étaient que très pauvres.

Depuis l'occupation de l'Arménie par les Russes, les Grecs de l'usine de Daratchitchac, avec des fondeurs de l'usine d'Alvert, construisirent des fourneaux de fusion et d'affinage, commencèrent bientôt les travaux; mais ils furent arrêtés par les mêmes difficultés.

Dans les derniers temps, ces Grecs tirèrent leurs minerais d'une mine située à 225 toises à l'ouest de l'usine.

Au milieu d'une masse de feldspath jaune, ils exploitèrent des amas et des veines de quarz et des minerais de cuivre, composés d'un mélange de petits cristaux de cuivre oxidulé, de cuivre gris et de cuivre carbonaté, avec des grains de cuivre natif. Ces minerais sont toujours accompagnés d'ocre ferrugineuse, de fer oligiste, de manganèse oxidé hydraté, et principalement de pyrites ordinaire et magnétique, dont l'abondance nuit beaucoup à la qualité du cuivre.

Le feldspath, dans le voisinage des petits filons, passe quelquefois à l'état de caolin, et contient lui-même du cuivre oxidulé et du cuivre natif, accompagnés de petits cristaux de pyrite.

Dans les environs, il y a encore trois mines abandonnées; et un peu plus haut, dans la même partie de la montagne, on en voit encore deux tout-à-fait comblées. On trouve dans leurs déblais du feldspath jaune, du quarz pénétré de carbonate du cuivre, et du silex corné.

Plus loin, dans la direction nord-nord-est des mines, et à 2 werstes et demi de l'usine, sur la route qui conduit à Abarane-Pole, il y a une petite mine destinée à l'exploitation du fer oxidulé, qui forme des amas assez grands dans le même feldspath, et contient des traces des mêmes minerais de cuivre. Il paraît qu'aucune exploitation n'y a eu lieu.

A 50 toises de cette dernière mine, se trouve une roche

quarzeuse qui contient dans ses cavités cellulaires beaucoup d'ocre ferrugineuse.

On y voit deux puits comblés, et dans les déblais un mélange de feldspath et de quarz, de cuivre carbonaté, de cuivre carbonaté hydraté, de fer oxidulé et pyriteux.

Le climat de la contrée y est très sain; mais l'hiver y est long et rigoureux. Pendant sa durée, les cimes des montagnes sont couvertes de neiges profondes, et la communication avec Abarane-Pole est interrompue.

Près de l'usine, sur les deux bords de la Daratchitchac, il y a des sources minérales qui contiennent de l'acide carbonique, de la chaux carbonatée et un peu de fer. Elles sortent du sein de la terre avec un bouillonnement peu sensible, et elles forment des petits amas d'eau qui se couvrent d'une croûte terreuse mince, ce qui prouve la grande quantité de chaux carbonatée qu'elles contiennent.

Il y a encore des sources minérales dans deux endroits de la rive gauche de la rivière Daratchitchac, savoir : 1° à 390 toises de l'usine, sur une pente de la montagne et sur une surface de 25 toises carrées; celles-ci précipitent une quantité considérable de chaux carbonatée friable; 2° à 540 toises de l'usine, presque au niveau de la rivière, où la source forme, en sortant, un jet d'eau d'un pouce de diamètre. Deux autres sources sourdent de la rive escarpée, à la hauteur d'une demi-toise au dessus du niveau de l'eau de la rivière.

Le long de la rive gauche de la Daratchitchac, on voit partout des sédimens calcaires assez compactes, et présentant des stries ondulées de couleur blanche et bleuâtre.

Ces eaux minérales sont bues avec grande avidité par les bestiaux et les animaux sauvages.

DÉPOT

DE SEL GEMME DE GHERGHERE EN PERSE,

PAR M. VOSKOBOINIKOV (1).

La partie orientale de l'Arménie et la partie méridionale du Kanat de Charabach sont approvisionnées du sel tiré de Perse. Le gîte de ce sel est une petite montagne, composée de couches horizontales d'argile grise jaunâtre et de gypse, et située à 5 werstes de la rive droite de l'Araxe, vis-à-vis du village Yaydoni, appartenant à la Russie, à 9 et demie werstes du village persan Gherghère, et à 2 werstes de la ville d'Ordoubate. Cette montagne se présente sous la forme d'une digue étroite, formant un angle droit dans sa partie septentrionale : elle est entourée des côtés sud et sud-ouest d'une plaine qui se prolonge jusqu'aux rameaux du mont Caradaghe (mont Noir) ; du côté ouest, elle s'appuie sur une montagne conique de feldspath gris clair dans lequel sont disséminés des grains de feldspath blanc et d'amphibole verte ; et des côtés nord-est et est, elle s'approche de collines composées de couches d'argile brune et de grès gris clair, qui inclinent fortement au sud-est.

On exploite le sel par des travaux à ciel ouvert sur la pente méridionale de la montagne. Le lieu de l'exploitation forme une excavation de 150 toises de longueur et de 100 de largeur, entourée de trois côtés par de hauts escarpemens. On voit encore ailleurs des indices d'anciennes exploitations, et dans la partie septentrionale de la montagne, il y a un rocher de sel gemme de 10 toises de hauteur, découvert, sur 20 toises de longueur, et surmonté d'une couche épaisse d'argile, recouverte par du gypse grenu. Ce rocher de sel fait apparemment partie d'un amas couché.

Le sel de Gherghère est semblable à celui de Coulpine, mais il contient beaucoup de parties terreuses. On le vend

____

(1) Extrait du *Gornoi Journal*, 1830, n° 3, p. 392.

par charges ; une charge de cheval ou de bœuf coûte 10 copeks
en argent (40 centimes).

Cette exploitation, à en croire les habitans, donne par
an de six à sept cents tonneaux persans, ou 2,400 à 2,800
roubles en argent, qui sont le revenu de Gadji-Atamchane-
begh, directeur du magale de Caradagh.

GISEMENT

DU SEL GEMME DE NACHITCHEVANE,

PAR M. VOSKOBOINIKOV (1).

Sur la vaste plaine le long de la rive gauche de l'Araxe,
entre les villages Souste, Djagri et Schigmachmouth, et à 10
werstes de la ville de Nachitchevane, s'élève une montagne,
dans laquelle se trouve un dépôt très riche de sel gemme.

Son extrémité nord-est se rapproche de la chaîne qui limite la plaine du côté nord, tandis que le reste de cette hauteur se dirige sur un espace de 9 et demie werstes au sud-
sud-ouest, et a 30 werstes de circonférence. Elle est couverte
à sa surface d'une argile rouge, sablonneuse, et d'une argile
jaunâtre, qui contient des blocs et des galets de différentes
roches. Sous ce dépôt sont les roches qui constituent la montagne, savoir : un grès gris, des argiles de différentes couleurs, du gypse, de la marne argileuse et des conglomérats.

Le sommet aplati de la montagne est couvert de blocs de
granite, de calcaire, de quarz, de schiste argileux et de grès,
fragmens qui, étant agglutinés dans plusieurs endroits par
un ciment calcaire et gypseux, forment des poudingues. On
voit sur la pente nord-est de la montagne un grès composé
de grains très fins, d'une couleur grise claire, et sur sa pente
nord-ouest des couches horizontales de gypse et d'argile
brune, recouvertes par une couche de poudingue. La partie
inférieure des pentes occidentale, méridionale et orientale,
ainsi que les collines qui les environnent, sont couvertes

____

(1) Extrait du *Gornoi Journal*, 1830, n° 3, p. 380.

d'une argile rouge, sablonneuse, à travers laquelle percent à différens niveaux des masses de gypse grossier, blanc grisâtre, avec des cristaux de sélénite. Dans les endroits où l'argile s'est affaissée, ce dépôt offre des couches blanches, grises et brunes rougeâtres, qui quelquefois contiennent des strates de gypse et de sel gemme impur.

Ce sont ces différentes masses, recouvertes par l'argile rouge, qui renferment les riches dépôts de sel, exploités depuis plusieurs siècles : aussi voit-on des traces d'exploitations anciennes et très vastes dans douze endroits différens.

Au pied sud-ouest de la montagne, il y a des couches horizontales d'une argile brune, alternant avec un grès fin gris, dont les grains sont agglutinés par une masse marneuse, ce qui le rend très friable. Le toit de ces couches est composé d'une marne argileuse feuilletée de couleur blanche.

De l'extrémité méridionale de la montagne salifère, dans la direction du fleuve Araxe et sur une longueur de 5 werstes, il part en forme de digue une hauteur peu considérable, composée de roches contemporaines au dépôt salin : ce sont des argiles brunes et grises avec des strates de gypse et de sélénite, des grès gris et des marnes blanches argileuses feuilletées, qui sont recouvertes à la surface par l'argile jaune, et les blocs qui se trouvent sur le sommet et les pentes de la montagne.

Cette hauteur s'abaisse considérablement à l'est, et forme avec la pente orientale de la montagne un vallon étroit, qui descend au-dessous du niveau de la plaine environnante. Dans sa partie méridionale, vis-à-vis de la montagne, s'élèvent des petites collines, couvertes d'argile rouge ; dans plusieurs de ces dernières, on exploitait beaucoup de sel, et il y a plusieurs sources salines qui donnent par l'évaporation beaucoup de bon sel.

Dans la partie orientale de ce vallon, on voit partout au-dessous des alluvions des grès fins gris, et de l'argile ordinaire de différentes couleurs ; et à la jonction du vallon avec la plaine, ces grès sont recouverts de grandes masses d'agglomérats, sur lesquels est construite la ville de Nachitchevane.

Les alentours de la montagne salifère ne contiennent pas

du tout de sources d'eau douce, et sont très pauvres en végétaux. Sur un seul point, près du sommet de la montagne, il y a une source d'eau un peu salée qui tarit en été.

La plupart des mines se trouvent dans les collines coniques, souvent traversées par des crevasses étroites et profondes, ou à leurs bases dans un terrain tout-à-fait plat.

En examinant les anciennes et nouvelles exploitations, on voit que le sel, accompagné souvent de gypse, existe en amas couchés, rarement inclinés, dans l'argile brune et grise, qui contient des veinules et des groupes de sélénite cristallisée.

Le sel est de différentes espèces dans les mines de Dugartschinsk; il a une couleur blanche grisâtre, il est compacte, et se casse en cubes complètement purs et diaphanes. Dans d'autres endroits, il a une couleur grise ou jaunâtre, une texture compacte ou grenue, opaque, et contient quelquefois des parties terreuses, comme du gypse et de l'argile.

D'après les traditions plusieurs mines furent abandonnées par suite des difficultés des travaux, ou par suite d'écroulemens; dans ce dernier cas se trouve la mine nommée *Kanli* (sanguinaire), abandonnée après un écroulement qui a tué vingt ouvriers.

Le gouvernement persan affermait l'exploitation pour 4,000 roubles en argent. On vendait sur les lieux un *bachmane* (32 livres russes) de sel pour 8 copecks en argent, et on imposait aux acheteurs une taxe de 8 copecs en argent pour chaque charge, composée de huit bachmanes, de manière que chaque bachmane coûtait 9 copecs en argent.

Quand le kanat de Nachitchevane fut joint à l'Arménie, la direction de cette province donna l'exploitation de sel en ferme à un habitant de la ville de Nachitchevane, pour un an, à compter du 10 (22) mars 1829, et à raison de 4,000 roubles en argent pour ce terme. Ce fermier vend le *bachmane* de sel (32 livres) à 10 copecks en argent, et paie 2 copecks aux ouvriers pour l'ouvrage d'exploitation.

DE LA MINE DE PLOMB

DE DARALATCHESK, ET DE LA SOURCE MINÉRALE VOISINE,

PAR M. VOSKOBOINIKOV (1).

Cette mine se trouve dans les montagnes de Daralatchesk, qui s'élèvent entre les sources des rivières Bazar-Tchay et Arpatchay, à 1 werste et demie du village Gumischchan, et à 96 werstes de la ville de Nachitchevane.

La montagne qui contient les minerais de plomb est très escarpée, et offre dans sa partie supérieure du granite blanc gris, et dans le bas, ou près de la mine de plomb, du schiste argileux noir, et de l'argile schisteuse blanche jaunâtre.

Tous les anciens travaux sont dans la partie sud-ouest de la montagne. Les habitans assurent unanimement que la mine était encore exploitée sous le gouvernement arménien. Dans ces déblais on rencontre du quarz et de la calcédoine avec de la galène et du zinc carbonaté jaune.

Une source minérale chaude se trouve sur la rive droite de l'Arpatchay, à 1 werste et demie des villages de Coutcha et Beljak, et à 14 werstes de la mine de plomb.

Tout près d'un petit ruisseau nommé Caraboulach, se trouve un bassin construit en basalte, de 8 pieds 10 pouces et demi de longueur, de 6 pieds de profondeur, de 4 de largeur, et surmonté de murailles, reste d'un bâtiment. Dans le fond de ce bassin l'eau minérale sort par trois orifices en produisant une grande quantité de bulles. Elle donne 51 pieds, et 18 pouces cubes d'eau par heure ; elle a une couleur bleuâtre, et est tout-à-fait limpide ; elle a un goût un peu acide, une température de 32° R., et contient en dissolution une quantité considérable d'acide carbonique, et assez de carbonate de chaux.

(1) Extrait du *Gornoi Journal*, 1830, n° 3, p. 332.

NOTICE

SUR UNE MINE DE CUIVRE ABANDONNÉE DANS LE MAGALE
D'ORDOUBATE EN ARMÉNIE,

PAR M. VOSCOBOINIKOV (1).

Près du village Agarjak, situé à 32 werstes de la ville d'Ordoubate, en descendant l'Araxe, les Grecs exploitaient il y a dix ans des mines de cuivre. Les habitans assurent que l'exploitation a été entreprise pour le compte du Sardare, et n'eut qu'une très courte durée, parce que la première fonte des minerais avait montré qu'ils étaient extrêmement pauvres.

Avant d'arriver au village, on voit les débris d'un fourneau de fusion. Un peu plus bas du village se trouvent les mines dans une gorge étroite et profonde. On y voit un petit espace couvert d'une brèche, composée de fragmens de feldspath jaune, de granite gris, et de quarz agglutinés par un ciment qui contient de l'oxidule de cuivre d'une couleur rouge cerise, du cuivre carbonaté et de l'oxide de fer hydraté. On exploitait la brèche au moyen de la poudre par une galerie à ciel ouvert, qui au bout de 2 toises finit dans une roche feldspathique stérile.

Le feldspath jaune constitue la haute montagne à laquelle s'appuie la brèche, et est teint dans plusieurs endroits par le carbonate de cuivre, et les eaux qui sortent de ces fentes sont chargées de sulfates de fer et de cuivre.

On a extrait aussi des minerais de cuivre, dans le côté opposé de la gorge dans une montagne de feldspath, qui contient des petits grains et des veinules d'oxidule, et de carbonate de cuivre ; mais ce gisement fut bientôt épuisé.

Dans les montagnes environnantes, on n'aperçoit aucune trace de pareils gîtes de minerais.

(1) Extrait du *Gornoi Journal*, 1830, n° 3, p. 334.

DES MINES D'ARSENIC EN ARMÉNIE,

PAR M. VOSKOBOINIKOV (1).

Ces mines se trouvent à 5 werstes du village de Jadji, du côté droit de la route entre les villes de Ordonbache et de Nachitchevane. Pour y parvenir, il faut gravir une montagne très haute et très escarpée à crevasses profondes. A commencer de sa base, la montagne est composée de grès, de brèches, de granite abondant en feldspath et d'argile jaune grisâtre : c'est cette dernière roche qui contient plusieurs mines en forme de petites cavernes. En y entrant, on aperçoit facilement qu'on y exploite de l'orpiment de couleur gris jaunâtre, avec du réalgar rouge impur ou orangé. Ces minéraux se trouvent ordinairement en petits rognons et en veinules, traversant l'argile dans tous les sens, et ils couvrent la surface des sphéroïdes calcaires de l'argile.

Ce gisement n'a aucune importance à cause de la petite quantité de minerais, et de leur qualité inférieure. L'orpiment et le réalgar sont employés par les habitans pour détruire le poil sur le corps.

(1) Extrait du *Gornoi Journal*, 1830, n° 3, p. 336.

NOUVELLES OBSERVATIONS

SUR LES BÉLEMNITES,

PAR M. LE COMTE MUNSTER (1).

—

Depuis long-temps je suis occupé à des recherches sur la nature des Bélemnites, et j'ai visité pour cela les principales localités de ces fossiles en Allemagne. Je comptais consigner le résultat de mes observations dans une monographie générale des Bélemnites; mais la publication successive des ouvrages de MM. Miller, de Blainville et Voltz, et les indications données par MM. Sowerby et Raspail (*Annal. des scienc. d'observat.* 1829 et *Lycée* 1831), m'a fait changer de plan, et je me contenterai de figurer dans l'ouvrage de M. Goldfuss les Bélemnites qui me sont connues en Allemagne, et je public en attendant quelques remarques générales sur ces curieux fossiles.

Comme je ne trouve dans aucun ouvrage la figure d'un échantillon complet de Bélemnite, je commence par en donner une de quelques espèces, qui proviennent des couches secondaires moyennes et supérieures.

L'on sait que dans la plupart des grands céphalopodes siphonifères de M. d'Orbigny les échantillons parfaits présentent à la bouche une grande partie de leur intérieur non chambré.

Cette partie vide et ouverte, la demeure de l'animal, occupe, chez les céphalopodes à coquilles en spirale, tels que les Ammonites et les Nautiles, un peu plus ou un peu moins qu'un tour de spire.

Dans les céphalopodes du sol intermédiaire, cette portion vide prend tout le premier tour de spire et le quart

(1) Traduit de la brochure allemande intitulée *Bemerkungen zur nahern Kenntniss der Belemniten;* in 4°. Baireuth, 1830.

ou le tiers du suivant, tandis que chez les Ammonites secondaires, même en échantillons parfaits, elle n'occupe
que deux tiers ou trois quarts du premier tour de spire
non chambré.

La partie ouverte et vide des céphalopodes siphonifères
à coquille droite prend ordinairement la moitié de cette
coquille, comme l'on peut aisément l'observer dans les
Orthocères et les Baculites.

Dans tous ces céphalopodes, la coquille devient plus mince
près de la bouche, et seulement dans quelques espèces d'Ammonites déjà âgées, elle forme à la fin de la période de croissance une espèce de bourrelet. On peut remarquer, dans les
échantillons polis d'Orthocères, que la coquille s'amincit de
manière à devenir une ligne extrêmement fine.

Dans les Bélemnites, il y a un prolongement vide semblable de la dernière loge ouverte de la gaîne qui est tout
aussi long que la coquille épaisse et chambrée, mais infiniment plus mince, comme dans les Orthocères, et à peine de
l'épaisseur de la peau d'une vessie. Il est donc naturel qu'un
test si délicat n'ait pu que rarement se conserver. On ne doit
le rechercher que dans les lieux où les couches ont été formées par des sédimens déposés pendant des époques de très
grande tranquillité, comme cela a été le cas pour le dépôt
du schiste lithographique de Solenhofen. Dans cette localité,
on retrouve même les sacs ou les manteaux des céphalopodes
cryptodibranches de M. d'Orbigny.

Je m'y suis procuré plusieurs échantillons de Bélemnites
qui sont très parfaits, de diverses grandeurs et à test pelliculaire; et ces morceaux se rapportent surtout à l'espèce que
je nomme *Belemnites semi-sulcatus*, et qui caractérise bien
le calcaire jurassique de l'Allemagne méridionale. Cette espèce est appelée ainsi, parce que le sillon très visible de la
partie dure de la coquille s'étend depuis le commencement
de l'alvéole chambrée, ou de ce que MM. de Blainville,
Sowerby et Voltz appellent la base, jusqu'à la moitié de la
gaîne, où il se perd insensiblement.

Je ne connais pas de figures exactes et complètes de cette
Bélemnite du jura d'Allemagne. Schmiedel n'en a dessiné

que quelques fragmens dans son ouvrage intitulé : *Vorstellung einiger merkwurdigen Versteinerungen.* Erlangen, 1793, pl. 13, fig. 9, et pl. 14, fig. 3, 4, 5 et 6. Bourguet n'en donne qu'une mauvaise représentation (voyez *Traité des pétrifications,* pl. 55, fig. 374).

Les *Belemnites hastatus* et *semi-hastatus* de M. de Blainville (voyez pl. 2, fig. 4—4 ^{a} et 5—5 ^{i}) s'éloignent en plusieurs points de la Bélemnite en question ; tandis qu'elle semblerait comprendre une espèce figurée pl. 5, fig. 3, et décrite p. 119, comme se rapprochant du *B. hastatus.* M. de Blainville observe lui-même que cette Bélemnite pourrait bien être une espèce séparée ; mais il n'en figure que la dernière moitié. On doit y rapporter décidément l'espèce, qu'il range provisoirement, à la page 70, parmi les fragmens du *B. acutus* de la collection de M. Brongniart, morceaux provenant du calcaire jurassique de Grumbach, près d'Amberg, et de feu M. le professeur Graf. J'y comprendrais aussi le *B. ferruginosus* de Voltz (voyez *Mém. de la soc. d'hist. nat. de Strasbourg,* p. 36 et 37, pl. 1, fig. 8), s'il n'était pas strié à sa pointe, ce qui n'est jamais le cas dans le *B. semi-sulcatus* parfait.

Voici les caractères de cette espèce : la gaîne droite, lisse, transversalement, presque circulaire, se prolongeant en forme de fuseau plus large vers le sommet qu'au milieu. Le sommet très pointu (sous-médian), sans stries. Un sillon assez étroit et profond, à bords aigus, commence à ce qu'on appelle la base, s'élargit, et se perd insensiblement vers le milieu de la gaîne, qu'il ne dépasse jamais. Le cône alvéolaire, avec une très petite boule au sommet et une croûte lisse, n'occupe que le tiers de la gaîne. Les loges concaves deviennent plus étroites vers le sommet. La partie conique non chambrée, ouverte et entourée d'un test très mince, est très large et arrondie à son ouverture antérieure : le test est si fin vers cette dernière, qu'on en aperçoit à peine les traces ; mais il s'épaissit toujours plus vers le cône alvéolaire.

Sur la planche 4, on trouve représentés, tels qu'ils se trouvent dans le calcaire compact et les marnes jurassiques, un échantillon de grandeur naturelle (fig. 2), un petit échantillon (fig. 4), et un très jeune individu (fig. 5).

Fig. 1 est un échantillon parfait ayant atteint sa grandeur ordinaire et pourvu de la seconde moitié non chambrée de la gaîne ; la fig. 3 est un échantillon semblable plus jeune ; tous deux proviennent de Solenhofen. La fig. 6 est une coupe longitudinale de cette Bélemnite, qui montre que la ligne du sommet ou l'axe se trouve presque au milieu. La fig. 7 est une coupe non loin de la base ; la fig. 8 une section transversale de la partie large vers la pointe ; et la fig. 15 le cône alvéolaire chambré, avec l'impression très distincte de la partie vide de la gaîne d'un individu extraordinairement grand dont le test s'est perdu.

Cette Bélemnite offre plusieurs variétés : toutes sont en forme de fuseau plus ou moins élargi dans la dernière moitié, et plus rarement dans le milieu du test solide.

Je n'ai jamais trouvé cette espèce dans les couches inférieures de la formation jurassique, c'est-à-dire dans les oolites ferrugineuses, les argiles et les marnes foncées qui y appartiennent et qui sont si riches en d'autres espèces de Bélemnites. Elle ne s'est pas non plus offerte à moi dans le lias ; je ne l'ai vue que dans les couches supérieures des dépôts jurassiques de l'Allemagne méridionale, depuis le Staffelberg, près de Lichtenfels, jusqu'en Suisse. Or, ces assises comprennent le schiste lithographique, les rochers calcaires et siliceux remplis de polypiers, ou le *coralrag*, et même les dolomies.

Dans le calcaire jurassique compacte, cette Bélemnite est très abondante ; mais le plus souvent si empâtée dans la roche, qu'on n'en peut obtenir d'échantillons intacts, si ce n'est dans les lits marneux subordonnés. C'est à Solenhofen, à Eichstadt, etc., qu'on les trouve dans leur état le plus parfait, quoique moins fréquemment que dans le calcaire compacte. Dans les couches siliceuses supérieures au schiste lithographique, souvent le test a totalement ou en partie disparu ; c'est pour cela qu'on y rencontre beaucoup de cônes alvéolaires isolés avec peu de traces de la coquille. Cette dernière est convertie généralement en silex corné, et la pointe du cône alvéolaire en calcédoine. Il y a aussi des échantillons qui offrent encore dans l'épaisseur de la gaîne la structure étoilée et feuilletée, tandis que la partie extérieure est changée en silex.

Dans la dolomie jurassique pure, le test a disparu en général, et on n'y trouve que le trou occupé jadis par la Bélemnite et les restes du cône alvéolaire, comme cela a aussi lieu dans le grès ferrifère du lias.

Outre les *Belemnites semi-sulcatus*, on rencontre encore dans le schiste calcaire de Solenhofen une autre espèce dont la moitié postérieure n'a que la grosseur et la forme d'une épingle courte et petite, et je l'appelle provisoirement *Belemnites acicula*. Cette espèce offre le même prolongement conique non chambré de la partie mince de la coquille, comme on peut le voir dans la fig. 14. Je la décrirai plus amplement lorsque j'en aurai un plus grand nombre d'échantillons.

Dans le calcaire jurassique compacte, et surtout dans les couches marneuses, j'ai trouvé assez souvent à Streitberg une Bélemnite en forme de massue, qui est toujours très petite, et qui se distingue du B. *clavatus* de Schlotheim et de Stahl par le sillon fin de sa base, ce dernier n'occupant que le tiers de la gaîne. Le plus grand échantillon que j'en possède est représenté dans la fig. 4, et un échantillon très jeune dans la fig. 10. N'en connaissant pas de plus grands morceaux, je l'ai nommé B. *pusillus*.

On trouve dans les figures 11, 12 et 13 mon *Belemnites deformis*, qui a une forme très irrégulière, est bosselé, et constitue avec l'espèce précédente à sillon court à la base, un groupe caractéristique, pour le dépôt jurassique proprement dit du sud-ouest de l'Allemagne. Il est possible que ce ne soit qu'une variété déformée du *Belemnites pusillus*.

Outre le schiste lithographique de Solenhofen, les marnes schisteuses du lias de Bavière offrent aussi rarement des Bélemnites avec le prolongement non chambré et vide de la gaîne. J'ai trouvé, par exemple, près Banz, non loin de Lichtenfels, dans les mêmes marnes de lias à Ichtyosaures et Plesiosaures un *Belemnite acuarius* de Schlotheim, qui avait un semblable prolongement très long. M. Wietrich de Culmbach a découvert sur le mont Patersberg un échantillon du ***Belem-***

nites bisulcatus (Blainv.), qui a encore la moitié antérieure de sa gaîne vide et non chambrée ; mais il est écrasé sur le schiste du lias , quoique le test spathique soit encore très visible. Cette Bélemnite est représentée (pl. 4, fig. 16), mais il y manque un petit fragment.

Les figures les plus complètes publiées jusqu'ici des Bélemnites sont les suivantes : 1° *Belemnites elongatus* (Miller, *Trans. geol.* , vol. I , pl. 7 , fig. 6 , 7 et 8) ; 2° A. *Bélemnites* (Joshua Platt , *Trans. phil.* , vol. LIV, p. 38, pl. 17, fig. 4) ; 3° M. de Blainville a copié ce dessin (pl. 4, fig. 6), et a décrit ce fossile sous le nom de *B. elongatus.*

Ces figures et leurs descriptions sont si imparfaites, que l'on peut prendre pour l'alvéole chambrée le prolongement non chambré et vide de la coquille , ce qui a déjà frappé M. de Blainville , et lui a fait supposer que le dessinateur avait exagéré le rétrécissement postérieur du cône. La faute consiste néamoins dans la trop grande régularité des lignes concentriques , existant ordinairement sur le test même de la gaîne non chambrée antérieure , de manière qu'elles sont représentées comme les cloisons du cône alvéolaire ; cette opinion est confirmée par la figure et la description , qu'on a publiées postérieurement d'un échantillon plus parfait du *Belemnites elongatus* (voyez *Sowerby*, vol. VI, p. 178, pl. 590, fig. 1) , mais même dans cette figure les lignes du test mince de la gaîne non chambrée sont encore représentées comme les divisions du cône alvéolaire.

D'après mes nombreuses observations, ce dernier ne se prolonge jamais dans la gaîne vide que jusqu'au point où elle cesse de présenter une coquille spathisée, épaisse et feuilletée ; les cloisons cessent tout-à-coup dans l'endroit où elle devient mince, et où elle est réduite à une lame, et la cavité n'est remplie que de la matière pierreuse de la roche.

Voici mes remarques sur la *classification des Bélemnites.* L'exacte séparation et détermination des espèces est une chose très difficile , puisque la plupart de leurs formes changent avec l'âge , au moyen des nouvelles couches qui viennent se placer en recouvrement sur les anciennes. En outre, le changement dans la forme extérieure est très variable, et n'est sou-

mis à aucune règle fixe; car des Bélemnites se ressemblant
tout-à-fait dans leur jeune âge, n'offrent aucune analogie dans
un âge plus avancé, et l'accroissement dans quelques espèces
est tantôt principalement en largeur, tantôt surtout en longueur. Ainsi, on trouve souvent de jeunes échantillons du
Belemnites irregularis (Schlott.), espèce courte et épaisse
ou arrondie, qui ressemblent tout-à-fait à d'autres du *Belemnites tenuis* (nobis), espèce pointue, mince, étroite et
très longue.

M. de Blainville dit, il est vrai (p. 29), que trois différentes formes dépendantes de l'âge de l'animal se rencontrent dans la même espèce de Bélemnite, savoir : l'une sans
cavité à la base, une autre avec une cavité plus ou moins
profonde; et enfin, avec une grande cavité chambrée. Je ne
puis admettre l'opinion de ce savant naturaliste, parce que
j'ai reconnu que dans leur plus jeune âge et dans leur état
parfait, les échantillons de toutes les espèces n'ayant que
quelques lignes en longueur, présentent déjà des cavités avec
un cône alvéolaire chambré.

M. Nilson, dans ses *Petrificata succana* (1827) a démontré le premier les changemens de forme extérieure que l'âge
faisait subir aux *Belemnites mucronatus* (Schl.) et *mammillatus*.

Un autre obstacle, pour la détermination des espèces,
est le passage souvent insensible d'une espèce à l'autre,
qui est surtout évident, lorsque plusieurs espèces des divisions principales existent dans la même localité, comme
c'est souvent le cas dans les marnes du lias. Dans ce gîte,
par exemple, l'on voit les formes les plus diverses, comme
celles des *B. irregularis* et *tenuis* se rapprocher tellement,
qu'on ne peut plus dire avec certitude où l'une finit et l'autre commence.

J'en conclus donc que la forme extérieure générale ne
doit guère être prise en considération dans le classement
de ces corps.

M. de Blainville paraît attacher à tort une grande valeur
à la forme plus ou moins pointue du sommet; en effet, il y a
plusieurs espèces qui ont dans leur jeune âge des sommités

pointues, ou assez effilées, tandis que dans un âge plus avancé, ou dans la vieillesse, elles sont supérieurement toutes émoussées, ou présentent même une cavité en forme d'ombilic.

On devrait prendre davantage en considération la forme de la section transversale de la base, si dans les Bélemnites des roches feuilletées, cette partie n'était pas trop souvent écrasée, et si en général cette coupe pouvait être prise toujours à la même place, ce qui est nécessaire, puisque fréquemment une Bélemnite à contour presque circulaire à l'extrémité de la base est presque carrée vers le sommet de l'alvéole, etc.

La classification générale me paraît devoir s'appuyer, 1° sur les sillons du test, qui vont de la base au sommet; 2° sur les gouttières du test, partant de la base; 3° sur les sillons simples, doubles ou triples, qui courent du sommet à la base; 4° sur le manque de fentes ou de sillons, soit à la base, soit au sommet.

Pour la détermination des espèces, on doit encore considérer, 1° si la coquille extérieure est lisse ou impressionnée; 2° si les gouttières sont sur les côtés; 3° si, outre les trois principaux sillons, il y en a de surnuméraires; 4° si le sillon se termine brusquement ou se perd en une gouttière; 5° si la coupe de la coquille est circulaire, angulaire ou elliptique; 6° si les échantillons sont fusiformes à tout âge; 7° si la petite coquille du cône alvéolaire est lisse, à anneaux, ou ondulée, etc., etc.

Je ne puis admettre le genre d'*Actinocamax* de Miller, formant le premier groupe des divisions de M. de Blainville, qui devrait comprendre *toutes les espèces sans cavité à la base.* En effet, tous les échantillons que j'en possède d'Allemagne, de France et d'Angleterre, ou que j'ai vus dans d'autres collections, étaient plus ou moins imparfaits, et avaient perdu la cavité en question par la décomposition ou le frottement, comme Sowerby (vol. VI, p. 173 et 206) s'efforce de l'expliquer.

En Allemagne, ces espèces existent surtout parmi les cailloux scandinaves des côtes, où elles sont rejetées par la mer; elles se rencontrent aussi dans les couches de fer oolitique.

Couverts de serpules , d'huîtres , de petits zoophites , ou bien percés de lithodomes, elles montrent qu'elles ont été long-temps au fond de la mer, comme des tests d'animaux morts. Je réunis les groupes B et C de M. de Blainville, ou les *espèces avec cavité très petite ou très grande, à bord fendu , et sans cône alvéolaire ;* en effet, la grandeur de la cavité dépend de la plus ou moins grande décomposition ou altération. De même on ne peut pas baser une division sur la *non existence du cône alvéolaire*, car ce dernier manque ordinairement dans les Bélemnites de la craie, quoiqu'elles l'offrent dans un état parfait, ce que je puis démontrer par beaucoup d'échantillons de ma collection, surtout par ceux du *B. mucronatus*, quoique M. de Blainville, s'étayant du témoignage de M. de Roissy, assure que le cône alvéolaire de ces Bélemnites n'offre pas de traces de cloisons. M. Miller avance aussi le même fait.

M. Nilson dit qu'en Suède la cavité alvéolaire de cette espèce est toujours vide par suite de la pétrification ; mais que dans leur état parfait ces cônes présentent des cloisons. Sowerby n'en fait pas mention dans le *B. mucronatus ;* mais il les y soupçonne, et sur la pl. 600, fig. 4, on aperçoit dans la cavité alvéolaire les impressions des cloisons, comme aussi dans la figure de M. Alex. Brongniart (*Ossem. fossil.* , vol. II , pl. 5 , fig. 1, A B) , et dans l'ouvrage de Nilson (*Petr. suec.* , pl. 2 , fig. 1.)

J'ai retrouvé le cône alvéolaire cloisonné et parfait dans la plupart des échantillons du *B. mucronatus*, et de ses variétés, que j'ai recueillies en abondance dans différens âges, au milieu de la marne crayeuse de Lemforde, de Halden et de Rinkerode, près de Münster en Westphalie. Dans les individus très parfaits, la cavité alvéolaire est très profonde, et ordinairement moitié aussi longue que le test.

Le cône alvéolaire offre une coupe transversale circulaire ; il s'atténue en pointe aiguë, et se termine par une très petite boule ; les chambres sont très étroites au sommet, et s'élargissent toujours vers la base. Les échantillons d'un âge avancé ont souvent 40 à 50 cloisons.

Ces cônes sont surtout très distincts lorsqu'ils sont changés en calcédoine ; mais lorsqu'ils sont remplis de craie, les cloisons ne sont alors visibles que sur la coquille mince extérieure du cône, et rarement dans son intérieur ; on peut alors facilement ne pas les observer.

M. de Blainville a établi, d'après quelques morceaux isolés, sous le nom de *Pseudobelus*, un genre nouveau voisin des Bélemnites. « Ce sont des corps presque cylindriques ou » coniques très alongés, à coupe transversale circulaire, sans » cavité, à cassure compacte ou presque cristalline, avec une » espèce indistincte de test. »

J'ai recueilli plusieurs centaines de ces corps, et ai trouvé dans les échantillons parfaits que ces corps ne sont que des fragmens de véritables Bélemnites.

Plusieurs espèces de Bélemnites coniques du lias prennent très souvent, dans un âge avancé, une cavité vers le sommet qui reste très courte dans quelques unes, tandis qu'elle s'alonge fortement dans d'autres, et forme alors des tuyaux coniques ou presque cylindriques, remplis ordinairement d'une matière grenue cristalline ou à grains fins, et ressemblant à la roche empâtant les Bélemnites. Quelquefois, ces tubes sont en grande partie vides, ou des petits cristaux couvrent leurs parois, ou même remplissent entièrement leur cavité.

Lorsque ces Bélemnites se trouvent dans les marnes du lias, les sommets de la gaîne, pourvus d'une cavité, sont alors plus ou moins aplatis, tandis que la partie spathique et compacte de cette gaîne a conservé sa forme naturelle ; mais dans des roches non stratifiées, le tuyau vide reste aussi rond que les parties compactes de la gaîne.

Les exemples et les figures suivantes vont démontrer la vérité de ce que j'avance.

La figure 18 de la planche 4 offre une coupe longitudinale du *B. affinis* (nobis), qui forme un passage entre le *B. digitalis* (Faure Biguet) et le *B. tenuis* (nobis). Au sommet, au chiffre 3, on voit dans cet échantillon une cavité encore très petite, et remplie de la même matière pierreuse que la partie vide sous le cône alvéolaire.

La figure 18 de la planche 4 est un échantillon épais du *B. tenuis*, dont le sommet était vide sur une étendue plus grande que dans l'échantillon précédent, mais qui est aplati et élargi par la compression exercée par les marnes du lias.

La figure 20 de la même planche est un individu long et très épais du *B. acuarius* de M. de Schlotheim; il a atteint sa taille ordinaire. Une coupe longitudinale d'un plus grand individu est représentée dans la figure 21, et celui-ci laisse apercevoir le long tuyau creux.

La figure 19 de la même planche est notre *B. semistria- tus*, espèce très voisine et peut-être seulement une variété du *B. acuarius*. Ordinairement la coupe transversale est ronde, mais l'échantillon figuré, provenant des marnes du lias, sa partie vide est tout-à-fait aplatie par suite de compression.

Les tuyaux coniques, vides, supérieurs, sont très fragiles, même lorsqu'ils ne sont pas remplis; aussi n'en trouve-t-on que rarement des échantillons entiers dans les marnes friables du lias. Les fragmens de l'extrémité supérieure du *B. acuarius* (fig. 20) prennent alors la forme du *Pseudobelus lævis* (Blainv.), et ceux du *B. semistriatus*, non aplatis, mais ronds, celle du *Pseudobelus striatus* (Blainv.).

Quelquefois lorsque le tuyau conique est vide et qu'il est cassé à sa base, le reste de l'extrémité inférieure et épaisse de la Bélemnite ressemble, quand cette dernière est lisse, à la *B. digitalis* ou *affinis;* mais quand le sommet sur l'étendue occupée par le tuyau est sillonné ou à stries fines, cette partie offre de l'analogie avec le *B. penicillatus* (Schloth.).

Il faut encore remarquer que la cavité au sommet des Bé- lemnites ne s'est pas encore présentée à moi dans celles de la craie et du jura. Pour être certain de ce fait, j'en ai cassé un grand nombre d'échantillons et en ai fait scier d'autres; je n'y ai jamais trouvé une cavité régulière ou remplie de matière étrangère, mais toujours jusqu'au sommet les la- melles du test superposées les unes aux autres, et le test n'est altéré que lorsqu'il est empâté dans le silex ou dans le grès.

Le plus grand nombre des espèces de Bélemnites dans le lias présentent une cavité à leur sommet, ce qui est surtout le cas dans les espèces coniques qui ont un ou trois sillons au sommet; néanmoins tous les individus des mêmes espèces n'offrent pas cette particularité. D'une autre part, je ne l'ai jamais aperçue dans les échantillons des espèces en forme de fuseau, qui existent dans le lias, quoique je possède des individus très alongés de ce groupe de Bélemnites. Les cavités ne se rencontrent pas non plus dans le *B. pyrami-dalis* (nobis) et dans une de ses variétés, le *B. quinque sul-catus* (Blainv.), soit du lias, soit des oolites inférieures. Dans ce dernier dépôt cette espèce atteint une taille quatre à dix fois plus grande que dans le lias. Enfin dans cette espèce comme dans le *B. brevis* (nobis), et surtout dans les jeunes individus, le cône alvéolaire s'étend souvent jusqu'au sommet, et forme en quelque sorte le passage aux Orthocères. Dans les individus âgés de ces espèces le cône alvéolaire n'occupe que deux tiers à trois quarts de la gaîne.

Les Bélemnites sont des fossiles aussi intéressans pour la géologie que pour la zoologie, et caractéristiques du sol secondaire, tant en général que dans ses divisions principales; c'est au moins le cas en Allemagne.

Je n'ai jamais vu une véritable Bélemnite dans les terrains intermédiaires.

Il est vrai que j'ai obtenu quelquefois des Bélemnites que des mineurs disaient provenir de ce sol, mais un examen plus attentif m'a convaincu chaque fois qu'ils étaient dans l'erreur. On a envoyé souvent sous ce nom des Orthocères lisses, de manière que ces deux espèces de fossiles sont encore confondus sous le même nom dans quelques collections d'Allemagne.

Je n'ai pas non plus trouvé de Bélemnites dans le calcaire de montagne des Anglais, dans le Zechstein et leurs dépendances.

Jusqu'ici je n'en ai pas rencontré, dans le groupe géologique formé par le grès bigarré, le Muschelkalk et le Keuper, dans le sud et le nord de l'Allemagne. Les indications anciennes de MM. de Schlotheim et Haussmann, relativement au *B. paxillosus* qui devait exister dans le Muschelkalk de Gottingue, ont été reconnues fausses; car ces marnes bélemnitifères appartiennent au lias, et gisent sur le Muschelkalk, comme l'a détaillé M. Fr. Hoffmann (Voyez *Teuschland geologisch dargestellt*, par M. Keferstein, v. 5, pag. 582.)

Toutes mes observations tendent à confirmer qu'*en Alle-*

magne le lias est la plus ancienne formation où l'on trouve des Bélemnites, surtout en abondance et dans toutes les couches. Depuis ce dépôt ce fossile s'étend dans tous les groupes secondaires plus récens jusqu'à la craie inclusivement.

Dans les dépôts supérieurs au terrain crayeux, je n'ai jamais vu des Bélemnites parfaites ; mais bien des morceaux décomposés et roulés, ainsi que des Ammonites dans le même état, comme, par exemple, dans les couches tertiaires d'Osnabruck et de Cassel, où ces fossiles, mêlés à beaucoup de cailloux, offrent des espèces des oolites inférieures et du lias de la chaîne du Weser, et sont couverts de petites Huîtres, de Balanes et de Zoophytes tertiaires. Ils n'appartiennent donc pas plus à ce dépôt que les cailloux, qui offrent dans leur milieu les mêmes Bélemnites et Ammonites.

Chacun des quatre groupes principaux du sol secondaire récent a quelques espèces particulières de Bélemnites qui le caractérisent.

1° *Toutes les espèces de la formation crayeuse de l'Allemagne ont à la base une courte fente qui cesse brusquement, ou se prolonge en gouttière.*

J'ai aussi observé cette particularité dans les échantillons parfaits de Bélemnites crayeux que j'ai obtenus d'Angleterre, de Suède et de France.

2° *Dans les couches supérieures du Jura allemand toutes les Bélemnites en forme de fuseau, ont à la base une gouttière, qui n'est jamais plus longue que la moitié de la gaîne, et qui n'est jamais fendue comme dans la craie.*

3° *Dans les oolites inférieures, le fer oolitique et leurs lits subordonnés, on trouve encore dans les couches supérieures des Bélemnites à gouttières vers la base, mais ces dernières vont jusqu'au sommet ; dans les couches marno-calcaires endurcies et bordant sur le calcaire jurassique, ces Bélemnites sont encore en forme de fuseau,* comme le *B. canaliculatus* avec ses variétés ; *plus bas elles cessent d'avoir cette forme, et dans les oolites et les bancs ferrifères apparaissent les dernières Bélemnites avec une gouttière partant de la base,* savoir, le *B. sulcatus* (nobis), comprenant les deux espèces des *B. apiciconus* et *acutus* de M. de

Blainville. *Dans le lias je n'ai point encore vu de Bélemnites à gouttières à la base.*

Les autres Bélemnites du groupe oolitique inférieur montrent déjà plus d'analogie avec celles du lias.

4° Parmi les nombreuses espèces de Bélemnites du lias, je crois que deux groupes de ce genre le caractérisent, savoir, celles qui n'ont au sommet qu'une gouttière courte, comme les *B. irregularis* et *tenuis* (nobis), et toutes les variétés intermédiaires; et *celles qui sont coniques, souvent très longues, à trois gouttières courtes au sommet, entre lesquelles il y a quelquefois des stries fines,* comme les *B. tripartitus* et *acuarius,* et les espèces intermédiaires.

L'oolite inférieure renferme plusieurs espèces du groupe à deux gouttières courtes, ainsi que quelques espèces du quatrième groupe de ce genre, savoir, celles qui n'ont de gouttière ni au sommet ni à la base.

NOTE.

Les conclusions précédentes sur la distribution géologique des Bélemnites doivent avoir une grande valeur, vu la vaste collection de M. le comte Münster et ses nombreuses recherches ; néanmoins peut-on déjà généraliser ces déductions applicables à l'Allemagne, et doit-on, par exemple, exclure tout-à-fait les Bélemnites du sol intermédiaire et du Muschelkalk ?

Si les Bélemnites des Alpes paraissent être secondaires, certaines citations des Bélemnites intermédiaires sont encore à vérifier ; ainsi M. Lill en a mentionné avec doute dans cette position en Podolie, et M. Voltz a désigné, sous le nom de *B. dubius,* un fossile dans un marbre noir de Cascastel aux Pyrénées, où il est associé avec des Orthocères. Néanmoins il faut reconnaître que les probabilités augmentent journellement pour l'exclusion totale des Bélemnites du sol intermédiaire, du moins en Europe et dans l'Amérique septentrionale. Il faudra voir si l'on peut étendre cette exclusion aux mêmes dépôts observés dans d'autres zones du globe.

D'une autre part, je crois qu'il en est tout autrement de

l'existence des Bélemnites dans le Keuper, le Muschelkalk, et même peut-être le grès bigarré. D'abord, je crois moi-même en avoir observé dans le Muschelkalk véritable, sur le bord occidental du Thuringerwald, entre Vasungen et Hilburghausen. Cette Bélemnite était dans le banc rempli de ces corps cylindroïdes ou en forme de rubans et branchus, qui sont ou des gros fucoïdes ou bien des portions d'Isis. J'insisterais d'autant moins sur ce fait, si je n'avais pas entendu dire que le Muschelkalk du Wurtemberg offrait rarement des Bélemnites. Récemment encore, M. d'Althaus a reconnu une alvéole de ce genre dans ce dépôt à Marbach, mais il n'en a pas vu la gaîne. M. Voltz ne doute pas non plus du fait.

Si, malgré les circonstances défavorables à la conservation des Bélemnites lors du dépôt du Muschelkalk, ce genre singulier a trouvé moyen de s'y conserver quelquefois; à plus forte raison on ne doit pas l'exclure du Keuper, qui offre tant de fossiles du lias dans sa partie supérieure, et dont la grossièreté du grain indique un charriage violent et des accidens destructeurs de la vie animale.

D'une autre part, le Muschelkalk étant lié intimement au grès bigarré, plusieurs fossiles du premier dépôt se trouvant dans les assises supérieures du dernier, je ne vois pas encore de raisons plausibles pour croire que les Bélemnites n'existaient pas lors de la formation du grès en question, qui est un résultat de phénomènes volcaniques épouvantables et de destructions immenses.

L'on n'a pas encore trouvé de Bélemnites dans ce grès, cela est vrai; mais les animaux du monde primitif n'ont pu nous être conservés en général dans les couches terrestres que dans les momens où ils étaient déjà nombreux et dans les circonstances favorables à leur ensevelissement. En parcourant la paléontologie distribuée géologiquement, le même fait s'aperçoit à chaque instant. Le sol intermédiaire recèle quelques débris de poissons (*Acipenser* en Écosse), c'est-à-dire ces animaux étaient déjà assez nombreux, puisque, malgré les circonstances défavorables à leur conservation, ils ont laissé çà et là leurs restes. Le Zechstein offre des amphibies; mais les espèces qu'il en recèle ne doivent être qu'une petite partie de celles qui ont vécu lors de son dépôt, et qui ont dû préexister à cette période, puisque leurs débris se trouvent dès la première assise de ce terrain calcaire.

Depuis le zechstein jusqu'à la craie, les amphibies ont été très nombreux et très variés, et quelques espèces ont pu se conserver dans certains dépôts, comme le lias, ou dans quelques localités favorisées, comme sur quelques points du grès vert, ou dans le dépôt de Stonesfield. Les insectes de Pappenheim ne prouvent-ils pas l'abondance de ce genre d'animaux lors du dépôt jurassique et les didelphes du même sol, l'existence de nombreux quadrupèdes lors de l'époque secondaire? Telles sont les idées rationnelles d'après lesquelles j'ai cru devoir traiter la distribution géologique des animaux et des plantes dans mon tableau synoptique des formations (voyez *Mémoires in-4° de la société linnéenne*, vol. 1, 1829, chez Lance, Paris).

J'en crois pouvoir déduire que les *Bélemnites ont vécu très probablement tout le temps qu'a duré l'époque secondaire*, et pour moi c'est encore le genre de fossile qui caractérise le plus exclusivement en Europe et dans l'Amérique septentrionale le sol secondaire. Or, zoologiquement ce dernier ne s'étend réellement sous un point de vue général que jusqu'au Zechstein. Ce dernier calcaire, accident particulier de l'Europe centrale, est par ses fossiles une dépendance du sol intermédiaire récent; le dépôt houiller l'en sépare, mais seulement accidentellement, parce que la formation de ce dernier n'est qu'une suite des soulèvemens et des éruptions plutoniques qui ont travaillé à cette époque tant de parties de la zone glaciale et tempérée septentrionale du globe. Sans cet enfouissement violent et immense de végétaux, sans ces dénudations éprouvées subitement par certains points de la terre, le Zechstein n'aurait formé que la dernière assise du calcaire de montagne, et n'aurait pas acquis çà et là sa composition particulière bitumineuse ou magnésienne et ses accidens métallifères.

DISTRIBUTION GÉOLOGIQUE

DES PÉTRIFICATIONS DE LA SUÈDE.

PAR M. HISINGER (1).

Il y a douze ans que l'on ne comptait que cent quatre espèces de fossiles en Suède; maintenant leur nombre s'élève au moins à trois cent vingt, sans compter les trente-huit espèces de mollusques renfermées dans les alluvions anciennes, et dix-sept espèces de végétaux. La connaissance des pétrifications de la Suède a été avancée par l'ouvrage de Nilsson (*Petrificata Suecana*, in-fol. avec des planches, 1827); par celui de Dalman (*Uber die Palæaden*, in-4°, avec des planches, 1828); par ses mémoires et ses figures sur les fossiles intermédiaires et sur les Térébratules, dans les mémoires de l'Académie des sciences de Stockholm, pour 1824, 1826 et 1827; par le mémoire de Wahlenberg dans le 8° volume des actes de la Société des sciences d'Upsal; par celui d'Agardh sur les plantes fossiles dans les mémoires de l'Académie des sciences de Stockholm, pour 1823; par ceux de Nilsson, dans le même recueil, pour 1819, 1820, 1823 et 1825; et par ceux de H. Hisinger, dans le même recueil, pour 1826, et dans ses *Anteckingar i physik och geognosie*. M. Adolphe Brongniart a aussi figuré quelques plantes de la Suède (*Ann. des sc. nat.*, vol. 4).

Dans la *formation intermédiaire coquillère*, on peut distinguer le *schiste alumineux* et le *calcaire*. Dans le *premier dépôt*, alternant avec du calcaire fétide, on rencontre les *Olenus* Dalm. (*Paradoxides* Bgt.) *Tessini* (Walh.), *bucephalus* W.° *spinulosus* W., *gibbosus* W. et *scarabæoïdes* W., les *Battus* (*Agnostus*) Bgt. *pisiformis* D., *var. spiniger* D., et *lævigatus*, l'*Atrypa lenticularis* D.

(1) Extraits d'une *Esquisse d'un Tableau des pétrifications de la Suède*; nouvelle édition française, in-8°, de 43 pages. Stockholm, 1830.

Dans les couches calcaires anciennes, les *Calymene Blumenbachii* Br., *bellatula* D. *ornata*, D., *polytoma* D., *actinura* D., *sclerops* D., *clavifrons* D., et *speciosa* D.; les *Asaphus mucronatus* Br., *extenuatus* W., *angustifrons* D., *heros* D., *expansus* W., *braniceps* D., *frontalis* D., *læviceps* D., *palpebrosus* D. et *Sulzeri* D., les *Nileus Armadillo* D., et *glomerinus*, les *Illænus Centaurus* D., *centrotus* D., *crassicauda* W., et *laticauda* W., l'*Ampyx nasatus* D., et *pachyrrhinus* D., les *Lituites Lituus* H. et *convolvans* H., la *Conularia quadrisulcata* Sow,, les *Orthoceratites communis* W., *giganteus* W., *trochlearis* D., *turbinatus* D., *centralis* D., et *striatus* H., *Turbo bicarinatus* W., les *Delphinula æquilatera* W. et ? *Obvallata* W., l'*Evomphalus centrifugus* ? W., le *Trochus ellipticus* H., les *Patella* ? *conica* W. et ? *pennicostis* W., le *Cardium carpomorphum* D., les *Leptæna* (*Productus* Sow.) *rugosa* H., *euglypha*, var. *deflexa* D., et *transversalis* W., les *Orthis Pecten* D., *zonata* D., *callactis* D., *calligramma* D., *testudinaria* D., *demissa* D., et ? *novemradiata* D.; les *Delthyris subsulcata* D., ? *Psittacina* W., ? *jugata* W.; les *Atrypa canaliculata* D., *Dorsata* H., *Nucella* D., *Cassidea* D., ? *Micula* D., le *Terebratula plicatella* L., les *Sphæronites pomum* W. et *Granatum* W., le *Calamapora spongites* Goldf. et l'*Astrea ananas* L., le *Cyathophyllum turbinatum* Goldf. et le *Fucoïdes circinnatus* Ad. Brgt.

Dans les *couches calcaires plus récentes ou de Gothland*, l'on trouve les *Cytherina balthica* H. (Syn. C. Hisingeri Münster) et *Phascolus* H., les *Calymene Blumenbachi* B., B. *pulchella* D., *punctata* W., *concinna* D., et ? *pustulata* Schl., l'*Asaphus caudatus* B., le *Nautilus* ? *complanatus* H., le *Lituites Lituus* ? H. les *Orthoceratites imbricatus* W., *angulatus* W., *annulatus* Sow., *undulatus* H., et *crassiventris* W., ? *Ammonites Dalmanni* H., *Turbinites*, *Delphinula æquilatera* W., *Cornu arietis* W., *alata*, *catenulata* W., *funata* Sow., et *subsulcata* H., les *Evomphalus angulatus* W., *substriatus* H., *centrifugus* W. et *costatus* H., la *Turritella ungulata* H., la ? *Gryphæa arcuata* Lam., la *Modiola Gothlandica* H., une *Tellina* ? les *Lep-*

tæna rugosa H., *depressa* Sow., *euglypha* D. et *trans-versalis* W.; les *Orthis Pecten* D., *striatella* D., *basalis* D., *elegantula* et *pusilla* H.; les *Cyrtia* (*Spirifer* Sow.) *exporrecta* W., et *trapezoïdalis* H. ; *Delthyris elevata* D., *cyrtæna* D., *crispa* D., *sulcata* H., *ptychodes* D., ? *Pusio* H., et *cardiospermiformis* H., la *Gypidia* (*Pentamerus* ? Sow.) *conchidium* L. D.; les *Atrypa reticularis* W., var. *alata* H., *aspera* Schl., *galeata* D., *Prunum* D., *tumida* D. et ? *tumidula* H.; les *Terebratula lacunosa* L. D., *plicatella* L. D., *cuneata* D., *diodonta* D., *bidentata* H., *marginalis* D. et *didyma* D., la *Serpula Lituus* ? Schl.; *Apiocrinites* ? *scriptus* H., *punctatus* H., *Encrinites* ? Mill. *Poteriocrinites* Mill. *Marsupites ornatus* Mill., *Catenipora escharoïdes* Lam. et *labyrinthica* Goldf. *Aulopora serpens* Gold., et *tubæformis* Gold., *Syringopora reticulata* Gold. *verticillata* ? Gold., *fascicularis* W. ?, *Serpula* W., *Calamopora Gothlandica* Lam., *baltica* Gold. (Bety) *Spongites* Gold., *Flustra lanceolata* Gold., *Sarcinula organum* L. Gold. *Astrea favosa* L. W., *Ananas* L. (*Cyathophyllum Ananas* Gold. *interstincta* W. (*A. porosa* Gold.), *Meandrina, Fungites patellaris* Lam. et *rimosus* H., *Cyclolites numismalis* Lam., *Turbinolia turbinata* L., var. *verrucosa* H., var. *echinata* H., *mitrata* Schl. Gold., var. *obliqua* H., var. *furcata* H., *pyramidalis* H., *Cyathophyllum turbinatum* Gold., *Ceratites* Gold, *vermiculare* Gold., *flexuosum* Gold., *cæspitosum* Gold. et *articulatum* Gold. *Lithodendron* Gold. *Caryophyllia explanata* H., *truncata* Gold., *Millepora* ? *repens* W. et ? *solida, Nullipora* Lam. *Retepora clathrata* Gold., *Scyphia empleura.* Gold.

Dans le *schiste argileux et marno-argileux de la Vestrogothie et d'autres parties de la Suède*, on a reconnu jusqu'ici les fossiles suivans : *Calymene verrucosa* D. et ? *centrina* D., *Asaphus mucronatus* Br., *granulatus* W. et *platynotus* D., *Illænus*? *laciniatus* W., *Ampyx nasutus* D., *Patella concentrica, Leptæna rugosa, Orthis Pecten* D., *Atrypa reticularis* W. et ? *crassicostis* D., *Encrinites flexibilis* W., *Sphæronites aurantium* W., *Retepora Priodon* (*Graptolithes sagittarius,* etc., H. *et Fucoïdes antiquus* H.).

Le *grès du lias de Gothland* a offert les pétrifications suivantes : *Calymene Blumenbachi* Br., *Cytherina Phascolus* H. ?, *Belemnites, Turritella, Plagiostoma giganteum* Sow., *Avicula retroflexa* W. et *reticulata* H., *Arca, Pectunculus, Leptæna euglypha, Orthis Pecten* et *striatella, Delthyris sulcata, Atrypa reticularis* et *Terebratula plicatella*.

Les *oolites secondaires* de Gothland n'ont présenté jusqu'à présent que l'*Avicula retroflexa*, des Arches, des Pectoncles, l'*Aulopora serpens* Gold., la *Calamopora Gothlandica* Lam., la *Flustra lanceolata* Gold., et le *Phacites Gothlandicus* W.

Dans le grès charbonneux et d'argile schisteuse carburée d'Hoeganaes, etc., on a vu des dents de crocodile, un *Labrus* ?N., des *Avicula inæquivalvis* Sow., des Donaces, des Modioles, des Vénus, et les plantes fossiles suivantes : *Sargassites septentrionalis* Ad. Br., *Caulerpites septentrionalis* Ad. Br., *Filicites ophioglossiformis* Agard., *Zosterites Agardhiana* Ad. Br.

Le *grès de Hoer en Scanie* renferme le *Glossopteris Nilssoniana* Ad. Br., *Pecopteris ? Agardhiana* Ad. Br., *Chlathropteris meniscioïdes* Ad. Br., *Lycopodites patens* Ad. Br., *Pterophyllum majus* Ad. Br., *minus* Ad. Br., *dubium* Ad. Br., *Nilssonia brevis* Ad. Br., et *elongata* Ad. Br., *Culmites Nilssoni* Ad. Br., des branches d'arbres, des empreintes de feuilles, et du bois charbonneux à texture fibreuse.

Le *grès vert* de Koepinge et de Kaseberga, avec des couches calcaires en partie arénacées et charbonneuses, a présenté des restes d'amphibies marins, des dents, des écailles et des vertèbres de poissons, et les coquillages suivans : *Nautilus obscurus* N., *Nodosaria sulcata* N., et *lævigata* N., *Belemnites mucronatus* Br., *Ammonites Stobæi* N., *Baculites anceps* Lam., *Scaphites* Sow., *Planularia angasta* N., *Turbo sulcatus* N., *Trochus Basteroti* Br., *lævis* N., et *onustus* N., *Pyrula planulata* N., *Rostellaria anserina* N., *Patella ovalis* N., *Ostrea lateralis* N., *vesicularis* Lam., *Hippopodium* N., et *pusilla* N., *Pecten quinquecostatus* Sow., *serratus* N., *undulatus* N., *pulchellus* N., *lineatus* N., *armatus* Sow., *corneus* Sow., *orbicularis* Sow., *mem-*

branaceus N., *lœvis* N., *inversus* N, le *Catillus Brongniarti*
N., l'*Inoceramus sulcatus* Br., les *Plagiostoma spinosum*
Sow., *semisulcatum* N., *granulatum* N. et *pusillum* N., l'*A-
vicula cærulescens* N., l'*Arca ovalis* N., le *Pectunculus Lens*
N., les *Nucula ovata* N., *truncata* N., *panda* N. et *pro-
ducta* N., la *Trigonia pumila* N., les *Cardita Esmarki* N.
et *Modiolus* N., la *Chama conica* Sow., la *Venus excita* N.,
les *Corbula ovalis* N. et *caudata* N., la *Lutraria Gurgitis*
Br., les *Terebratula curvirostris* N., *ovata* Sow., *alata*
Lam., *lævigata* N., et *triangularis* W., des Serpules, le *Dentalium* (Brochus?), le *Cycadites Nilssoniana* Ad. Br.,
des feuilles réticulées, et des débris de fruits ou de graines.

Les *couches inférieures de la craie* ou la *craie verte* de
Carlshamm, de Moerby, de Kjuge, d'Ifoe, de Balsberg et
d'Ignaberga, ont offert des dents de poissons, les *Belemnites
mucronatus* Br., et *mammillatus* N., les *Ammonites Stobæi*
N., le *Baculites anceps* Lam., la *Natica? Retzii* N., la *Patella ovalis* N., les *Ostrea lateralis* N., *vesicularis* Lam.,
clavata N., *Hippopodium* N., *incurva* N., *curvirostris*
N., *acutirostris* N., *flabelliformis* N.?, *plicata* N., *lunata*
N., et *diluviana* L., les *Pecten quinquecostatus* Sow., *sep-
templicatus* H., *dentatus* H., *serratus* H., *multicostatus* H.,
subaratus H., *pulchellus* N., *lineatus* N. et *virgatus* N., les
Podopsis truncata Lam., et *lamellata* N., le *Catillus Cu-
vieri* Br., les *Plagiostoma punctatum* Sow., *ovatum* N., *semisulcatum* N., *granulatum* N., *denticulatum* N., *pusillum*
H., et *elegans* N., les *Arca exaltata* N., et *rhombea* H., le
Pectunculus Lens N., les *Chama cornu arietis* N., *laciniata*
N., et *haliotoïdea* Sow., la *Lutraria Gurgitis* Br., les *Rhyn-
chora costata* W. et *spathulata* W., les *Terebratula De-
franci* Br., *alata* Lam., *octoplicata* Sow., *pectita* Sow.,
triangularis W., *longirostris* W., *plebeja* (*minor* N.), et
rhomboïdalis N., les *Crania spinulosa* N., *tuberculata* N.,
Nummulus Lam., et *Striata* Lam., l'*Echinus areolatus* W.,
l'*Echinoneus peltiformis*, W., les *Ceriopora milleporacea*
Gold., et *tubiporacea* Gold., les *Eschara cyclostoma* Gold.
Dans les *masses crayeuses* où la *craie blanche grossière* de
Malmoe, de Torp et de Charlottelund, on a trouvé le *Len-*

ticulites cristella N., la *Planularia elliptica* N., l'*Hamites baculoïdes* Mant., l'*Ostrea vesicularis* Lam., les *Terebratula semiglobosa* Sow., *Lens.* et *pulchella* N., la *Serpula conoïdea* ? Lam., l'*Ananchytes ovata* Lam. et *obliqua* N., le *Spatangus coranguinum* Lam.

Les *bancs coquilliers formés à Uddevalla et dans d'autres lieux de la Norvège pendant l'époque alluviale ancienne* présentent les fossiles suivans : *Turbo littéreus* L., *Rissoa turrita* Sai., *Trochus cinerarius* L., *Natica glaucina* L., *Buccinum undatum* L., *reticulatum* L., *anglicanum* ? Lam., et une nouvelle espèce, *Murex corneus* L., *Fusus antiquus* L. et *despectus* L., *Pileopsis ungarica* L., *Fissurella (Sipho* Brown), *striata* Brown., *Patella rudis* L. et *virginea* Brow., *Ostrea edulis* L., *Pecten islandicus* L., *Arca modiolus* L., *Nucula rostrata* Lam., *Mytilus edulis* L., *Cardium edule*, L., *Psammobia feroensis* Lam., *Tellina planata* L. et *balthica* L., *Venus ovata* Mont., *Cytherea exoleta* L., *Crassina striata* Brown, *sulcata* Brow., *depressa* Brow. et *elliptica* Brow., *Mya arenaria* L. et *truncata* L., *Saxicava pholadis* Lam., *Pholas crispata* L., *Balanus sulcatus* Lam. et *tintinnabulum* Lam., *Dentalium entalis* L. et *Echinus saxatiles* L.

Dans les *tourbières* ou trouve des cornes, des crânes et des ossemens du Bison, de Cerf, de Renne, de Sanglier d'Elan, et d'autres quadrupèdes qui n'existent plus dans le pays. Le tuf calcaire offre des impressions de feuilles réticulées, et d'autres débris de végétaux à Benesta en Scannie, à Omberg, à Vible près de Visby, et à Odensala dans le Jemtland.

LES PRINCIPES DE LA GÉOLOGIE,

OU UN ESSAI D'EXPLIQUER LES CHANGEMENS QUI ONT EU LIEU SUR LE GLOBE PAR LES CAUSES MAINTENANT EN ACTION.

PAR M. CH. LYELL.

M. Lyell a commencé une publication fort intéressante par sa nature particulière et par les aperçus variés qu'elle renferme. On croyait généralement que ce savant allait augmenter simplement le nombre des traités systématiques de géologie, or ce n'était nullement son but : doué d'un esprit aimant la controverse et sachant étayer les opinions les plus paradoxales d'argumens spécieux, il a entrepris de nous donner un Traité philosophique de géogénie.

Tout le monde est d'accord que le temps des anciennes théories de la terre ou des pures hypothèses est passé, la géologie a enfin, comme la physique et la chimie, ses parties positives et ses théories. Dans tout traité de géologie, il faudra donc séparer soigneusement ces deux genres de recherches, comme M. d'Omalius d'Halloy en a déjà bien tracé le plan.

Présenter un résumé de nos connaissances actuelles sur la succession des terrains et leurs dépouilles fossiles, est un travail dans ce moment assez difficile, mais néanmoins d'une exécution moins précaire qu'une géogénie philosophique.

M. Lyell a été frappé de cette idée qu'il ne fallait recourir qu'aux phénomènes déjà connus pour expliquer ceux que la géologie nous laisse entrevoir à chaque pas.

Il a voulu poursuivre cette comparaison dans tous ses détails, tandis que MM. Hutton, Maclure (*Trans. of the Americ. phil. Soc.* v. I.), Prevost (*Mém. d'hist. nat. de Paris*, v. III.) ne l'avaient fait que pour certaines parties, et que je n'avais pu qu'effleurer ce vaste sujet à la fin de mon *Essai géologique sur l'Écosse* (1820).

Lorsque tout son ouvrage aura paru, il faudra voir s'il n'a négligé aucune partie d'un problème si compliqué et si difficile vu l'état encore peu avancé des sciences chimiques et physiques. Maintenant il me suffit de donner un faible aperçu du plan adopté par cet auteur, afin de faire mieux saisir la réponse pleine de saine critique que M. Conybeare a faite aux doctrines contenues dans son premier volume. Quoique je ne puisse pas admettre toutes les idées de M. Conybeare, ce géologue se montrant consciencieux, j'ai cru utile pour la science de donner une plus grande publicité à ses observations critiques, d'autant plus qu'elles ont rapport à des questions fondamentales de la géogénie. Plus tard j'y joindrai probablement un mémoire où M. Daubeny combat les idées de MM. Lyell et Scrope sur la théorie diluvienne et l'origine des vallées de l'Auvergne (*New. Edinb. phil. journ.*, avril 1831).

M. Lyell entre en matière par l'historique de la science, ce qui le force à parler de toutes les principales théories de la terre et des progrès récens de la géologie. Après cette espèce d'introduction, on aurait pensé qu'il était logique de commencer par l'examen des phénomènes géologiques les plus simples qui ont lieu journellement sous nos yeux; M. Lyell n'en a pas jugé ainsi, car de prime abord il a traité la grande question de la température jadis plus grande dans notre zone tempérée et glaciale. Ce n'est point par le refroidissement graduel du globe incandescent que l'auteur cherche à rendre compte de ce changement de température; mais il combine pour cela toutes les données fournies par la série des restes organiques, par les causes de la diversité des climats, et par la distribution géographique des continens aux diverses époques géologiques. Si l'hémisphère septentrional pouvait être replacé de nouveau dans les mêmes circonstances particulières, qu'à une ou l'autre période géologique sous considération, il reprendrait une température plus élevée qu'actuellement.

De ce problème, le plus compliqué de la géologie, l'auteur passe à la considération du développement successif de la vie organique sur le globe depuis les temps anciens jusqu'à l'époque actuelle. Il n'a pas de peine à montrer que les zoo-

logues ont voulu tirer trop souvent des conclusions générales
de faits encore peu nombreux ou mal saisis. Si on aime à
reconnaître dans cette discussion un homme ne cherchant
que la vérité, les observations de nos descendans montre-
ront s'il faut absolument rejeter avec lui comme imaginaire eette succession de créations toujours plus parfaites.
Dans les mémoires qui précèdent celui-ci, j'ai déjà çà et là
combattu pour les mêmes doctrines sans oser m'aventurer
si loin.

Le reste de son premier volume est entièrement consacré
à l'examen des phénomènes volcaniques de tous genres et à
ceux produits par les eaux fluviatiles, lacustres et marines :
ces derniers lui semblent fournir des moyens puissans de
destruction et de reproduction des continens, et il s'efforce
d'établir qu'ils ont tellement de force, que toutes les grandes
vallées actuelles ont pu dériver de l'action des eaux courantes. D'une autre part, il cherche à prouver que les effets
de l'eau et des agens volcaniques n'ont point diminué depuis
les temps géologiques les plus anciens jusqu'à l'époque actuelle. La nature serait restée toujours la même.

Son second volume est une compilation judicieuse sur les
questions générales d'histoire naturelle qui ont rapport à la
géologie. Il définit l'espèce, ses variétés individuelles et
les hybrides, et donne les notions générales sur la distribution géographique des plantes et des diverses classes d'animaux et sur ses causes probables.

Tout en admettant différens centres de créations, il pense
que dans tous les lieux du globe de pareilles générations
spontanées ont pu avoir lieu, et modifier ainsi la distribution
des espèces parties originairement d'un centre commun.

Il s'occupe plus loin des effets de la vie végétale et animale sur le globe et de leur influence, ainsi que de celle de
l'homme sur les dépôts qui se forment encore actuellement.
A cette occasion, il parle des certains modes de pétrifications, et surtout de la formation des récifs ou îles de calcaire à polypiers. Ces petits zoophytes ne sécrèteraient pas
la matière calcaire, mais la soutireraient de la croûte infé-

rieure du globe , d'où la chaleur souterraine la ferait sans cesse monter sous la forme de gaz.

Le troisième volume de cet ouvrage sera consacré en partie, dit-on, aux effets produits sur le globe par les mollusques, et contiendra les tableaux conchiliogiques dressés par M. Deshayes à l'appui de sa nouvelle doctrine concernant l'origine des terrains tertiaires.

EXAMEN

DES PHÉNOMÈNES DE LA GÉOLOGIE ,

QUI SEMBLENT AVOIR LE RAPPORT LE PLUS DIRECT AVEC LES IDÉES THÉORIQUES.

PAR M. W. D. CONYBEARE (1).

En géologie, on peut suivre deux méthodes. On peut commencer par l'observation des effets des causes actuellement agissantes , et passer ensuite à la considération des changemens géologiques qui ont eu lieu aux périodes plus anciennes, espérant éclaircir ces derniers par les connaissances acquises dans cette marche du connu à l'inconnu. D'une autre part, on peut aussi passer en revue les phénomènes géologiques dans leur ordre chronologique, en commençant par les plus anciens, et en classant, aussi bien que possible, les effets observés dans les diverses époques, jusqu'aux temps actuels , et en comparant ensuite tous ces phénomènes, pour voir s'ils indiquent une opération uniforme et constante des mêmes causes, agissant avec la même intensité , et sous les mêmes circonstances, ou bien s'il y a eu un changement graduel sur tous ces points, et si les périodes successives ont fait surgir des circonstances qui ont modifié considérablement les forces primitives. C'est cette dernière méthode que je préfère.

Les phénomènes de la géologie se divisent en deux espè-

(1) Extrait des *Annals of philos.*, novemb. et décemb. 1830, et janv. — avril 1831.

ces; ceux qui indiquent une action ignée, et l'opération des soulèvemens et des dislocations, et ceux qui font présumer l'action de l'eau, et l'opération des forces d'excavation. Sur ces deux points, je suis en désaccord avec M. Lyell, qui pense que les forces agissant sur notre planète ont été toujours et invariablement les mêmes, de manière que les dislocations des couches, et tous les produits pyrogènes seraient le résultat d'actions volcaniques ayant eu lieu avec la même énergie, et sous les mêmes circonstances qu'actuellement, ce qui tendrait à rendre encore possible le renouvellement de tous les phénomènes observés. Je pense tout le contraire, c'est-à-dire que les forces ont diminué insensiblement des temps anciens aux temps modernes, et que l'état actuel de notre planète est comparativement un temps de repos (1).

PREMIÈRE PARTIE.

1° *Le phénomène qui doit d'abord attirer notre attention, c'est la forme générale du globe terrestre et aqueux, qui est celle d'un sphéroïde de rotation, ce qui montre que cette masse a dû être en grande partie fluide avant de prendre cette forme.*

Il en résulte que le globe est encore fluide ou a cessé de l'être. Si on accorde la première supposition, on reconnaît que les causes qui ont produit les bouleversemens géologiques ont agi sous des circonstances différentes de celles actuellement existantes, car rien n'est plus différent qu'un globe fluide comparé à un globe solide.

Mais on pourrait se rejeter sur la fluidité de la masse centrale actuelle sur laquelle flotterait la surface terrestre, et s'étayer de ses oscillations ou des tremblemens de terre. Dans cette hypothèse, je demanderais si on suppose une fluidité ignée ou aqueuse. Le dernier cas est démontré impossible par la pesanteur spécifique de notre planète; donc, la

_____

(1) Il nous semble qu'on ne peut pas se refuser de croire que les forces inhérentes au globe sont toujours les mêmes, mais les circonstances qui ont modifié sa surface, ont altéré ou rendu moins sensible la manifestation de ces forces dans la croûte terrestre.   (A. B.)

première supposition est la vérité. On aura donc un noyau igné, qui s'est couvert de diverses couches pendant une succession d'âges. Mais si cela a été ainsi, les circonstances physiques sont donc maintenant bien différentes de ce qu'elles étaient avant que le premier dépôt eût encroûté la masse ignée, car actuellement une croûte très épaisse oppose une résistance à toute action du fluide igné, sous-jacent, et les effets du refroidissement ont agi pendant tout le temps de la formation des dépôts de la surface.

2° *Par les restes organiques nous sommes sûrs que la plus grande proportion* (peut-être les neuf dixièmes) *des roches stratifiées, depuis la couche intermédiaire la plus inférieure jusqu'à la surface de nos continens, a été déposée sous la mer graduellement, et lentement pendant un long espace de temps, et à fortiori, les roches inférieures à ces dépôts ont dû être situées sous la mer; donc, toute la masse de nos continens a été sous ce liquide.*

3° *On trouve placé entre les couches, et au travers d'elles, des masses non stratifiées que leurs accidens font regarder généralement comme d'origine volcanique ancienne.*

4° *Les dérangemens dans les couches, postérieurement à leur formation, tels que les failles, l'inclinaison, et le contournement des couches montrent qu'elles ont subi des dislocations mécaniques très considérables.*

Ces causes sont celles qui ont soulevé les continens et ont fait sortir ces derniers de l'océan, et nous trouvons dans les éruptions volcaniques mentionnées une cause capable de produire des dislocations. Il est clair que cette action volcanique a affecté la surface avec plus ou moins de violence à différentes périodes, en proportion des plus ou moins grandes dislocations observées pendant ces époques.

5° Dans toutes les contrées examinées, nous trouvons que ces dislocations ont agi sur les formations anciennes, avec le plus de violence, et même à un degré infiniment plus grand que sur les terrains plus récens. Ainsi, les formations intermédiaires sont partout, et très fortement dérangées; la série carbonifère est bouleversée très généralement et considérablement, et le grès bigarré et ainsi que toutes les couches supérieures dans la plupart des contrées, sont, comparativement, très peu dérangées, quoique des failles, etc., s'y rencontrent aussi, et prouvent que les mêmes causes perturbatrices agissaient encore, quoique avec une énergie fort diminuée. Néanmoins, dans quelques localités restreintes, eu égard aux surfaces des continens, ces dérangemens s'étendent jusque dans le sol tertiaire.

En général (1), il paraît que ces localités sont dans le voisinage de très hautes chaînes. Il semble reconnu que la hauteur de ces chaînes est en proportion de l'époque géologique pendant laquelle les couches voisines paraissent avoir été soumises à l'action violente des forces perturbatrices. Enfin, dans la période géologique actuelle, comprenant tout le temps écoulé depuis que les continens ont pris leur forme générale actuelle, l'action violente des forces perturbatrices a été confinée dans les districts des soupiraux volcaniques en activité. Si ces contrées sont étendues, considérées à part, elles ne sont en aucune proportion rationnelle avec la prédominance universelle de ses forces, au milieu des formations les plus anciennes. De même, vues isolément, les per-

---

(1) Je dis en général, parce que la côte sud de l'île de Wight et du Dorsetshire présente une exception ou un dérangement dans la craie et le sol tertiaire inférieur sans production de montagnes. J'avais publié la loi précédente sur la hauteur des chaînes, relativement aux périodes de bouleversemens en 1823, dans le cahier de janvier des *Annales de philosophie*, et j'avais cité comme exemples les Alpes et les Pyrénées. C'est cette idée, peut-être neuve pour le temps où j'écrivais, que M. E. de Beaumont paraît avoir reproduite récemment.

Il me semble que les déductions de M. Conybeare ne correspondent pas entièrement avec celles de M. de Beaumont ou les miennes, car nous admettons tous deux que, si les soulèvemens ont embrassé une plus grande étendue de pays dans les temps anciens que dans les modernes, et si leurs effets ont été en décroissant, néanmoins il n'en a point été ainsi de la hauteur des montagnes formées aux diverses époques de bouleversemens, puisque tous deux nous reconnaissons que pendant l'époque alluviale quelques unes des plus hautes chaînes de la terre ont été formées; nous voulons parler ici du Mont-Blanc. Il semble que ce fait est en désaccord avec l'opinion de M. Conybeare.   (A. B.)

turbations les plus considérables qui aient lieu actuellement disparaissent malgré leur étendue souvent grande, lorsqu'on les compare avec les bouleversemens éprouvés par les plus anciens dépôts.

Je vais examiner plus en détail les principes énoncés ; je pourrai montrer ce qu'on peut considérer comme déjà prouvé par des observations certaines, et indiquer jusqu'où ces dernières peuvent s'étendre, vers quels buts elles doivent être dirigées, avant que nous possédions un jour des données suffisantes pour une théorie géogénique complète.

D'abord, pour le principe général de la recherche, je suppose un nombre quelconque de couches stratifiées, A, B, C, D, placées les unes sur les autres dans l'ordre précédent, A étant la plus inférieure, et dérangées par des forces perturbatrices. Je suppose encore qu'elles indiquent tous les effets de ces forces.

Il est évident que cela pourra résulter de deux différens modes d'opération de ces forces, où elles auront agi fréquemment pendant la formation de chacune des couches dérangées, ou seulement une fois postérieurement au dépôt de toutes. Il faut d'abord déterminer le premier point. La seule méthode pour y parvenir, c'est de voir si les couches sont conformes ou non conformes ; si elles sont conformes, elles n'ont pu subir qu'un bouleversement ; si, au contraire, la couche A a été redressée avant la formation de la couche B, etc., il est évident que la dernière ne pouvait pas se conformer aux dislocations de la première.

Reconnaître la concordance ou la discordance de couches, est de la première importance pour établir des théories sur les âges des dérangemens géologiques. On a fait cette recherche jusqu'à un certain degré pour les grandes formations aggrégées ; mais il reste encore beaucoup à faire pour pouvoir pousser cette étude jusqu'aux couches, ce qui seul nous donnera les limites exactes des perturbations éprouvées.

Les dérangemens paraissent être universels dans le sol intermédiaire, comme on le voit sur les côtes du Devonshire, du Cornouailles, du Berwickshire en Écosse, etc. Je n'ai jamais vu ces roches non dérangées, ni lu une description où

l'on ait rapporté qu'elles n'auraient pas subi les bouleversemens les plus violens (1).

La période d'une grande partie de ces dérang emens paraît
avoir précédé la formation carbonifère, quoique les roches
intermédiaires ont dû être affectées par les perturbations suivantes; ainsi, nous trouvons un manque de concordance entre
ces deux dépôts, et les plans de stratification des roches de
transition ont été fortement contournés avant d'être recou
verts par ceux de la série carbonifère. Il y a même quelques
difficultés à faire les observations nécessaires, car la grauwacke a ordinairement un faux clivage non parallèle aux
plans véritables de stratification, qui ne peuvent être observés que par le tracé du contact de couches hétérogènes,
comme celui des grauwackes et des calcaires, etc. Ainsi on
s'est assuré de la position transgressive des roches intermédiaires du nord-ouest de l'Angleterre, et des couches carbonifères supérieures de la chaîne de Crossfell. On observe la
même discordance des roches carbonifères et intermédiaires
dans la partie méridionale du pays de Galles, le long du bord
nord du bassin houiller.

Dans le Sommersetshire, le contact en question est caché
par le grès bigarré. En Écosse et sur le continent, on ne paraît pas avoir encore fait des observations semblables (2). En
Irlande, les roches carbonifères des districts houillers de
Connaught et de Leinster reposent d'une manière transgressive sur des formations plus anciennes. M. Weaver a détaillé

(1) Je pense que M. Conybeare va trop loin, car déjà en Europe
nous connaissons plusieurs localités où le sol intermédiaire assez récent est horizontal et non dérangé; dans ce cas est le calcaire à orthocères et le grès rouge de la Podolie; celui des bords russes de la
Baltique offre çà et là cette particularité; et ne revoit-on pas la même
chose près des grands lacs de l'Amérique septentrionale ? (A. B.)

(2) En Europe, on a bien observé la position des dépôts houillers
sur le sol intermédiaire, et on les a vus sur lui en stratification transgressive comme en Saxe, ou lié à ces dépôts comme en Westphalie
et en Belgique; mais la série carbonifère des Anglais n'étant bien
développée que dans ces derniers pays, on n'a pas, il est vrai, des
données exactes sur son gisement à l'égard des grauwackes du Harz
et d'autres contrées.   (A. B.)

ce fait dans ses beaux Mémoires sur le sol de l'Irlande.

Les couches carbonifères sont dérangées considérablement et généralement, mais beaucoup moins que le sol intermédiaire inférieur. Ainsi, les couches de Crossfell, et du bassin houiller de Durham ont rarement une inclinaison de plus de 10°, quoiqu'elles présentent souvent des failles très considérables, et produisent des dislocations de près de 1,000 pieds (1). Les mêmes remarques s'appliquent au bassin houiller du Derbyshire. Celui du pays de Galles méridional est bouleversé très inégalement ; rien ne peut surpasser les dérangemens d'une portion du Pembrokeshire. (Voy. *Trans. géol.*, deuxième Sér., vol. I.) Dans le Glamorganshire, la partie nord du terrain charbonneux n'offre généralement que de petits angles d'inclinaison d'environ 12° ; mais il y a là plusieurs failles considérables, et liées à des couches verticales et très contournées. Dans la portion sud du même pays, le dérangement est plus général, et l'angle d'inclinaison varie de 45 à 70°.

Dans le terrain houiller du Sommersetshire, la dislocation est très considérable, surtout vers la chaîne de Mendip, où le calcaire est souvent presque vertical, et les couches de houille sont recourbées sur elles-mêmes et plissées en zigzag. Près de Clevedon, une grande étendue de calcaire, couvert de couches charboneuses paraît s'être affaissé, de manière que la ligne de fracture des couches abaissées ressort à 3 milles à l'ouest de la chaîne principale avec laquelle elles ont dû former jadis une masse continue.

Sur le continent, les couches houillères autour de Valen-

---

(1) Peut-on dire que des couches ont été redressées, lorsqu'elles ne sont inclinées que de 10° et même 20 à 25°, telle est la question à résoudre avant de vouloir trouver des soulèvemens dans tant de lieux, où souvent les sédimens sont encore dans leur position originaire. Les géologues paraissent encore très partagés sur les limites d'inclinaison que peut prendre naturellement un dépôt. Il y a même des hommes éminens qui s'appuient sur ce qui a eu lieu journellement dans les alluvions pour prétendre qu'un sédiment peut, sous certaines circonstances, former des lits très inclinés de 45 à 50°, et même verticaux. (A. B.)

ciennes, et dans le district de la Meuse, offrent les contournemens et les dérangemens les plus remarquables, et c'est
aussi le cas en Allemagne (Voy. la *Richesse minérale* de
M. de Villefosse).

Les bouleversemens des couches carbonifères se rapportent évidemment à une seule période géologique, savoir, à
celle de la formation de ces dépôts, car ils ne s'étendent pas
aux terrains supérieurs, savoir : au calcaire magnésien et
au grès bigarré qui reposent presque horizontalement sur les
premières roches (1). Il y a, il est vrai, des failles qui s'é-
tendent dans les roches houillères et dans les couches supérieures ; mais ces dislocations ne sont aux autres que dans la
proportion de 1 à 1,000.

De plus, je ne puis considérer la période principale de
bouleversement comme ayant duré pendant tout le temps
de la formation des dépôts carbonifères, mais je me vois
obligé de la restreindre dans des limites beaucoup plus étroites
et de la placer vers la fin de l'époque en question, puisque
toutes les couches charbonneuses même les plus récentes
ont subi ces mouvemens.

La période géologique ainsi limitée ne peut certainement
pas être changée en une série indéfinie d'âges. En comparant ces effets prodigieux et si universels dans les bassins
houillers à ceux produits depuis trois mille ans par les forces
volcaniques actuelles, on trouve qu'il n'y a entre eux aucune
proportion. Si on voulait supposer que les forces perturbatrices agissent encore avec la même énergie qu'autrefois,
on serait obligé d'accorder un espace de temps immense pour
que la fréquente répétition de petites dislocations puisse produire des résultats comparables aux plus grands effets qu'on
ait observés. Ainsi, les bouleversemens actuels sont à ceux
du terrain houiller comme zéro est à l'infini, ou comme
les trois mille ans de la période historique actuelle sont à une
seule époque géologique de la fin de la formation charbonneuse. Je n'ai pas assez d'imagination pour pouvoir supposer

____

(1) Est-ce qu'un dépôt ne peut pas quelquefois être dérangé sans
que celui qui le recouvre n'en soit pas fendillé ni redressé? (A. B.)

que cette période de temps ait embrassé plusieurs millions de fois un laps de temps de trois mille ans (1).

Je viens donc d'indiquer les effets des forces de dislocation qui ont agi pendant le dépôt des couches intermédiaires et carbonifères, et j'ai montré que l'action de ces forces doit avoir été universelle et extrêmement forte pendant la première période, et très générale et violente durant la seconde ; il s'agit maintenant de montrer qu'elles se sont fait sentir comparativement plus rarement et plus partiellement dans les formations plus récentes, quoiqu'elles n'aient jamais cessé. De plus, une analogie parfaite nous conduit à attribuer les phénomènes volcaniques actuels aux mêmes causes agissant maintenant avec une énergie très affaiblie.

Après les dépôts carbonifères, on trouve le calcaire magnésien, le grès bigarré et le lias ; très généralement toutes ces formations ainsi que les oolites n'ont pas été dérangées, et elles sont dans une position si peu inclinée, qu'on les caractérise souvent comme des masses horizontales. En Europe, ce n'est surtout que près des grandes dislocations locales des Alpes et des Pyrénées qu'on y observe des dérangemens.

Néanmoins ces dépôts offrent des désordres locaux. Dans le lias de Bristol, il y a des failles d'environ 200 pieds, ayant quelquefois plus d'un mille d'étendue et accompagnées de

(1) Je me permets d'observer que M. Conybeare a choisi pour terme de comparaison aux bouleversemens actuels le cas extrême ; en effet, la formation du dépôt houiller a été accompagnée, par suite de sa nature même, d'une infinité d'accidens de glissemens, de fendillemens et de bouleversemens qui ne se sont pas reproduits plus tard ou qu'on n'y retrouve que çà et là, sur une bien plus petite échelle. Comme lui, je ne vois pas la nécessité de rapporter avec M. Lyell, de grands effets à une répétition infinie de petits bouleversemens ; néanmoins, ce cas s'est aussi présenté, et notamment dans le terrain houiller, dépôt local particulier, mais le résultat n'en a jamais pu être si prodigieux que l'effet d'immenses dislocations. En un mot, dans le sol charboneux il y a beaucoup de dérangemens du genre de ceux qu'on peut encore voir tous les jours, et qui ont eu lieu lentement, mais il y a eu aussi d'autres perturbations violentes et passagères.　　　　　　　　　　　　　　　　　　(A. B.)

couches contournées, etc., comme je l'ai dit dans mon Mémoire sur les houillères du sud-ouest de l'Angleterre. La coupe de East-Cliff offre des exemples de plus petites failles ; sur la côte du Glamorganshire, le lias sur le grès bigarré forme la cime du Pennarth Point, et se trouve, vers le centre de ce promontoire, abaissé de 100 pieds jusqu'au niveau de la mer par une faille compliquée. Sur le côté nord de l'île de Barry, il y a une faille d'environ 200 pieds qui déjette le lias et produit une fente courbe et des couches verticales. Cette faille affecte les bords voisins du continent et occupe un mille d'étendue. Plusieurs autres failles existent dans le lias de la côte, toutes montrent évidemment l'énergie décroissante des forces de dislocation pendant cette période comparée aux précédentes ; ainsi le calcaire carbonifère offre souvent au bas des escarpemens des couches inclinées de 70°, sur lesquelles gisent horizontalement du grès bigarré et du lias. La côte du Yorkshire présente des dérangemens dans le lias, et il y en a aussi dans les dépôts semblables de l'Écosse et de Brora. Les rapports de ces derniers avec les montagnes primaires rendent même probable que quelques unes d'elles ont été soulevées à cette période.

On a moins examiné sous ce rapport les oolites. Néanmoins, près de Bristol, dans les montagnes au-dessus de Bitton, l'oolite inférieur est affecté par une faille se continuant dans le lias et déjetant les couches d'environ 200 pieds. Dans les escarpemens à l'ouest de Bridport, sur la côte du Dorsetshire, il y a une faille considérable accompagnée de couches verticales. Les dérangemens dans les oolites du district de Weymouth et de l'île de Purbeck doivent être rapportés à la grande perturbation qui a agi sur toute cette partie des côtes de l'Angleterre et de l'île de Wight, et qui est postérieure au dépôt de la craie et contemporaine de la période tertiaire. Les formations analogues du Jura sont très dérangées, toute la chaîne formant çà et là une coupe arquée ; mais ces dérangemens doivent être attribués aux forces qui ont soulevé les Alpes, et qui ont certainement continué d'agir jusqu'au milieu de l'époque tertiaire. Les observations faites sur cette grande chaîne ne sont guère suffisantes ou assez précises pour déterminer si le soulèvement a été produit dans une seule période ou plusieurs époques successives. Il faudrait examiner soigneusement le contact des différens dépôts de ces montagnes (1).

En Angleterre, le soulèvement de la partie centrale de la craie de l'île de Wight et de celle de Purbeck doit être rapporté à la même période. Si, en examinant les relations de formations contiguës, cet accident paraît résulter d'une seule perturbation limitée à une période postérieure aux dépôts tertiaires inférieurs et antérieurs aux supérieurs, il n'en reste pas moins certain qu'un district de plus de 60 milles de longueur (depuis l'île de Wight à Whitenore-Point, à l'est de Weymouth) en a souffert. D'après l'épaisseur des couches et l'étendue de la dislocation, cette dernière a dû produire un mouvement angulaire sur un espace de plus de 1,000 pieds. Je désirerais que les partisans des effets des causes actuelles puissent nous citer un exemple d'un effet jusqu'à un certain point comparable à une pareille catastrophe.

6° Les roches analogues appartenant à différentes formations successives offrent une gradation régulière dans leur texture et leur consolidation; les plus anciennes sont les plus crystallines et compactes, et ces caractères diminuent régulièrement dans les dépôts successifs, à mesure que ces derniers sont plus récens. Nous trouvons que les effets analogues à ceux qui caractérisent les roches les plus anciennes peuvent être produits par l'action ignée.

Toutes les roches sédimentaires peuvent être classées dans les trois genres des roches calcaires, quarzeuses et argileuses. La classe calcaire est un marbre saccharin dans les dépôts les plus anciens, compacte et demi-crystalline dans la série intermédiaire, et carbonifère, et terreuse dans la craie et le sol tertiaire. La série quarzeuse offre de même du

____

(1) Si notre savant géologue connaissait les Alpes comme son pays, il me semble qu'il se serait hasardé à aller plus loin dans ses conjectures sur les soulèvemens qui ont eu lieu dans les Alpes (Voyez ma note sur les soulèvemens éprouvés par les Hautes-Alpes).

quarzite crystallin, puis du grès compacte, ensuite des grès désaggrégés, et enfin du sable. La série argileuse présente de même du schiste argileux compacte inférieurement, des argiles schisteuses semi-endurcies dans le groupe carbonifère, et de l'argile dans les dépôts plus récens.

Les expériences de sir J. Hall ont prouvé que la chaux carbonatée fondue sous une certaine pression produisait du marbre crystallin, et tout le monde sait que les filons trappéens occasionent des changemens de ce genre, comme par exemple certains filons dans la craie d'Irlande.

Les marnes du lias sont transformées çà et là, en Angleterre et en Écosse, par le contact du trap, en schistes jaspoïdes et des grès désaggrégés en masses compactes et crystallines. M. le professeur Henslow a décrit une localité d'Anglesea, où le grès devient par la même raison granitoïde. Dans le Cornouailles et dans le sud-ouest de l'Écosse (comme au Harz et en Bretagne), lorsque le granite traverse la grauwacke, il se forme autour de la masse ignée une zone de roches, dont les caractères approchent du gneiss, et qui ne sont cependant que des portions altérées de grauwacke. M. Boué a même étendu cette idée à tous les gneiss et les micaschistes (voyez *Ann. des scienc. natur.*, 1824, v. 2, p. 417).

Au premier aspect, les Alpes sont une exception à la loi générale énoncée ; mais au fond ce cas exceptionnel en est encore une preuve. Les calcaires des oolites y ont une nature très compacte, et crystalline. Si le soulèvement de ces montagnes doit être attribué à une force volcanique ayant agi sur ces contrées plus tard que sur le reste de la surface des continens, le caractère des roches est exactement celui qu'on devait attendre, puisqu'elles ont dû éprouver à une période très récente les effets d'une action ignée intense.

D'après cela, si l'examen des dislocations des couches m'a semblé indiquer une diminution graduelle dans les forces probablement volcaniques, depuis les temps anciens aux temps modernes, je trouve aussi dans la texture des roches les indications d'une diminution semblable dans l'action ignée pendant les périodes successives de formation.

7° La série des restes organiques du règne végétal et animal trouvés dans les divers terrains, démontre une diminution de température des temps anciens aux périodes modernes.

M. Ad. Brongniart a mis ce fait hors de doute pour les végétaux, et j'avais tâché de le faire pour le règne animal. M. Lyell a cherché à expliquer d'une manière ingénieuse le changement de température, par l'accroissement graduel des continens, et le soulèvement des chaînes des montagnes. Je doute que cette cause soit suffisante pour la grandeur des résultats; en outre, l'analogie générale des phénomènes indiqués précédemment, et convergeant tous vers un point, semblent plutôt démontrer un refroidissement lent de la surface d'une masse primitivement incandescente, comme l'ont admis Leibnitz et tant d'autres géologues, et ce refroidissement doit avoir accompagné nécessairement la formation graduelle de la croûte solide (1).

8° La distribution particulière des roches ignées, dans différentes formations, indique la grande prédominance de l'action volcanique pendant les périodes anciennes, et les rapports des soupiraux volcaniques actuels sont tels qu'ils ne paraissent être que les restes d'un beaucoup plus grand nombre de soupiraux qui ont existé dans les époques antérieures à la nôtre.

Les masses volcaniques ayant été injectées entre les couches, l'âge exact de ces dépôts est difficile à déterminer. Il faut tâcher de voir si ces roches ignées se continuent dans les terrains voisins, ou si elles sont limitées à une formation. Ainsi, si un filon de trap, coupant le terrain houiller, se termine contre le calcaire magnésien, nous pouvons être sûrs

---

(1) J'ai proposé, on se rappelle, comme cause de la diminution de la température du globe, le refroidissement lent des masses ignées ou volcanisées, tels que les schistes crystallins, l'étendue plus grande des mers, et par conséquent les soulèvemens des continens, l'évaporation plus forte et considérée sous le point de vue de son influence sur le poids de la colonne aérienne, sur la chaleur des rayons solaires, comme aussi sous celui de conducteur de la chaleur. (Voyez page 21). (A. B.)

que cette injection ignée a eu lieu avant le dépôt de ce dernier (1). Nous n'avons jusqu'ici que peu d'observations semblables; mais on peut arriver à un à peu près; car je trouve que les caractères des roches ignées varient ordinairement dans les différentes formations; le granite est le plus généralement associé aux roches primaires; certains *grunsteins* et porphyres aux roches intermédiaires, et d'autres variétés aux basaltes des houillères. Lorsque je vois des roches particulières, toujours associées avec une seule formation , et exclues des terrains voisins plus récens, je puis en déduire qu'elles sont d'un âge contemporain avec celui des formations qui les renferment; néanmoins , il peut rester des doutes à cet égard, puisque les différentes variétés de trapp passent les unes aux autres (2).

Dans l'époque primaire, je trouve une très grande proportion de roches distribuées partout, et attribuées au domaine plutonique. Ce sont les roches granitiques, et même feldspathiques et amphiboliques. D'après leurs rapports généraux, je crois probable que ces roches ont été formées avant la période intermédiaire. Néanmoins, loin de vouloir les limiter à cette époque , je pense que plusieurs roches granitiques, et surtout celles qui passent aux siénites, appartiennent

(1) Je me permets de révoquer en doute l'exactitude logique de cette déduction , car il semble aisé de supposer qu'une fente produite dans un dépôt soit arrêtée par le gisement transgressif d'un autre massif sur le premier , puis remplie presque en même temps de matière ignée; on pourra donc encore se tromper sur l'âge de cette sorte de filons.   (A. B.)

(2) D'après ce que j'ai publié sur les roches ignées , on doit comprendre que je suis loin de partager l'opinion de notre savant. Les masses injectées ne peuvent jamais être contemporaines d'un dépôt , quoiqu'on puisse dire que certains gneiss granitoïdes ont été produits en même temps que le gneiss ou schiste altéré qui les renferme, etc. Dans l'étude des roches ignées, on arrive à d'autres résultats , lorsqu'on confond sous des noms propres des produits qui n'en sont que des dépendances éloignées. Les noms de granites , de trapp , de grunstein , etc. , ont donné lieu trop souvent à ces équivoques.
                                         (A. B.)

généralement à la période intermédiaire, et quelques unes même à des époques plus modernes (1).

La période intermédiaire comprend aussi une très grande proportion de roches, tels que des *grunsteins*, des sienites, etc., en apparence d'origine ignée, quoiqu'on rencontre ici la même difficulté pour limiter leur âge exact. Ainsi, dans le Pembrokeshire, la grauwacke est associée avec du *grunstein*, qui, lorsqu'il approche du calcaire carbonifère, le traverse et montre son origine récente. Les roches ignées du sol intermédiaire n'y forment guère qu'un cinquième de la masse ; si on compare cette proportion à celle bien plus petite de ces roches au milieu des dépôts plus récens ou même à leur absence dans ces derniers, on ne pourra s'empêcher de reconnaître que les causes créatrices de ces roches ont été plus actives dans les périodes anciennes.

La série carbonifère contient beaucoup de roches trappéennes, quoique en moindre proportion et plus par localité ou paquet ; ainsi elles abondent en Écosse, et elles sont

(1) On ne peut être trop réservé en se prononçant sur l'âge des roches ignées anciennes, et même sur celui des schistes crystallins ; en effet, nous savons maintenant que le plus grand nombre des serpentines, jadis primaires ou intermédiaires, sont tertiaires ou tout au plus de l'âge de la craie à silex ; un grand nombre, si ce n'est pas toutes les diorites, et les roches de pyroxènes en roche, sont dans cette même catégorie ; les porphyres aurifères, jadis intermédiaires, paraissent maintenant aussi tertiaires que le porphyre pyroxénique et les roches granitoïdes de Predazzo ; un bon nombre de granites (Baveno, Mittelwald en Tyrol), et de siénites (Sky) sont au moins postérieurs au terrain houiller ou même au lias ; les roches stannifères de Saxe sont passées du sol primaire dans l'époque secondaire, les distinctions du trapp primitif et intermédiaire ont fait place à une seule classe de produits récens, de même que certaines dépendances du domaine primaire, comme les gypses, certains sels, certaines *cargneules* (Rauchwackes), certaines roches schisteuses crystallines, qui étaient distribués contre nature dans diverses époques. Ainsi donc, si M. Marzari n'a pas encore pu prouver la superposition du gneiss ou du micaschiste sur des dépôts modernes, la formation récente de pareilles roches devient tous les jours plus probable, témoin les observations faites dans les Alpes par MM. Hugi, de Beaumont, **Brochant et Dufrenoy.**   (A. B.)

assez fréquentes dans le Northumberland et le Durham, et disparaissent dans le Derbyshire, à l'exception de l'amygdaloïde du calcaire. Nous les trouvons en masses superposées à Cleehill, et à Dudley dans le Staffordshire; mais il n'y en a guère de traces dans les bassins houillers du Sommersetshire et du pays de Galles méridional, à l'exception d'un point dans la partie occidentale du Pembrokeshire, car le trap de Tortworth dans le Gloucestershire, quoique voisin des houillères de Bristol, semble limité au groupe de transition.

Dans les districts carbonifères nous avons les mêmes difficultés pour limiter l'âge du trapp. Dans un cas le filon trappéen de Cleaveland, dans le nord du Yorkshire, traverse non seulement le sol houiller, mais encore le grès bigarré, le lias et l'oolite inférieur. Néanmoins la plupart des filons de ce genre ont dû être produits avant ces derniers dépôts, car on ne saurait sans cela s'expliquer leur absence absolue dans ces terrains d'Angleterre, à une exception près. Nous avons donc ici dans la série carbonifère un groupe intermédiaire contenant beaucoup moins de roches ignées que les précédentes formations, et beaucoup plus que celles qui les suivent (1).

Dans les formations oolitiques et plus récentes de l'Angleterre, il n'y a pas de trapp, excepté à Cleaveland. Sur le continent, au contraire, M. de Beaumont a indiqué une roche porphyroïde, amphibolique, associée au lias des montagnes du Chardonnet, et dans le Vicentin et le Tyrol méridional le porphyre pyroxénique traverse la formation jurassique.

Pour la période tertiaire, le nord de l'Irlande offre une étendue basaltique considérable sur la craie, et les mêmes roches avec le trachyte se voient dans le Vicentin. Le trachyte et les laves plus récentes que des dépôts tertiaires lacustres abondent en Auvergne, le sud de la France, sur les

(1) Cette déduction ne me paraît pas tout-à-fait juste, car les phénomènes volcaniques ont diminué des temps anciens aux temps modernes; les éruptions ignées ont eu leurs grands et petits paroxysmes, suivant les localités et non d'après l'époque où elles ont eu lieu, et elles ne sont qu'un pur accident des phénomènes volcaniques, une circonstance non essentielle et souvent non arrivée.

(A. B.)

bords inférieurs du Rhin, etc., et les basaltes de Cassel et de la Saxe peuvent bien avoir cet âge. Ces dernières roches caractérisent donc l'époque volcanique moderne.

M. Brongniart pense que la période d'activité des volcans éteints de l'Auvergne a précédé l'époque alluviale ancienne, et il pense qu'on a pris des lits de fragmens volcaniques pour les cailloux roulés (1).

Si je compare ensuite la quantité actuelle des soupiraux volcaniques avec celle de ceux qui ont dû exister pendant les périodes primaire et intermédiaire, je trouve qu'il n'y a aucune proportion entre ces deux quantités. On pourrait objecter que dans les formations anciennes, on a l'accumulation des produits volcaniques d'un grand nombre d'âges, et qu'une petite partie de ces résultats appartient seule à chacune de ces périodes ; ainsi les soupiraux volcaniques actuels pourraient bien être aussi nombreux qu'autrefois. Mais alors je répondrai que les cheminées volcaniques actuelles ne sont que sur la place de volcans éteints, et elles n'occupent qu'un petit espace des districts volcanisés très étendus, et produits d'après leurs roches en même temps que ceux de l'Auvergne, des bords du Rhin, etc. Ainsi l'Islande entièrement volcanique n'offre qu'un seul volcan actif, l'Hécla (1) ; en Italie, le Vésuve n'occupe qu'une petite partie des champs phlégréens, etc. M. Brongniart est tout-à-fait de cette opinion, il ne reconnaît même pas dans les laves modernes tous les minéraux et toutes les roches des masses ignées anciennes, et il ne trouve pas que les roches calcaires ou siliceuses, se formant actuellement par la voie aqueuse dans les districts volcaniques, soient comparables aux dépôts analogues des anciennes éruptions basaltiques et trachytiques. MM. Herschell et Lyell paraissent, au contraire, croire que l'activité volcanique est restée la même.

(1) Je ne puis adopter cette idée, car je crois bien avoir vu des amas de cailloux roulés, composés uniquement de galets, soit sous les basaltes de quelques vallées du Vivarais, comme près de Monpezat, soit sous de plus anciennes coulées démantelées du Mont-d'Or, entre Besse et Pardines, soit dans le Puy en Velay.   (A. B.)

(2) Il me semble que l'auteur est ici dans l'erreur.   (A. B.)

SECONDE PARTIE.

DE L'ACTION AQUEUSE ET DES FORCES D'EXCAVATION QUI ONT AGI SUR LES COUCHES.

Je trouve dans plusieurs positions géologiques, mais surtout et généralement sur la surface des autres dépôts, de grands amas de gravier, composés de débris arrachés aux roches sous-jacentes et arrondies par leur charriage dans l'eau. On rencontre aussi dans les couches elles-mêmes des ruptures et de profonds sillons, de manière que la surface terrestre est comme un marbre taillé grossièrement. M. Lyell pense que les eaux courantes actuelles ont pu former toutes ces vallées, pourvu qu'on accorde pour cette opération des milliards d'années. Je crois au contraire qu'en supposant même un temps infini, les causes assignées sont insuffisantes pour rendre compte des résultats, et qu'on ne peut les expliquer que par des courans violens et des masses d'eau très étendues. Si la première opinion est la *théorie fluviatile* ou *atmosphérique*, la seconde peut être appelée la *théorie diluvienne*, expression que j'emploie *sans prétendre pour cela que le diluvium ait été produit par le déluge mosaïque.*

La grande masse de nos continens a été formée sous la mer, et en est sortie plus tard ; or ces soulèvemens répétés ont dû être accompagnés de courans violens. De même des vastes lacs n'ont pu rompre leurs digues et s'écouler sans produire des effets analogues. De plus, de grands bouleversemens ont eu lieu après l'émersion d'une partie des continens actuels ; ainsi dans l'île de Wight et sur une étendue de côtes de 60 milles les couches ont été redressées ; il est clair que le mouvement produit dans la mer par ces perturbations a dû occasioner de grands déluges sur les terres hors de l'eau. On peut donc dire que dans toute théorie il est nécessaire d'admettre des courans d'eau.

Art. 1. *Les roches aggrégées et les couches de graviers dans les formations indiquent de nombreuses époques d'action diluvienne violente, dont la dernière a été plus récente que le dépôt de toutes les couches régulières, et paraît former la*

limite entre l'époque actuelle et celles qui lui sont antérieu-
res. Dans tous les cas la distribution et la disposition des
matières charriées par l'eau sont incompatibles avec la théo-
rie de leur origine fluviatile.

En Angleterre on observe surtout quatre dépôts de galets
ou de charriage, savoir : dans le vieux grès rouge, dans les
couches inférieures du grès bigarré, sur la craie à la base du
sol tertiaire, et dans le dépôt superficiel. Il est vrai que la
grauwacke offre aussi des agglomérats, mais ils ne sont ni
étendus ni bien distincts; car il est quelquefois difficile de
distinguer les cailloux d'avec les fragmens de roches et les
noyaux au milieu d'une pâte (1).

Dans le grès rouge ancien les poudingues occupent une
grande étendue, et leurs cailloux sont surtout composés de
quarz, minéral abondant dans les dépôts inférieurs. Il y a aussi
des fragmens de variétés plus siliceuses ou endurcies de
schiste, de jaspe, de *grunstein,* etc. : on devrait rechercher le
gîte de ces dernières roches. La disposition de ces cailloux
fait soupçonner qu'ils ont été déposés par les vagues d'un océan
comme le gravier sur les rivages actuels ; car les rivières ne peuvent charrier du gravier que le long de leurs bords ou sur les
plaines exposées à leurs inondations. Ainsi, lorsque nous trouvons de grandes plaines couvertes de gravier, nous ne pouvons
pas expliquer ces dépôts sans avoir recours aux vagues de
l'Océan. En comparant le niveau de ces lits avec ceux des roches antérieures de formation sous-marine, autant que le
permettent les dislocations et les dérangemens, nous trouvons en général ces masses de gravier déposées sous ce qui
paraît avoir été le niveau de la mer à l'époque de leur dépôt.
Les partisans de la théorie fluviatile pourront répondre que
la mer a distribué ce gravier, mais que les rivières le lui ont

(1) Notre savant oublie que plus le sol observé est ancien, plus les
pentes qu'ont parcouru les cailloux ont dû être courtes, par conséquent moins on doit y observer de cailloux bien arrondis et de variétés parmi eux. D'après cette idée, je pense que la grauwacke, le
quarz en roche, les roches quarzo-talqueuses, et même le gneis,
offrent beaucoup d'agglomérats formés comme ceux des dépôts plus
récens.   (A. B.)

fourni. Cela a dû arriver en partie, comme on l'observe encore; mais dans les deux cas on doit surtout attribuer ce dépôt à l'agent le plus puissant ou à la mer. Dans les périodes anciennes, on a des raisons plausibles pour croire que les courans de l'Océan étaient beaucoup plus violens qu'actuellement, d'autant plus que la dislocation des couches a dû produire des mouvemens très impétueux et des courans diluviens.

L'agglomérat quarzeux du *Millstone-grit* sur le calcaire carbonifère se trouve sous des circonstances exactement semblables, et il en est de même des poudingues dans la partie inférieure du grès bigarré. Les matières de ce dernier sont dérivées des chaînes anciennes voisines, mais varient d'un district à l'autre : ainsi lorsque le grès bigarré touche les chaînes de grauwacke, comme dans le Devonshire, les cailloux sont du quarz, du schiste dur, du porphyre, etc., comme dans l'agglomérat de Heavitree; au contraire, près des chaînes calcaires, près des Mendiphills, le long de l'Avon, sur le bord sud du bassin houiller du pays de Galles méridional, les cailloux sont calcaires.

Dans ce cas les blocs empâtés sont quelquefois fort gros, comme entre Clifton Downs et Saint-Vincent, où ils pèsent çà et là plusieurs tonneaux. Ces cailloux offrent les fossiles des roches dont ils proviennent. Cet aggrégat a donc dû se former au pied des chaînes comme le gravier au pied des escarpemens des côtes actuelles; ces couches sont aussi plus puissantes près des montagnes, et décroissent à mesure qu'elles s'en éloignent : ainsi l'agglomérat calcaire couvrant le terrain houiller près des Mendiphills a 23 toises d'épaisseur, et à 10 milles delà seulement 1 à 2 t., et plus loin il disparaît. D'après ces dépôts, la base des couches presque horizontales ou de celles dont le niveau relatif a été le moins changé, on peut déduire du niveau supérieur du lias, des oolites, etc., que ces couches de graviers ont été formées sous la mer, et la dislocation extrême des roches carbonifères rend assez compte des courans diluviens de l'Océan de ce temps-là. En examinant le contact de ces agglomérats avec les roches anciennes, je trouve les extrémités de ces dernières tronquées et émoussées, et leur surface souvent irrégulièrement excavée, accident de nature à n'avoir pu être produit que par des courans.

Le grès rouge secondaire des Allemands est du même âge et dans la même position que nos poudingues.

Jusqu'à la base du sol tertiaire, il n'y a plus de grands amas de cailloux dans les couches d'Angleterre; néanmoins il y en a des traces dans le *calcareous-grit* et le sable ferrugineux, mais ils n'offrent que de petits cailloux, tels que ceux qu'on peut supposer distribués sur tout le fond de l'Océan. Cette absence de grands cailloux pendant certaines périodes me semble fournir les données nécessaires pour une théorie véritable de leur origine, car, sans cela, on pourrait dire que l'action ordinaire de la mer est suffisante pour expliquer ces dépôts sans avoir besoin de courans diluviens. Comme il a dû y avoir des rivages battus par la mer dans toutes les périodes, et que l'action ordinaire sur ces côtes a dû être constante et uniforme, on devrait donc trouver ces poudingues dans tous les aggrégats s'ils ne dérivaient que de cette dernière; au contraire, on ne les trouve qu'au milieu des produits des époques qui ont été, d'après la dislocation des couches, des périodes de bouleversemens; or ces derniers n'ont pu avoir lieu sans produire des oscillations dans le niveau de l'Océan, et par conséquent des courans diluviens. Ainsi pendant la formation des oolites et de la craie, où il y a peu d'indices de dislocations, nous observons aussi peu ou point de vestiges de courans diluviens; mais dans la période tertiaire les couches de l'île de Wight et du Dorsetshire et celles des Alpes ont été redressées; or, on peut s'imaginer les conséquences que de pareils bouleversemens répétés ont dû produire sur le niveau des eaux. Supposant un moment une île de 800 pieds de haut sortant de la mer sur la côte du Lincolnshire, et 60 milles de côtes fracturées et leurs couches redressées, il est évident que l'eau de la mer en serait fort agitée, qu'elle inonderait les rivages, et même passerait sur la chaîne voisine des Woldhills en excavant des vallées et réduisant des couches en graviers.

Le gravier tertiaire sur la craie est surtout composé de silex; on peut bien l'étudier près de Londres sous les hauteurs de la plaine de Blackheath, et dans les puits de Woolwich, de

Charlton, de Chislehurst et de Bexley. Ses coquilles le distinguent des graviers superficiels. La surface de la craie a été excavée par les courans qui ont produit ces cailloux.

Les graviers d'alluvion indiquent, comme M. Brongniart le dit fort bien, une grande différence dans la forme et l'élévation de la surface du globe, ainsi que dans la masse et la force des courans d'eau comparativement à ce qui se voit actuellement. Les cailloux sont souvent dans des positions très élevées où aucun cours d'eau ne parvient à présent, et leur volume et leur nature les distinguent essentiellement des matériaux de transport des rivières actuelles, derniers débris provenant tous de roches peu distantes. Enfin on y voit des ossemens d'animaux perdus, et aucun reste de l'homme et aucun produit des arts.

Les personnes qui ne veulent voir dans l'origine de ces alluvions que des effets des causes actuellement agissantes, ne paraissent pas avoir une idée précise des faits en question. Ainsi la grande plaine du Lunebourg et du nord de l'Allemagne est couverte de gravier en partie siliceux et crétacé, et dérivé de falaises crayeuses démantelées ou enfouies sous ces dépôts; de plus ces débris sont mêlés de blocs énormes granitoïdes et provenant de la Scandinavie. D'après la théorie fluviatile les rivières auraient dû changer très souvent de cours pour distribuer ce gravier sur toute cette étendue de pays; elles auraient dû détruire aussi toutes les masses trop proéminentes de la craie; elles auraient charrié sur un espace de plusieurs centaines de milles des blocs considérables; elles auraient dû transporter ces derniers à rebours de leur cours actuel, propositions toutes plus absurdes les unes que les autres.

La grande plaine de Londres a été couverte de graviers siliceux dérivés de la craie du Hertfordshire, et elle offre des buttes comme celles de Highgate, de Harrow, etc., qui sont aussi couvertes d'alluvions du même genre. Donc il faudrait supposer que la surface de la plaine a été jadis à la hauteur de la cime de ces dernières éminences, et pendant cet état des choses la Tamise aurait dû changer assez souvent de lit pour porter le gravier sur tous les points où il est actuelle-

ment; enfin la rivière aurait excavé petit à petit son lit jusqu'à 4 à 5oo pieds de profondeur et sur une étendue de plusieurs milliers de milles carrés; enfin elle aurait couvert cette
dernière surface de gravier. Néanmoins depuis dix-huit siècles on n'observe pas de changement dans le lit de la rivière
et ses bords; de plus les cailloux diluviens dérivent en partie
de districts dont les eaux coulent maintenant dans une direction opposée à celle de la Tamise.

Art. 2. *La configuration des vallées qui paraîtraient résulter d'excavations, surtout les vallées transversales coupant les
vallées longitudinales continues, et offrant des canaux naturels d'écoulement, sont des faits contraires à l'action érosive des eaux atmosphériques.*

Je proposerai d'abord de classer les vallées d'Angleterre
d'après la différence apparente de leur origine. Quoiqu'en
général et probablement l'action érosive de l'eau les ait altérées matériellement, il serait évidemment contraire aux phénomènes observés d'attribuer leur origine à cette seule cause.
Les forces perturbatrices qui ont agi sur la surface terrestre
ont souvent disloqué les couches en soulevant les unes et
abaissant les autres, depuis le niveau auquel elles ont été
déposées; elles ont aussi contourné et replié les couches en
zigzag. Dans le premier cas les lignes d'affaissement, dans le
second cas les angles rentrans concaves auront formé naturellement des vallées; ce sont alors des *vallées de dislocation,*
ou bien *d'abaissement* ou *de contournement.* D'autre part, ces
causes n'ont pas pu produire les *vallées traversant des districts à couches presque horizontales,* et sans aucune dislocation notable; dans ce cas si de bonnes raisons prouvent que
les couches y étaient continues, nous devons supposer que
les vallées qui les coupent actuellement ont été excavées.
Cette supposition est un corollaire des phénomènes du gravier dérivé de fragmens roulés et arrachés aux couches, car
l'existence de ces cailloux suppose des destructions partielles.

Ces derniers districts sont occupés par des couches d'une
horizontalité presque parfaite, dont elles ne dévient que de
5 à 6º tout au plus; leurs affleuremens sous les roches supé-

rieures forment des pentes douces le long de la partie postérieure des couches, et leur terminaison contre les roches
inférieures présente au contraire un escarpement abrupte
traversant les couches. Sous ces escarpemens il y a pour cela
des vallées étendues dirigées parallèlement aux couches; ce
sont les *vallées longitudinales.* En outre d'autres systèmes
de vallées coupent les crêtes offertes par les escarpemens
inférieurs sous des angles presque droits; or, comme ordinairement ces couches se terminent, du moins par une de leurs
extrémités, sur le bord d'un bassin océanique, les vallées
longitudinales paraissent naturellement offrir une ligne d'é-
coulement; néanmoins le canal des rivières actuelles se trouve
ordinairement dans les vallées transversales.

Dans mon mémoire sur la vallée de la Tamise, j'ai montré
que ce fleuve coupe trois chaînes ou barrières, quoique les
vallées longitudinales à la base de ces digues lui offrent des
canaux d'écoulement plus facile. Depuis l'existence de ces
dernières vallées, il est manifeste que les eaux de cette rivière n'ont pas pu s'élever à plusieurs centaines de pieds vers
la cime des chaînes par-dessus lesquelles elles auraient coulé
d'après l'hypothèse fluviatile. On doit en déduire qu'il n'a pas
existé d'abord de vallées longitudinales, que les couches ne
se terminaient pas comme à présent en escarpemens inférieurs
abruptes, mais que leurs plans se prolongeaient de manière
à finir insensiblement contre la portion plus élevée des couches sous-jacentes, qui, en ressortant, atteignent ordinairement de plus hauts niveaux; de manière que toute la surface
présentait au premier coup-d'œil une pente uniforme presque
sans interruption. Les partisans du système fluviatile doivent
supposer que l'écoulement des eaux à travers la pente a
creusé les vallées transversales aussi bien que le canal principal,
tandis que l'écoulement latéral dans ce dernier a creusé les
vallées longitudinales. Mais pour former la pente primitive
uniforme supposée, la masse de matière comblant jadis tout
cet espace, et enlevée postérieurement, paraît immense; car
ces vallées longitudinales présentent ordinairement de vastes
plaines au pied des escarpemens inférieurs, tandis que les
vallées transversales ne sont comparativement que des défilés

étroits. Si j'attribue les dernières à l'action principale de l'écoulement des eaux, les premières à la même action agissant latéralement, j'attribue un effet inférieur à ce qui doit être, certes, considéré comme la ligne d'action la plus favorable, et un effet très supérieur à la ligne la moins favorablement située.

M. Sedgwick, frappé de même de ce raisonnement, a trouvé des faits semblables dans presque toutes les grandes vallées d'Angleterre, et il conclut que l'érosion fluviatile n'a produit isolément que de petits effets dans la modification de la surface de l'Angleterre. M. Lyell, au contraire, a objecté qu'on ne devait pas raisonner d'après la forme actuelle de la surface d'un pays quelconque sur ce qui avait eu lieu relativement à l'écoulement des eaux, lorsque cette contrée avait encore sa configuration primitive; les effets pouvaient alors être différens. Je répondrai que les formes extérieures actuelles ont dû résulter en grande partie de celles qui ont jadis existé. M. Lyell suppose que l'érosion fluviatile a changé cette configuration, tandis que j'ai voulu prouver qu'on ne pouvait imaginer aucune forme originaire de surface avec laquelle l'érosion fluviatile aurait pu produire le relief actuel.

Élaguant le cas de la Tamise comme tout-à-fait particulier, je vais examiner les différentes rivières qui traversent les couches les plus horizontales de l'Angleterre, et dont les vallées peuvent plutôt avoir été excavées que produites par des dislocations. Ces districts s'étendent à travers l'Angleterre depuis la partie sud du Durham jusqu'à la portion orientale du Devonshire; les formations horizontales occupent tout le pays au sud-est de cette diagonale. La Rye formerait un lac s'écoulant par la vallée de Pickering, à la base de l'escarpement crayeux, dans la baie de Filey ou de Scarborough, si une vallée transversale n'occupait pas la chaîne oolitique des monts Howard.

Si la grande coupure transversale entre les hauteurs crétacées du Lincolnshire et du Yorkshire ne donnaient pas issue à l'Humber, tous les pays plats entre la jonction de la Trent et du Derwent constitueraient un lac immense, dont les eaux seraient retenues de manière à inonder toutes les parties inférieures de l'Ouse et du Swale, et à se décharger par l'embouchure de la Tees. En effet, avant la formation des vallées transversales, les escarpemens crayeux, et plus loin les pays tourbeux à l'est, auraient présenté un obstacle insurmontable et auraient barré le chemin de la mer, excepté par la vallée de la Tees. Pour surmonter cette difficulté, les amateurs de la théorie fluviatile doivent supposer que lorsque leurs cours d'eau ont commencé leurs opérations, les escarpemens en question ne formaient pas des barrières, toutes les vallées plus à l'ouest devant avoir été remplies à cette époque de matières enlevées depuis lors, et tellement considérables qu'elles atteignaient un niveau supérieur à celui des hauteurs crayeuses et oolitiques ; en effet cette configuration du sol aurait seule permis aux cours d'eau d'attaquer ces digues de manière à les couper en travers.

Admettant un moment cette réédification de la contrée telle qu'on veut la supposer, je demanderai ensuite quelle force il faudrait pour la réduire de la forme qu'elle avait, il y a dix millions d'années, à sa configuration actuelle ? Quels agens ne faudrait-il pas pour produire dans les vallées remplies de Lincoln et de York, formant un district de 100 milles de long sur plus de 15 de large, une excavation de 700 pieds au-dessous de leur niveau originaire supposé ? Combien faudrait-il de temps pour que cet effet fût produit par l'écoulement des eaux pluviales ? Je puis le calculer approximativement en voyant que depuis l'occupation d'Eboracum par les Romains, il y a dix-sept cents ans, cette action n'a pas produit une dégradation de 7 pouces sur aucun des remparts de leur camp. Mes adversaires pourront approfondir la question à loisir ; pour moi je ne proposerai, en attendant, comme une simple approximation qu'un laps de temps infini élevé à la puissance d'n (1).

(1) M. Conybeare me semble toujours oublier que l'Angleterre avait jadis un climat équatorial, ce qui devait modifier singulièrement les effets des cours d'eau.

Je crois que le creusement d'une infinité de vallées date non pas de la période alluviale, même la plus ancienne, mais d'une ou plusieurs, ou même quelquefois de toutes les époques géologiques con-

Je passe maintenant à la coupure faite par la rivière Witham à travers la chaîne oolitique à Lincoln, où une digue peu élevée l'obligerait de se jeter dans le Trent.

Au sud de ce point la chaîne oolitique est divisée par les vallées transversales du Welland et du Nen ; mais comme les sources de ces cours d'eau commencent presque dans les limites de ces vallées, je n'insisterai pas sur eux ; néanmoins comme les coupures traversent toute la chaîne, je ne vois pas comment M. Lyell pourrait les expliquer sans supposer remplies les plaines sous-jacentes au nord-ouest, comme dans le cas précédent.

J'arrive maintenant à mon ancien terrain, le district comprenant le Cherwell et les autres sources de la Tamise, et je renvoie à mes observations précédentes.

La chaîne crétacée est fracturée non seulement par la Tamise, mais encore par un nombre très grand de vallées, puisqu'à presque chaque dix milles on y rencontre un vallon complètement transversal. Beaucoup de ces coupures servent de débouché à des cours d'eau, et beaucoup d'autres également nombreuses n'offrent pas de rivières, quoiqu'elles portent toutes les traces des véritables vallées d'excavation. En effet la craie abonde en vallons sans eaux, la couche pierreuse étant si absorbante que l'eau atmosphérique n'a pas le temps de se réunir en cours réguliers. Comment est-ce que M. Lyell suppose la formation de ces cavités par l'érosion de l'eau, puisqu'elles n'offrent pas et n'ont jamais eu de rivières ?

Les vallées d'excavation, à l'extrémité sud-ouest de notre district dans le Dorsetshire et le Devonshire, ont été décrites suffisamment par M. Buckland. Je passe donc à l'extrémité sud-est ou au Weald du Kent.

On sait que l'axe et le dos d'âne de ce district consistent en

---

nues. Cette idée nous conduit à un laps de temps très grand. D'une autre part, exclure, comme M. Lyell, de la formation des vallées les déchiremens volcaniques, les débâcles des lacs et les grands mouvemens de la mer ou des mers intérieures, produits par des soulèvemens de chaînes, cela me paraît peu logique. L'Angleterre étant très près de la mer, il y a beaucoup de coupures qui dérivent essentiellement **des** mouvemens extraordinaires de la mer.   (A. B.)

grès de Hasting, autour desquels il y a en forme de manteau du grès vert ferrugineux et de la craie. Au nord les deux terrains forment des séries d'escarpemens considérables, séparés de l'axe central et entre eux par des vallées longitudinales profondes; mais au sud le sable se dégradant généralement, la craie constitue seule des rochers réguliers. La plupart des principaux cours d'eau de ce district ont leurs sources sur l'axe central, tandis que ceux courant au nord dans la Tamise ont à couper par des vallées transversales les deux barrières des montagnes du *Kentish Rag* et les hauteurs septentrionales de la craie; or une digue d'une hauteur moindre que 100 pieds, établie dans une de ces coupures d'environ 600 pieds de hauteur, ferait déverser les eaux dans la Manche; dans ce cas seraient le Wey, le Mole et le Medway, le Durent et le Stour, prenant leurs sources presque dans les limites des montagnes du *Kentish Rag*. Ces cours d'eau peuvent à peine être considérés comme faisant rupture à travers plus d'une de ces barrières, savoir, à travers la craie. Sur le côté sud, je trouve l'Arun, l'Ader, l'Ouse et le Cuckmère, qui traversent de même la seule barrière crayeuse de South Downs.

Il est impossible de concevoir que l'érosion fluviatile a pu produire une telle configuration, à moins de supposer que la surface présentait originairement, et avant le commencement de l'écoulement des eaux, des pentes uniformes de l'axe central au lit de la Tamise d'un côté, et à la mer de l'autre. Les vallées longitudinales intermédiaires auraient alors été remplies, et tandis que l'écoulement direct excavait les vallées transversales, l'écoulement latéral aurait fait la même opération sur les autres. Or, dans ce cas, je demanderai d'abord, comment ce dernier mode de creusement a produit plus d'effets que l'autre? ensuite comment s'est-il fait que l'écoulement latéral, dans tant de canaux principaux distincts, a coïncidé de manière à former une vallée longitudinale uniforme, au lieu des ramifications, d'un cours d'eau principal sans aucune relation avec celles du cours principal voisin? Pendant que le géologue étudie les vallées, l'amateur d'antiquités observe dans tout ce pays, sur les escarpemens les plus marqués, des anciens édifices en terre, qui, malgré leur situation très exposée, ont résisté à l'action des causes atmosphériques depuis plus de vingt siècles ; l'un convaincra difficilement l'autre que ces profonds défilés ont été creusés par une action que les observations faites en place portent l'un d'entre eux à regarder égal à zéro.

En attaquant ainsi la théorie fluviatile comme partisan du diluvium, je dois donner aussi mon explication. Je ne propose mon opinion que comme plus probable que celle de mes adversaires ; si d'autres la trouvent mal fondée, cela ne démontrera pas la vérité de celle de M. Lyell. Je reconnais avoir besoin quelquefois qu'on corrige mes idées, et surtout qu'on les développe mieux que moi.

D'abord, quant aux vallées longitudinales et aux escarpemens qui les bordent, il paraît très probable que cette configuration du sol n'est pas uniquement un effet de creusement, quoique les contours aient été fortement modifiés ou rendus plus saillans par cette opération. On peut aisément concevoir des forces en action pendant la période du dépôt originaire des couches, qui auront pu obliger ces dernières à prendre des extrémités tronquées, et faisant face aux crêtes élevées des roches anciennes contre lesquelles et sur lesquelles elles furent déposées. Dans d'autres cas, au contraire, les couches auront eu la facilité de s'étendre jusqu'au pied des sommités plus anciennes ; en effet les océans qui ont déposé les couches battaient des rivages qui nous sont indiqués par les aspérités les plus hautes des chaînes anciennes ; des courans ont probablement travaillé ces lignes de côtes. Ainsi pendant que les dépôts se faisaient tranquillement dans les eaux plus profondes et plus tranquilles, elles auraient été interrompues dans les lieux occupés par ces courans littoraux. Est-ce que les vallées longitudinales n'ont pas pu être formées de cette manière ? La disposition ordinaire des bancs sous-marins existant encore est analogue à cela, ils sont séparés des côtes par des canaux profonds, au-delà desquels ils s'élèvent avec des pentes souvent très rapides (1).

(1) Ceci rentre tout-à-fait dans mes idées sur la formation de beau-

Pour examiner les causes qui ont pu modifier et augmenter les vallées longitudinales, et produire les défilés transversaux, nous devons d'abord rechercher l'action probablement exercée par les eaux dans leur retraite graduelle depuis les sommités des couches formées originairement au-dessous d'elles jusqu'à leur niveau actuel. Dans le cas actuel des couches les plus horizontales, la conformité de stratification et l'absence de dislocation me portent à croire que les forces de soulèvement ont dû agir uniformément et graduellement, et par conséquent la retraite de la mer et la dépression relative de son niveau auront été aussi graduelles. Des lignes indiquent la direction générale dans laquelle les eaux dans leur retraite ont dû se porter ; or, comme elles coïncident avec l'inclinaison des couches sur le dos desquelles les eaux sont descendues, ces lignes ont dû être transversales à la position de ces couches. Ainsi, les courans généraux de ces eaux descendantes auront tendu naturellement à produire des sillons transversaux dans les couches , d'où seront résultées les vallées transversales ; dans le même temps, les vallées longitudinales auront été matériellement modifiées ; les courans descendans se portant contre les esparpemens des couches , auront été occupés à les miner, et par suite de la direction de l'inclinaison du.

coup de vallées ; mais je distingue dans les vallées longitudinales celles formées par suite des soulèvemens des terrains et celles produites par les causes énumérées par M. Conybeare. J'ai déjà appuyé ailleurs (Voyez *Bulletin de la Société géologique de France* , vol. 1 , p. 117) sur la formation toute naturelle de certaines vallées circulaires ou alongées ou tortueuses. J'ai dit qu'il y a des cavités qui étaient dues à la distribution particulière et primitive des dépôts, n'ayant jamais été remplies, il n'y a pas besoin pour les expliquer de recourir à des creusemens par des cours d'eau , des débâclés, des érosions de sources minérales ou des fendillemens volcaniques. Or, il y a beaucoup de causes très diverses qui ont pu priver certains lieux de dépôts qui se formaient dans leur voisinage. Tout limon d'une rivière présente naturellement des cavités ou des vallons. M. Conybeare indique l'action des courans ; on peut y ajouter, entre autres , la structure particulière des bancs coquilliers ou des récifs de polypiers , et la proximité des bouches volcaniques qui pouvaient exercer une influence destructrice sur les matières organisées et inorganiques.   (A. B.)

plan des couches l'auront fait aisément, parce qu'on trouve ordinairement les vallées longitudinales établies sur les assises les moins dures, comme l'argile et le sable, et bordées d'escarpemens formés des roches les plus dures. Il en résulte que l'action destructive des vagues, opérant avec facilité sur des matières si tendres, a dû augmenter considérablement la largeur des vallées longitudinales, et rendre les escarpemens plus considérables et plus abruptes. La dépression du niveau des mers étant proportionnellement graduelle, les mêmes districts ont pu être balayés pendant long-temps par le mouvement régulier du flux et du reflux des eaux marines.

J'ai à présent sous les yeux un exemple des effets de l'action du flux de la mer sur des couches inclinées insensiblement, car je réside à quelques toises d'une côte formée de pareilles assises du calcaire magnésien; ces dernières inclinent vers la mer sous un angle très petit, savoir, environ 2°. La marée descendante en expose une bande considérable, et plus large qu'un stade; toute cette zone a été corrodée par le flot, et présente sur une petite échelle tous les phénomènes décrits, savoir, des escarpemens surplombant, des dépressions longitudinales, des coupures transversales, etc., etc. Je puis ajouter que, très souvent, l'action du flot produit véritablement ce que MM. Lyell et Scrope s'imaginent résulter seulement de l'action fluviatile, savoir, des sillons plus ou moins ondulés, souvent fort larges et longs. J'ai été surpris qu'un argument pareil ait pu être présenté par de tels géologues, car il m'a toujours paru évident qu'en supposant un courant diluvien, excavant les couches sur lesquelles il passe, il ne peut continuer cette action sur une ligne droite qu'autant que la constitution des couches oppose une résistance uniforme. Quand une circonstance fait varier la résistance, comme des couches tendres devenant dures, des filons ou des failles, il en doit résulter une ondulation correspondante dans la direction du courant.

On doit rapporter l'origine des vallées d'excavation en partie aux courans de l'océan dans lesquels leurs roches furent primitivement déposées, en partie à ceux qui ont accompagné la retraite graduelle de l'océan. Puisque nous avons des

preuves suffisantes que pendant l'époque diluvienne des perturbations postérieures, telles que le soulèvement de l'île de
Wight, etc., ont dû modifier le niveau océanique suffisamment
pour faire passer à plusieurs reprises les eaux de la mer sur
des terres qui étaient déjà émergées, nous avons donc une
troisième classe de courans, qui certainement ont dû modifier beaucoup les résultats des deux premiers (1).

Est-ce que je refuse de reconnaître pour cela que l'érosion
fluviatile ait pu produire des vallées? je nie seulement que
toutes les vallées ont été produites par cette cause; je nie
qu'elle en ait produit beaucoup, et je prétends qu'aucune n'a
été formée ainsi, excepté sous des circonstances extraordinaires. Quant aux exemples donnés par mes adversaires,
ils se rapportent à des districts où ces accidens singuliers
ont existé sans aucun doute; dans ce cas sont les régions
volcanisées de l'Auvergne et de l'Etna. Je ne puis admettre
comme un exemple de l'action ordinaire des cours d'eau
celle des torrens produits par ces phénomènes volcaniques,
et les accompagnant à l'ordinaire; mais je ne nie point que
l'action fluviatile puisse produire des effets considérables
sous de telles circonstances exceptionnelles, et même à la
suite d'autres accidens plus communs, quoique comparativement rares, tels que les dernières inondations de certaines
rivières de l'Écosse centrale (Voy. *Relation of the great
floadin tho Grampians*; par Dick Lauderdale, 1830 (2).

(1) Si M. Conybeare restreint son diluvium aux effets de ces trois
causes, plus les débâcles aqueuses de l'intérieur du continent, je
suis tout-à-fait de son avis, et je dirai comme lui que l'Angleterre,
et surtout ses côtes, offrent de nombreuses traces des érosions produites par la troisième classe de courans. D'une autre part, pour les
alluvions anciennes de l'intérieur de l'Europe, la première cause,
les courans marins, ne paraît pas avoir été agissante.   (A. B.)

(2) M. Conybeare oublie de nouveau que le climat d'Angleterre
a changé; et supposant même toutes choses dans le même état, je
pense qu'il va trop loin, et sans aimer les extrêmes, comme M. Lyell,
je crois que si M. Conybeare avait étudié les effets des eaux courantes sur le continent européen, et même en général sur les pays très
montagneux, il n'aurait pas tellement rapetissé l'effet destructeur
des eaux courantes. Il me semble généraliser trop des points de vue

Art. 3. *Les phénomènes des cataractes ne concordent pas avec l'hypothèse fluviatile.*

L'hypothèse fluviatile exige la supposition que depuis l'émersion des continens l'écoulement des eaux atmosphériques y a creusé des vallées de plusieurs centaines de milles de longueur et de plusieurs centaines de pieds de profondeur. La Tamise aurait, par exemple, produit cet effet; mais si ce sont là les résultats de l'action de cours d'eau comparativement tranquilles, quels effets ne doit avoir produit un volume d'eau, tel que celui du Niagara, se précipitant dans son lit avec une vitesse immense! J'admets, il est vrai, que la Tamise et le Niagara ont agi sur la surface terrestre à la même période, car si l'on ne veut pas m'accorder cela, je demande qu'on me prouve d'abord le contraire. Poursuivant mon raisonnement, je demanderai comment on rendra compte des effets prodigieux attribués à la Tamise pendant une période où le Niagara n'est parvenu, malgré tous ses efforts, qu'à détruire sur un espace de 7 milles la digue de laquelle il se précipite. En effet, la chaîne principale des montagnes produisant cette cataracte s'étend seulement à cette distance à l'est du point actuel de la chute; plus loin, les hauteurs se perdent dans le pays plat des bords du

pris seulement en Angleterre. En Auvergne, le peu de solidité des dépôts lacustres, et l'altération de certains granites désaggrégés ont nécessairement dû aider le travail des eaux. S'il allait dans le Vivarais., les coulées basaltiques morcelées par les rivières lui prouveraient que les eaux courantes actuelles peuvent détruire des roches très dures, surtout lorsque leur base est facilement minée. Il n'y a pas là de diluvium sur les coulées, et tout au plus si l'on peut donner ce nom à ces graviers de rivières, qui supportent les colonnades basaltiques du fond des vallées. Si dans ce pays les actions des volcans semblent avoir contribué peu à ces creusemens récens par les déluges d'eau qui les accompagnent ordinairement; en Auvergne, cela me paraît avoir été très souvent le cas, et je me plais à m'expliquer en partie ainsi les morcellemens si extraordinaires de ces si anciennes coulées du Mont-d'Or, qui maintenant ne dominent plus qu'en buttes élevées le sol lacustre si profondément entaillé, soit par les mêmes causes, soit par les effets fluviatiles qui se continuent encore aujourd'hui.   (A. B.)

lac Ontario, ainsi la position ancienne de la cascade ne peut pas avoir été au-delà de l'extrémité de l'escarpement de ces montagnes.

M. Lyell admettant que la cataracte a reculé d'environ 25 verges en quarante ans, calcule qu'il a fallu dix mille ans pour la porter de son ancienne place à celle qu'elle occupe aujourd'hui, et qu'il faudra encore trente mille ans pour qu'elle atteigne le lac Érié. Mais si la Tamise et le Niagara ont agi en même temps, ce dernier fleuve n'aurait-il pas complété cette destruction, long-temps avant que la Tamise n'aurait pu produire une excavation égale seulement au tiers de la vallée actuelle de cette rivière? Supposant que les déterminations de M. Lyell sont justes, je ne vois pas d'exemple plus frappant de la puissance comparative si petite de l'érosion fluviatile, agissant sous des circonstances qui doivent lui donner un maximum d'intensité ; mais j'avoue mes doutes sur le fait que la cataracte recule en réalité autant que M. Lyell le suppose, et je soupçonne qu'on a pris quelques dégradations partielles des couches pour un changement de place général. Voici mes raisons : la chute est divisée au centre par un très petit îlot ; mais depuis le temps des premières relations, ce dernier a toujours occupé la même place relativement à la cataracte qu'actuellement ; on en acquiert la certitude par les détails de l'histoire célèbre d'un Indien porté dans un canot, il y a un siècle, contre cette île, où il fut sauvé miraculeusement (1).

(1) Je suis fâché de ne pouvoir pas me ranger de l'avis de M. Conybeare, car il compare deux choses qui ne doivent pas l'être. En effet, le creusement de la vallée de la Tamise et de ses sillons latéraux a commencé non seulement depuis l'époque tertiaire, mais même fort antérieurement à cette époque, puisque ces vallées traversent des formations très diverses. Au contraire, la chute du Niagara ne s'est formée que dans l'époque alluviale moderne ou jovienne de M. Brongniart. Il a fallu pour cela que des phénomènes volcaniques, et peut-être des creusemens, aient fait baisser beaucoup le niveau des eaux des grands lacs de l'Amérique septentrionale, qui dans l'époque alluviale ancienne ou saturnienne déversaient leurs eaux en tout ou en partie dans le Mississipi. C'est alors que d'immenses fentes se sont faites dans les provinces de la partie nord-est des États-Unis et le

Les cataractes paraissent en général n'avoir éprouvé qu'extrêmement peu de changemens depuis les périodes les plus anciennes. Ainsi, celles du Nil, au-dessus de Syène, examinées par les savans de l'expédition française d'Egypte, concordaient entièrement avec les descriptions données par Hérodote pour les localités, leurs accidens et leur étendue. J'ai toujours cru que les cascades de Tivoli offraient une preuve du même genre. Néanmoins, les remarques de M. Lyell sur ce dernier lieu méritent d'être considérées; quoiqu'elles n'aient pas changé mon opinion. Toutes les particularités de ce lieu me semblent encore les mêmes qu'il y a dix-huit siècles, lors des chants d'Horace et de Statius; l'entrée de la Sibylle, le « *domus Albuneæ resonantus* » servent d'échos au fracas de la cascade. Si les rivières changeaient de place comme le voudraient mes adversaires, la chute en question se trouverait bien loin de la demeure de la Sibylle. M. Lyell appuie sur la chute d'une petite partie d'un escarpement vertical de 15 pas de largeur et de quelques verges de longueur, accident qui fut produit par l'inondation de 1826; mais la destruction d'un pareil rocher miné par l'eau n'a rien de commun avec le creusement d'une vallée dénudée. Si Vesta a dû trembler, selon M. Lyell, dans son temple pour la durée de sa planète, la Sibylle voisine aurait pu, selon moi, lui dire que ces terribles pronostics sont aussi peu fondés que les songes avec lesquels les nuages, les patrons de toutes les théories fluviatiles, ont inspiré les sophistes d'Aristophane.

N'ayant jamais visité Tivoli, je vais parler d'après les ren-

Canada; une immensité de blocs ont été dispersés et poussés dans ces nouvelles vallées; leurs flancs ont été balayés, sillonnés et dénudés par des courans épouvantables, comme l'ont décrit très bien plusieurs géologues de ce pays. Ce n'est qu'après ces événemens, et même seulement après des abaissemens moins considérables du niveau des eaux lacustres, et indiqués par les bancs coquilliers peu élevés des bords de ces lacs, que la cascade du Niagara a commencé. On ne peut donc raisonnablement comparer le déplacement éprouvé par cette chute, qu'avec le creusement du lit de la Tamise et de ses affluens depuis l'époque actuelle ou même historique; or une pareille estimation me paraît bien difficile.   (A. B.)

seignemens d'un ami éclairé. Les phénomènes naturels du lieu tendent à prouver que la place de la grande cascade est restée stationnaire ou à peu près depuis le moment que la rivière a commencé à traverser la vallée d'excavation, tracée auparavant par des causes différentes de l'action fluviatile. L'Anio, au-dessus de Tivoli, coule vers le précipice à travers une gorge du calcaire jurassique des Apennins; près de Tivoli une digue artificielle détourne une partie de ses eaux sur le côté sud, et donne lieu ainsi aux *cascatelli* au-dessous de la véritable cataracte, celle de la grotte de Neptune. Un des *cascatelli* fait tourner les machines d'une fonderie établie sur les ruines d'une villa de Mécène. Cette branche n'a produit dans sa descente aucun changement, si ce n'est un dépôt de travertin, comme l'Anio en a toujours formé, et comme il y en a aussi à la grande cascade : ce travertin a servi à conserver intact le calcaire secondaire sous-jacent. Cette formation de travertin a lieu plus abondamment dans les eaux tranquilles au-dessus de la chute que dans celles qui sont agitées au-dessous d'elle; il en résulte qu'il s'en détache de temps à autre des portions se trouvant sans support. D'un autre côté, ce manque d'appui n'affecte pas la croûte inférieure du travertin. De la base de la cascade à la plaine de Rome il y a environ un mille; la rivière descend cet espace par une vallée étroite à sa base et bordée des deux côtés de pentes médiocrement inclinées, et plus fortes à gauche et à droite des *cascatelli.*

Si cette cascade s'était toujours portée plus loin en arrière pendant cette éternité supposée par la théorie fluviatile, elle aurait dû déposer du travertin tout le long de l'étranglement qu'elle occupait pendant un certain temps à chaque station successive, comme elle le fait à la station actuelle de la grotte de Neptune. D'après cela chaque partie de cette gorge devrait être une ravine escarpée incrustée de travertin comme le site actuel de la cascade; au lieu de cela, on n'y trouve qu'une vallée entourée de pentes douces, excepté dans son extrémité supérieure, où ses côtes sont plus raides pendant un court espace, mais où il n'y a pas une particule de travertin, qui aurait cependant dû, d'après la théorie, exister partout, excepté près des *cascatelli* artificiels.

Ayant ainsi achevé mon long article de controverse géologique, et espérant de n'être pas obligé d'y revenir de sitôt, je crois pouvoir dire avec les copistes du moyen âge : « *Explicit, expliceat ; ludere scriptor eat.* »

SUR LES SOULÈVEMENS

ÉPROUVÉS PAR LES HAUTES-ALPES.

Dès long-temps les hautes Alpes de la Suisse et de la Savoie ont paru une anomalie dans la formation de cette chaîne. M. de Raumer avait prétendu déduire de leur stratification, comparée à celle des dépôts des contrées voisines, que ces montagnes étaient composées de terrains plus récens que la série secondaire (*Geognostische Fragmente*, 1817). On sait combien M. Brochant a contribué à rajeunir les dépôts cristallins des Alpes (*Ann. des Mines*, 1819), et que M. Marzari-Pencati a accumulé les observations et les citations pour prouver que ces colosses étaient des espèces de laves récentes et des produits de soulèvemens très modernes (*Lettera geologica al sig. Dembsher*, dans la *Gazetta Venitiana*, 1823). Dès 1823, M. Conybeare admit dans les Alpes, comme dans les Pyrenées, des bouleversemens pendant l'époque tertiaire. D'une autre part la dispersion des blocs des Alpes sur le sol tertiaire tout-à-fait supérieur de la Suisse montrait déjà qu'il y a eu des dislocations pendant l'époque alluviale ancienne. Tout le monde connaît les travaux de MM. de Saussure, Escher et de Buch, sur ces témoins des grands soulèvemens des Alpes de la Savoie, et tout le monde a été toujours d'accord pour admettre ces perturbations si récentes. MM. de Buch, de Luc, de Beaumont et moi, nous avons spécifié explicitement que l'époque de la dispersion des blocs avait eu lieu après la formation du sol tertiaire. M. de Buch a le premier publié cette opinion, et il a ajouté que cet évènement correspondait avec les soulèvemens, les fendillemens et les altérations que des gaz ont fait éprouver aux Alpes (*Voyez Mém. de l'Acad. de Berlin* pour 1811, ou le *Taschenb. de Leonhard* pour 1812, et le cahier d'avril pour 1827 des *An-*

23*

dales de physique et de chimie de Poggendorf, ou *Bullet. nes sc. nat.*, mai 1828, pag. 6). M. André de Luc a développé presqu'à la même époque des idées semblables dans une intéressante notice, publiée dans le troisième volume des *Mémoires de la Société de physique et d'histoire naturelle de Genève* (voyez *Bull. univ.*, mai 1828, pag. 3). Dans son beau mémoire sur les Vosges, M. de Beaumont parle « des » causes perturbatrices qui dans quelques chaînes, et notam- » ment dans toute l'étendue du système des Alpes, ont pro- » duit à une époque postérieure, même aux dépôts tertiaires, » des dérangemens de stratification frappans. » (*Ann. des Mines*, 1827, 2ᵉ livraison, pag. 405.) Les blocs erratiques de la Suisse et de la Savoie ne s'étendant pas au-delà de la vallée du Rhin, il était facile d'en déduire qu'ils n'indiquaient un soulèvement considérable que dans les montagnes de ces deux pays.

D'une autre part, depuis que la géologie est une véritable science, et remontant même au siècle de Sténon (*De solido*, etc., 1669), les dépôts en stratification discordante, ou les hauteurs composées de couches redressées à côté des assises horizontales des plaines, ont été l'indication d'un bouleversement éprouvé par le dépôt plus ancien ou déplacé. Combinant toutes ces données avec celles fournies par les rapports entre les éruptions ignées et la formation des sédimens neptuniens, j'ai été amené naturellement, dès 1822, à exposer, dans mon mémoire sur l'origine et la distribution des terrains de l'Europe, que la chaîne des Alpes était due non pas à un seul soulèvement, mais à une succession de soulèvemens s'étendant jusqu'au milieu de l'époque alluviale. J'ai pu indiquer ainsi six grandes époques principales de soulèvemens; car si ces actions m'ont paru avoir toujours eu lieu, leurs effets ont été les plus considérables dans ces périodes. (Voyez le premier mémoire de ce recueil, pag. 5.)

Si plusieurs personnes avaient émis l'idée de soulèvemens successifs, personne avant moi, que je ne sache, n'avait précisé leurs dates; aussi M. de Beaumont m'a-t-il fait l'honneur de consigner textuellement, comme *importantes* mes observations dans son grand mémoire sur les soulèvemens (*Ann. des sc. nat*, décembre 1829, pag. 395).

Dans mon mémoire sur l'Europe, devenu maintenant accessible au public français, je n'ai nullement employé la direction des couches ou des chaînes pour déterminer les époques des soulèvemens; mais j'ai eu recours, comme M. de Beaumont, aux discordances de stratification des dépôts. Ainsi on trouve à la page 6 de ce mémoire l'observation que les dépôts tertiaires n'entrent dans aucune vallée transversale, du moins des hautes Alpes (p. 7). Dans les pages 8 et 56, je cite les Alpes et les Pyrénées comme preuves du soulèvement considérable éprouvé dans quelques points par les dépôts jurassiques et crayeux de ces chaînes; et à la page 75, je spécifie que les fendillemens, et par conséquent les soulèvemens des Alpes méridionales n'ont pu avoir lieu qu'après l'époque tertiaire. En 1829, M. de Beaumont est arrivé à des résultats, sinon identiques, du moins assez analogues aux miens, en combinant les observations sur la stratification avec celles sur la direction générale des couches et des chaînes; comme il l'a lui-même fait observer (*Bull. de la Soc. géol.*, vol. 2, p. 124), Sténon avait aussi parlé des directions différentes des portions soulevées du globe ou des chaînes des montagnes. Depuis lors plusieurs géographes et naturalistes, en particulier MM. de Humboldt (*Jahrb.*, etc., *de Moll.*), Haussmann (*Denkschr. der Munchner Academ.*, pour 1808, pag. 147), de Buch (*Taschenb. f. Mineralog.*, 1822, etc.), ont étudié les directions diverses des aspérités du globe, et se sont même efforcés de faire concorder les stratifications variées des couches des montagnes avec la direction des chaînes.

Si, en utilisant ce mode de recherches, M. de Beaumont a réussi à préciser ainsi davantage certaines époques de soulèvemens, j'ai déjà dit ailleurs (*Journ. de géol.*, mai 1831) qu'il en avait restreint beaucoup trop le nombre, et que je croyais apercevoir quelques erreurs dans ses résultats. De plus, peu de géologues paraissent enclins à lui accorder ses déductions *à priori* tirées du tracé des chaînes sur les cartes, et de leur parallélisme véritable ou imaginaire.

M. de Beaumont semble croire que j'ai fait de fausses objections contre sa théorie ; personne n'étant infaillible, ce n'est pas moi qui réclame ce privilége ; mais j'attends avec impatience, et je provoque même les réponses satisfaisantes que M. de Beaumont veut bien me promettre, d'autant plus que ma notice sur sa théorie (*Journ. de géol.*, mai 1831) est loin d'épuiser les objections qu'on peut lui faire. Si j'avais seul la fantaisie de ne pas vouloir croire entièrement toutes les paroles théoriques de M. de Beaumont, je dirais que les probabilités sont contre moi ; mais lorsque je vois de semblables doutes émis par des géologues éminens dans divers pays, savoir, en Angleterre, par MM. Sedgwick, Lyell, Daubeny, Conybeare et Buckland ; en Allemagne, par M. Keferstein ; en Suisse, par M. Studer ; en Italie, par MM. Pareto et Pasini ; ne me dois-je pas croire fondé, jusqu'à un certain point, à persister dans ma manière de voir ? Aussi m'occuperai-je peut-être plus tard de la discussion raisonnée de tous ces documens sur les bouleversemens des chaînes, et en particulier de ceux offerts par M. Sedgwick ; aujourd'hui il me suffit d'avoir mentionné le fait. Maintenant, que cette controverse entre M. de Beaumont et moi se vide en sa faveur ou en ma faveur, qu'il soit prouvé que nous avons tous deux tort sur certains points et chacun raison sur d'autres, le grand mérite d'observation de M. de Beaumont est trop incontestablement établi pour en être affecté ; il serait seulement à désirer pour les progrès de la science que son relevé de la carte géologique de la France lui permît d'accélérer la publication de ses importans travaux, dont l'un offrant, dit-on, une description très curieuse des montagnes de l'Oisans, est malheureusement sous les scellés d'une faillite de libraire.

Il ne me reste plus qu'à lever un scrupule qui m'est venu relativement à l'époque où je prétends que mon mémoire sur l'Europe fut composé (voyez page 89 de ce recueil). On voit journellement tant de personnes s'approprier les idées des autres, et leur donner soit volontairement, soit par simple manque de mémoire, une date factice, que des assertions comme la mienne sembleraient au premier aperçu avoir peu de valeur.

Or voici les faits : mon mémoire fut composé en 1822, je

désirai le publier avec mes tableaux synoptiques dans les *Annales des sciences naturelles* où j'avais consigné d'autres notices. Mon mémoire n'étant que l'explication raisonnée de mes tableaux synoptiques (voyez *Mém. de la Soc. linn. du Calvados,* in-4°, v. 1, 1830), je commençai à le présenter aux rédacteurs de ce journal, mais j'eus le déplaisir le voir repoussé; ce qui ne serait pas arrivé, si ces messieurs avaient pu prévoir le jugement vraiment trop flatteur qu'en porterait quelques années plus tard M. Brongniart (Voy. *Tableau des terrains qui composent l'écorce du globe,* p. 24).

A cette époque, je l'avais déjà communiqué en manuscrit à M. de Humboldt, qui imprimait alors son bel ouvrage sur le gisement des roches dans les deux hémisphères.

Je possède encore plusieurs lettres de ce grand homme qui font foi autant de l'élévation de son esprit que de l'attention qu'il a bien voulu donner à mon manuscrit.

Ce n'est pas à moi à rapporter textuellement ses expressions; il me suffit qu'il y ait trouvé des idées nouvelles, et qu'il en ait désiré vivement la publication. De plus, il y a même ajouté une ou deux notes à la main, comme, par exemple, la hauteur des houilles de Chipo (p. 15). Enfin, voici ce qu'il me marque le 3 février 1832 :

« Je me souviens très bien que vous avez eu l'extrême » bonté de me communiquer en 1823 votre intéressant Mé- » moire sur l'origine des terrains de l'Europe, en manuscrit, » le même qui a paru plus tard dans le Journal de M. de » Léonhard. Je crois que j'en possède des extraits à Berlin, et » mon ouvrage sur le gisement des roches publié en 1823 » en offre peut-être même des traces. »

Cette lettre de M. de Humboldt est déposée dans la collection d'autographes de la Société géologique de France, afin que tout le monde puisse s'assurer du fait.

Me voyant dans l'impossibilité de faire paraître mon travail à Paris, et ne voulant pas l'imprimer moi-même, je l'envoyai, vers la fin de 1823, à M. Noggerath de Bonn, et j'en remis une copie à M. Waldauf, qui habite Vienne, et la possède encore.

M. Noggerath avait eu l'intention de publier ce Mémoire avec celui sur l'Allemagne, imprimé dans le *Journal de physique* en 1822 ; ses grandes occupations firent échouer ce projet ; et M. de Léonhard le réalisa enfin, en publiant en juillet et août de l'année 1827 mon Mémoire sur l'Europe, et ma table synoptique, et en 1829 mon travail sur l'Allemagne, que j'avais augmenté et corrigé. Les retards apportés à cette publication ont été exposés par M. de Léonhard dans la préface de mon Tableau géologique sur l'Allemagne, mis en rapport avec la constitution géognostique des pays voisins. (*Geognostisches Gemalde,* etc.).

FIN DU TOME PREMIER.